物联十年·创新中国系列
中国物联网技术应用文丛

U0256395

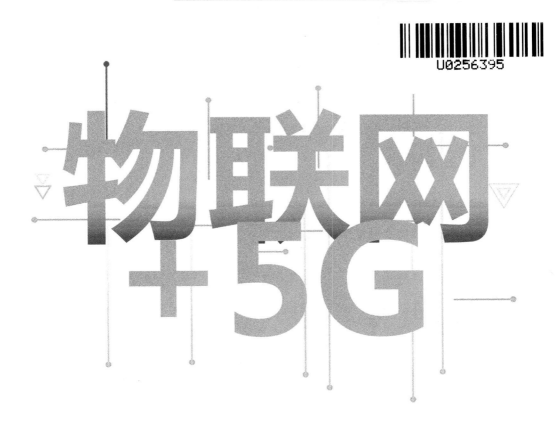

物联网
+5G

中国通信工业协会物联网应用分会◎主编

刘 伟 刘卓华 陈 珊 张 凡◎编著

電子工業出版社

Publishing House of Electronics Industry

北京·BEIJING

内 容 简 介

本书介绍物联网和 5G 的基本知识，包括物联网起源和发展、体系架构，以及物联网的关键技术和 5G 通信标准的发展历程、指标、关键技术等。5G 的出现将打破物联网的发展瓶颈，其低时延高可靠和低功耗大连接等特性将万物互联的概念变为可能，极大地促进了物联网的发展。此外，本书介绍 5G 时代的物联网安全，在物联网安全和 5G 安全的基础上介绍新的安全威胁，以及可行的安全架构。最后，从智慧消防、智慧监狱和应急管理信息化这三个方面描绘了 5G 时代的物联网应用。

可以预见的是，5G 时代的物联网应用将如雨后春笋般层出不穷。5G 将在物联网这一垂直行业大显神威，而物联网将更好地服务于我们的生活。

图书在版编目（CIP）数据

物联网+5G / 中国通信工业协会物联网应用分会主编；刘伟等编著. —北京：电子工业出版社，2020.12
（物联十年·创新中国系列）

ISBN 978-7-121-40087-2

Ⅰ. ①物… Ⅱ. ①中… ②刘… Ⅲ. ①无线电通信—通信系统—应用—物联网—研究 Ⅳ. ①TP393.4②TP18

中国版本图书馆 CIP 数据核字（2020）第 237920 号

责任编辑：刘志红（lzhmails@phei.com.cn）   特约编辑：顾慧芳
印　　刷：北京虎彩文化传播有限公司
装　　订：北京虎彩文化传播有限公司
出版发行：电子工业出版社
　　　　　北京市海淀区万寿路 173 信箱　邮编　100036
开　　本：787×980　1/16　印张：16.75　字数：428.8 千字
版　　次：2020 年 12 月第 1 版
印　　次：2022 年 8 月第 7 次印刷
定　　价：89.00 元

凡所购买电子工业出版社图书有缺损问题，请向购买书店调换。若书店售缺，请与本社发行部联系，联系及邮购电话：(010) 88254888，88258888。

质量投诉请发邮件至 zlts@phei.com.cn，盗版侵权举报请发邮件至 dbqq@phei.com.cn。

本书咨询联系方式：(010) 88254479，lzhmails@phei.com.cn。

丛书编委会

指导委员会

主　任：王秉科　中国通信工业协会会长

副主任：韩举科　中国通信工业协会副会长/秘书长/物联网应用分会会长

　　　　伊小萌　中国通信工业协会物联网应用分会副会长

　　　　魏忠超　中国通信工业协会物联网应用分会秘书长

委　员：邬贺铨　中国工程院院士

　　　　张　钹　中国科学院院士

　　　　孙　玉　中国工程院院士

　　　　李伯虎　中国工程院院士

　　　　姚建铨　中国科学院院士

　　　　倪光南　中国工程院院士

　　　　张　平　中国工程院院士

　　　　毕思文　国际欧亚科学院院士

　　　　何桂立　中国信息通信研究院副院长

　　　　朱洪波　南京邮电大学物联网研究院院长

　　　　安　晖　中国电子信息产业发展研究院副总工程师

　　　　张　晖　国家物联网基础标准工作组秘书长

　　　　张永刚　住房和城乡建设部 IC 卡应用服务中心副主任

　　　　李海峰　国家发改委综合运输研究所研究员

　　　　刘增明　国家信息中心电子政务工程中心首席工程师

　　　　李广乾　国务院发展研究中心研究员

　　　　朱红松　中国科学院信息工程研究所研究员

　　　　卓　兰　中国电子技术标准化研究院副主任

　　　　刘大成　清华大学互联网产业研究院副院长

　　　　张飞舟　北京大学教授

王 东 上海交通大学教授
易卫东 中国科学院大学教授
王志良 北京科技大学教授
程卫东 北京交通大学教授
马 严 北京邮电大学教授
田有亮 贵州大学教授
于大鹏 解放军信息工程大学教授

工作委员会

总 编 辑：韩举科
副 总 编：伊小萌　　魏忠超
编委成员：万 云　　滕莉莉　　胡泽锋　　梁泰康
　　　　　徐前祥　　曲 晶　　刘顺海　　缪素碧
　　　　　张建国

丛书序

《物联十年·创新中国——中国物联网文丛》

　　《物联十年·创新中国——中国物联网文丛》是由中国通信工业协会物联网应用分会编撰的物联网系列丛书，本套丛书由《中国物联网技术应用文丛》和《中国物联网产业发展文丛》两部分构成。丛书拟定出版全套十本，《中国物联网技术应用文丛》分别由《物联网+5G》《物联网+BIM》《物联网+边缘计算》《物联网+智能制造》等 7 本图书组成；《中国物联网产业发展文丛》由人物篇、企业篇、城市应用篇三部分组成。

　　本套丛书的定位是物联网通识普及读物，以新一代信息技术所涉及的新学科知识普及为主，可以基本满足广大读者对获取以物联网为代表的新一代信息技术基础知识的要求。

　　作为新一代信息技术的重要基础组成单元，物联网是现代信息技术发展到一定阶段后出现的一种聚合性应用与技术提升，将各种感知技术、现代网络技术和人工智能与自动化技术聚合与集成应用，使人与物由智能到智慧的交互，创造一个智慧的世界，物联网已经成为世界各国共同选择的国家战略。

　　从 2009 年开始，我国开启了以物联网为代表的新一代信息技术的孕育萌芽与成长征程，到 2019 年 5G 商用与 AI 的全面启动，我国物联网产业已经走完第一个十年。十年里，中国物联网产业从开启认知到广泛应用，见证了新一代信息技术在我国的蓬勃迅猛发展。作为一种协同创新的聚合性应用连接技术，物联网一方面作为大数据、云计算、人工智能等数字化的基础支撑；同时又是工业互联网、智能交通、智慧农业、智慧医疗等垂直行业应用的支撑。随着物联网技术的广泛应用，物联网节点由短距离传输到大场景覆盖，未来新十年的物联网产业发展将更加值得期待。

　　2020 年，我国物联网产业新十年苗壮成长的黄金时期已经启航。每一个高歌猛进的时代都应该被记录，站在承前启后的历史节点上，中国通信工业协会物联网应用分会特别组织编撰了《物联十年·创新中国——中国物联网文丛》系列丛书，谨以此总结和回顾中国物联网产业在过去十年所取得的成绩与经验，并为迎接未来十年记录点滴，以兹借鉴。

　　本系列丛书定位明确，作为物联网通识普及读物一方面要体现通识性，同时作为新一代信息技术所涉及的新学科也要科学地体现专业的高度，尽量呈现通识读物深入浅出的特点。

为了保证丛书的整体学术质量，丛书编委会特别邀请了中国工程院院士邬贺铨、中国科学院院士张钹、中国工程院院士孙玉、中国工程院院士李伯虎、中国科学院院士姚建铨、中国工程院院士倪光南、中国工程院院士张平、国际欧亚科学院院士毕思文、国家物联网基础标准工作组秘书长张晖、住房和城乡建设部 IC 卡应用服务中心副主任张永刚、北京大学教授张飞舟、上海交通大学教授王东、中国科学院大学教授易卫东、北京科技大学教授王志良、北京交通大学教授程卫东、北京邮电大学教授马严、贵州大学教授田有亮、解放军信息工程大学教授于大鹏等专家、教授作为丛书编委会委员。

《物联十年·创新中国——中国物联网文丛》将陆续推出，我们希望这套丛书的出版既能满足对新一代信息技术的普及需求，又能为中国物联网产业发展做好见证与记录。

丛书编委会
2020 年 7 月

物联网与移动通信都是新一代信息技术，但物联网与移动通信很长一段时间平行发展，没有交集。物联网面向物，移动通信面向人；物联网是专用系统，移动通信是公用系统；物联网使用无许可证的频率，而移动通信使用电信运营商获得授权的频率。

从 2016 年国际移动通信标准化组织 3GPP 通过了窄带物联网（NB-IoT）标准开始，物联网进入到移动通信标准系列。NB-IoT 依靠运营商广覆盖的基础设施，提供一个承载在公众移动通信网上的专用物联网，适应电表、水表等固定位置设备联网，众多的企业无须自建专用的物联网无线传输系统就可获得物联网服务，降低了物联网使用门槛，促进了物联网的起飞。近年来，3GPP 对 NB-IoT 标准也做了一些演进，增加了定位和多播功能及 TDD 工作模式，降低延时与终端模块功耗。但 NB-IoT 仅有 20kbit/s 和 250kbit/s 两种信道，其窄带能力难以适应宽带应用需求，另外，它不具有支持可运动的物联网节点的能力，限制了它们在工业互联网的应用。除 NB-IoT 外，窄带物联网还有 LoRa 标准，与 NB-IoT 的主要不同是使用非授权频率，企业可以使用 LoRa 自建专用物联网。

5G 从四个方面发展了物联网，即大带宽物联网、大连接物联网、节点接力的物联网、智联网。5G 促进了物联网与移动通信网的融合，实现了腾云驾物融智赋能，也进一步开拓了物联网的应用领域。

首先是大带宽物联网，5G 在 Sub6GHz 和毫米波频段单载波分别带宽为 100MHz 和 400MHz，最多可以 16 个载波聚合，支持 100Mbps 的宽带物联网，适应超清视频监控信号和基于激光精密 3D 测量的机器视觉数据传送的要求。

其次是大连接物联网（mIoT），5G 新增空口带宽切片功能，将 100MHz 载波分割可同时支持并发的多个物联网信道，容量高达每平方千米 100 万连接，大连接物联网特别适合支持智慧城市和车联网的应用。mIoT 可支持非固定物联网终端，mIoT 还可与 eMBB（增强移动宽带）和 URLLC（超可靠低时延）类应用同频组网。

第三，支持物联网节点间接力。移动通信基站通常使用光纤作为回传链路连接到核心网，但在部署光纤困难或安装光纤成本过高的环境下，需要使用无线作为回传链路，将回传与用户同时接入基站天线，即无须设置单独天线用于回传，比单建一个回传专用无线系统经济上更具优势，这称为接入回传一体化（IAB），甚至接入与回传可使用同一载频。IAB技术可以用到物联网节点间，相对常规 5G 基站，IAB 节点是 IoT 终端，但相对于与之相连的另一个 IAB 节点和 IoT 终端，它又相当于是基站，IAB 还具有拓扑自适应能力，IAB 节点起到接入中继的作用，实现物联网节点间的数据接力传输。具有 IAB 能力的物联网可用到车联网，还可用到电力网、油气管网、自来水管网和地质灾害监控网等传感器的联网。

第四，融入人工智能能力的物联网，即 AI+IoT=AIoT（智联网）。一方面，因 5G 高带宽和低时延，使得 IoT 终端可直接上云，并获得云上 AI 能力的支持，相当于云上 AI 能力下沉到 IoT 终端，也可称为云终端。另一方面，AI 芯片和 AI 轻型操作系统直接嵌入 IoT模块，组成 AIoT 终端，相当于边缘计算能力迁移到终端。例如，高清摄像头、机器人、无人机等物联网节点加入 AI 处理能力，赋予拟人的注意力，可实现快速反应。AIoT 终端还可嵌入区块链能力，保障物联网设备接入认证、数据加密及设备控制授权安全，解决基于物联网数据的确权和数据资产化的问题。

5G 扩展了物联网的应用场景，也带来了新的挑战，例如大连接物联网的认证问题，逐个认证将耗时太长，群组认证也要避免信令风暴。处于同一个基站一平方千米范围内的上百万个物联网连接，各节点所传输的数据并非等同重要，需要引入优先权管理，以确保重要数据以时延敏感方式传输。IAB 技术在物联网的应用涉及身份未知的物联网终端间的信任连接难题，还可能需要多节点的数据联合加密。智联网需要科学合理划分端边云功能，实现端边云协同计算。

现在，5G 物联网国际标准，特别是车联网标准还在版本推进中，5G 的物联网技术仍在不断完善，5G 的物联网应用还有待进一步开拓，5G+AIoT 展现更广阔的创新空间。

中国工程院院士

每每说起物联网，感慨万千。物联网与我之间有着不解的缘分。由于工作关系，我荣幸地见证和参与了无锡十年来物联网发展的整个过程。十年前，物联网对绝大多数人而言，还只是个闻所未闻的新词，是一个不知所云的概念，要把无锡打造成国家物联网（传感网）创新示范区，既难描述其终极目标，也不知具体的实现途径，一切在先行先试地探索中执着前行。

2020 年的今天，物联网已不再是科技畅想，历经十余年磨砺深耕，创新技术快速迭代、商业模式层出不穷，无锡物联网产业已成为全市重要的经济增长点，无锡企业承接的物联网应用工程遍及全球 78 个国家、830 多座城市，物联网与经济社会日益深度融合，正成为当前和未来最具创新活力和发展潜力的领域之一，并加速迈入全方位、智能化发展的崭新阶段。

在这个新阶段里，人们密切关注与讨论的热点从物联网是不是真的能够改变我们的生产和生活，开始转向更加深入地研究如何将物联网和 5G、人工智能、边缘计算等新一代信息技术有机融合，以更好地创造智能未来。

我们都知道，5G 是物联网产业发展的重要支撑，其低时延、高可靠、低功耗、广连接等特性，将极大促进物联网发展，并带来无限可能。疫情影响下，国家提出进一步加快推进"新基建"，5G 炙手可热，物联网+5G 得到快速发展。

然而，尽管人们已经或多或少地生活在物联网+5G 融合应用的世界中，仍然会有许多人问"物联网到底是什么""物联网与 5G 的关系是怎样的"。把握时代风口，适时普及物联网与 5G 的关系，使更多人通过了解物联网和 5G 而投入这项伟大事业，共同创造美好未来，是一件非常有意义的事情。

中国通信工业协会物联网应用分会是国内较早设立的全国性物联网行业社会团体组织，出版了一套物联网创新系列丛书，《物联网+5G》是其中一本，也是截至目前唯一一本清晰阐明物联网和 5G 关系的科普书。作者刘伟、刘卓华、陈珊、张凡都是物联网领域的资深研究者，对物联网、5G 发展均有着独到的理解。

这本书首次站在融合的角度，全面系统地介绍了物联网和 5G 的基本知识，深度分析 5G 物联网的安全问题，通过应用案例描绘了 5G 时代的物联网场景，并研判和展望了物联网+5G 的未来发展趋势和方向。

　　可以预见的是，这本书的出版将极大地帮助大家更好、更通俗地理解物联网和 5G 的前世今生，对未来物联网与 5G 融合应用的推广，以及物联网+5G 产业的整体发展都将起到积极有益地促进作用。

　　书中的知识与内容，不管是对想要了解物联网和 5G 的普通民众，或是对今后想要从事物联网+5G 事业的专业人士都适合阅读。让我们打开书本，一同认知和探索物联网+5G 的美好明天！

无锡市政府副市长

2020 年 7 月

　　物联网的理念最早可以追溯到 1991 年英国剑桥大学的咖啡壶事件。物联网的概念由国际电信联盟（International Telecommunications Union，ITU）在 2005 年的信息社会世界峰会上正式提出来。《ITU 因特网报告 2005：物联网》指出，无所不在的"物联网"通信时代即将来临，世界上所有的物体都可以通过因特网进行数据交换。显然，物联网在诞生之初就为人们描绘了一幅"万物互联"的美好图景，至今已经有近 30 年的历史了。从计算机与计算机互连的互联网，到人和人互连的移动互联网，再到今天物和物互连的物联网，人们一直都在借助通信技术这支妙笔来逐步完善"万物互连"的美好图景。

　　在这个完善的过程中，4G 网络犹如神来之笔，成就了移动互联网的美好画面。人手一部智能手机，想找哪个人，手指轻轻一点，随时随地可以与对方语音和视频。人和人之间的互连达到了前所未有的通畅。然而，当 4G 想继续勾勒物物互连的美好画面时，就有些力不从心了，比如车联网、智慧医疗、智能工业等。美好的图景浮现在脑海中，手中的笔却画不出来，那就必须换一支合适的笔。这支笔就是专门为物物互连打造的 5G。

　　5G 是第五代移动通信技术的简称，早期研发可以追溯到 2013 年，商用元年是 2019 年。5G 最基本的三个特点是连接数密度、时延及用户体验速率，所具备的四个技术场景主要有连续广域覆盖、热点高容量、低功率大连接及低时耗高可靠。5G 的这些特性很好地满足了物联网的通信需求。

　　相对于刚刚诞生的 5G，物联网已经发展了近 30 年。由于受到传感层和传输层技术的限制，物联网这 30 年的发展之路并不顺利。除了实现了一些简单的应用场景，物联网并没有大面积地走进人们的日常生活。但是物联网等来了 5G，新一代的通信技术将为物联网注入新的活力，而物联网将为 5G 的应用提供广大的舞台，二者的融合发展将加快实现"万物互连"的美好前景。

　　目前介绍物联网的书很多，介绍 5G 的书也不少，但是能够站在融合发展的角度，将物联网和 5G 的关系讲述清楚的书，市面上还没有。本书全面系统地描述了物联网和 5G 的概念和技术，同时阐述了物联网和 5G 之间的关系，分析了 5G 和物联网的安全问题，并介绍了 5G 物联网的应用案例，最后展望了物联网+5G 的发展趋势和方向。全书共 7 章，具体内容安排如下。

第 1 章，简要介绍了物联网的背景、特点、架构、标准、应用、发展与未来等。

第 2 章，全面介绍了物联网的关键技术，并重点介绍了物联网的通信技术，分析了物联网对通信技术的诉求。

第 3 章，详细介绍了 5G 的起源、发展、指标、标准等，并重点讲解了 5G 的关键技术，同时介绍了 5G 应用的具体场景。

第 4 章，分别以物联网和 5G 作为起点，从两个角度阐述了二者之间的关系。一方面，5G 是为物联网量身定制的移动通信技术，另一方面，物联网为 5G 提供了释放技术价值的巨大舞台，二者彼此成就。

第 5 章，结合物联网安全和 5G 安全的特点，分析了二者结合后，5G 技术对物联网安全的影响，包括 5G 对物联网安全的保护、威胁及应对策略等。

第 6 章，详细介绍了 5G 在物联网中的应用案例，包括智慧消防、智慧监狱和应急管理。

第 7 章，主要对物联网和 5G 的融合发展进行了展望，同时也简要介绍了物联网与云计算、人工智能、区块链等其他前沿技术的结合与发展。

本书的物联网部分由刘伟和刘卓华编写，包括第 1、2、6、7 章；5G 部分由张凡编写，包括第 3 章；物联网和 5G 的结合部分由陈珊编写，包括第 4 章；本书的安全部分由刘卓华、张凡和陈珊共同编写，包括第 5 章。本书在编写的过程中参考和引用了大量国内外学者的研究成果，资料来源列于书末参考文献。在此对这些作者表示敬意和感谢！

本书在编写和出版过程中得到了电子工业出版社的大力支持。

由于作者水平和经验有限，书中难免有错漏之处，恳请读者批评指正。

中国通信工业协会物联网应用分会

2020 年 6 月

CONTENT

目 录

第 1 章 君生我未生：物联网的前世今生 ……………………………………………… 1

　1.1　物联网概述 ………………………………………………………………………… 1

　　1.1.1　物联网的起源和概念 ………………………………………………………… 1

　　1.1.2　物联网与互联网、传感网、泛在网的关系 ………………………………… 7

　1.2　物联网的体系架构 ………………………………………………………………… 9

　　1.2.1　感知层 ………………………………………………………………………… 10

　　1.2.2　网络层 ………………………………………………………………………… 11

　　1.2.3　处理层 ………………………………………………………………………… 11

　　1.2.4　应用层 ………………………………………………………………………… 12

　1.3　物联网的行业应用 ………………………………………………………………… 12

　　1.3.1　工业领域的应用 ……………………………………………………………… 12

　　1.3.2　农业领域的应用 ……………………………………………………………… 13

　　1.3.3　智慧城市领域的应用 ………………………………………………………… 14

　　1.3.4　智慧交通领域的应用 ………………………………………………………… 16

　　1.3.5　其他领域的主要应用 ………………………………………………………… 16

　1.4　物联网的标准化 …………………………………………………………………… 18

　　1.4.1　标准化对物联网产业的意义 ………………………………………………… 18

　　1.4.2　国际物联网标准制定现状 …………………………………………………… 19

　　1.4.3　我国物联网标准制定现状 …………………………………………………… 22

　1.5　物联网的发展与未来 ……………………………………………………………… 27

　　1.5.1　物联网的技术发展方向 ……………………………………………………… 28

　　1.5.2　物联网的应用发展方向 ……………………………………………………… 29

　　1.5.3　物联网展望 …………………………………………………………………… 31

　参考文献 …………………………………………………………………………………… 32

第 2 章　物联网的关键技术 ·· 34

2.1　"物"的标识：RFID 技术 ·· 34

2.1.1　自动识别技术简介 ·· 34

2.1.2　RFID 的特点和分类 ··· 36

2.1.3　RFID 的技术原理 ·· 37

2.1.4　RFID 的关键技术 ·· 39

2.2　"物"的感知：传感器技术 ·· 40

2.2.1　传感器技术简介 ··· 40

2.2.2　无线传感器网络简介 ··· 44

2.2.3　面向无线传感器网络的嵌入式操作系统 ···················· 45

2.3　"联"的方式：网络与通信技术 ··· 46

2.3.1　通信技术简介 ·· 46

2.3.2　短距离无线通信技术 ··· 48

2.3.3　移动通信技术 ·· 49

2.3.4　互联网通信技术 ··· 51

2.4　"网"的价值：数据的挖掘与融合技术 ·································· 53

2.4.1　处理层的内容 ·· 53

2.4.2　大数据平台 ··· 54

2.4.3　数据挖掘与机器学习 ··· 59

2.4.4　数据可视化 ··· 61

2.5　物联网通信技术 ··· 62

2.5.1　概述 ··· 62

2.5.2　计算机通信 ··· 64

2.5.3　移动通信 ··· 66

2.5.4　短距离无线通信 ··· 71

2.6　一场寂寞凭谁诉：物联网的通信诉求 ·································· 77

2.6.1　信号覆盖率的诉求 ··· 77

2.6.2　通信带宽的诉求 ··· 77

2.6.3　通信时延的诉求 ··· 78

2.6.4　功耗与成本的诉求 ··· 79

2.6.5　接入容量的诉求 ··· 80

参考文献 ·· 80

第 3 章　我生君未老：5G 翩然而至 ··· 82

3.1 引言 ·· 82
3.2 移动通信的前世今生 ·· 83
　　3.2.1 移动通信的发展 ·· 83
　　3.2.2 移动通信标准 ·· 87
　　3.2.3 多址接入技术 ·· 93
3.3 5G 的问世 ·· 96
　　3.3.1 5G 的起源 ·· 96
　　3.3.2 5G 的发展 ·· 98
　　3.3.3 5G 的指标 ··· 101
　　3.3.4 5G 的场景 ··· 103
3.4 5G 的法宝 ·· 104
　　3.4.1 5G 架构 ·· 107
　　3.4.2 5G 的空口技术 ··· 116
　　3.4.3 5G 的关键技术 ··· 121
3.5 天生我才必有用：5G 的适用场景 ······································ 137
3.6 小结 ·· 141
参考文献 ··· 142

第 4 章 恨不相逢早：当物联网遇见 5G ································· 143
4.1 移动通信在物联网中的应用 ··· 143
　　4.1.1 移动通信在物联网中应用的主要方式 ························· 143
　　4.1.2 移动通信在物联网中的应用现状 ······························ 145
4.2 物联网的移动通信困境 ·· 150
4.3 5G 为物联网而生 ··· 154
　　4.3.1 5G 是移动通信技术的演进 ····································· 155
　　4.3.2 5G 是物联网定制的移动通信技术 ····························· 157
4.4 物联网为 5G 提供大舞台 ··· 163
　　4.4.1 5G 的应用场景 ··· 163
　　4.4.2 物联网是 5G 的主战场 ·· 165
4.5 5G 物联网技术：NB-IoT/eMTC ······································· 168
　　4.5.1 NB-IoT ·· 169
　　4.5.2 eMTC ·· 173
4.6 最好的关系就是彼此成就 ··· 175
参考文献 ··· 177

第 5 章　小心驶得万年船：5G 时代下的物联网安全 ································· 178

　5.1　物联网安全 ·· 178

　　5.1.1　物联网的信息安全和隐私保护问题 ························· 179

　　5.1.2　物联网行业应用特点及安全问题 ·························· 180

　　5.1.3　物联网的安全架构 ···································· 184

　　5.1.4　物联网安全关键技术 ·································· 186

　　5.1.5　物联网安全研究方向 ·································· 187

　5.2　5G 安全 ·· 190

　　5.2.1　5G 的安全架构 ······································ 191

　　5.2.2　5G 网络安全的技术需求 ······························ 194

　　5.2.3　5G 安全标准化进展 ··································· 197

　5.3　5G 时代的物联网安全 ·· 198

　　5.3.1　5G 对物联网安全的保护 ······························· 198

　　5.3.2　5G 对物联网安全的威胁 ······························· 203

　　5.3.3　应对威胁的新方法 ···································· 204

　　5.3.4　构建物联网安全体系 ·································· 206

　参考文献 ··· 208

第 6 章　物联网+5G 的应用 ·· 209

　6.1　智慧消防 ·· 209

　　6.1.1　智慧消防简介 ······································· 209

　　6.1.2　智慧消防发展现状 ···································· 210

　　6.1.3　智慧消防总体架构 ···································· 211

　　6.1.4　物联网+5G 助力智慧消防落地 ·························· 215

　6.2　智慧监狱 ·· 216

　　6.2.1　智慧监狱简介 ······································· 216

　　6.2.2　智慧监狱发展现状 ···································· 217

　　6.2.3　智慧监狱的总体架构 ·································· 218

　　6.2.4　物联网+5G 助力智慧监狱落地 ·························· 221

　6.3　应急管理信息化 ··· 222

　　6.3.1　应急管理信息化简介 ·································· 222

　　6.3.2　应急管理科技信息化发展现状 ·························· 223

　　6.3.3　应急管理物联网平台总体架构 ·························· 223

　　6.3.4　物联网+5G 助力应急管理信息化落地 ····················· 226

参考文献 ··· 226

第 7 章　携手并进，智联未来 ································ 228

7.1　物联网+5G 的融合展望 ··································· 228

7.2　物联网+云计算 ··· 231

7.3　物联网+边缘计算 ··· 234

7.4　物联网+人工智能 ··· 236

7.5　物联网+大数据 ··· 239

7.6　物联网+区块链 ··· 241

参考文献 ··· 244

第 **1** 章／君生我未生：
物联网的前世今生

1.1 物联网概述

1.1.1 物联网的起源和概念

1. 物联网概述

物联网（Internet Of Things）概念的提出已经有二十余年的历史，并在世界范围内引起了广泛的关注。在国内，随着政府对物联网产业的持续关注和大力支持，以及无线传感器等相关产业的日趋成熟，物联网已经逐渐从产业愿景走向现实应用。

1998 年，MIT（麻省理工学院）的 Kevin Ashton 首次提出了"Internet of things"概念，通过在日常物品中运用射频识别技术和传感器技术，创建了一个物物相连的互联网（Internet of things）。这一概念的提出为人们对机器的理解开创了一个新纪元。1999 年，Auto-ID Center 提出的物联网概念相当于以射频识别（RFID）标签为基础的一个全球性基础设施建设。你可以把它（指物联网）作为存在于互联网底部的一个无线层，它可以对从刀片、欧元到汽车轮胎等数以百万计的物品进行跟踪和信息处理。

2005 年 11 月 17 日，在突尼斯举行的信息社会世界峰会（WSIS）上，国际电信联盟（ITU）发布了一篇报告《ITU 互联网报告 2005：物联网》，该报告对物联网的概念进行了定义，并对物联网的技术细节及其对全球商业和个人生活的影响做了深入的探讨。报告指出，物

物联网 +5G

联网主要解决物品与物品（Thing to Thing，T2T）、人与物品（Human to Thing，H2T）、人与人（Human to Human，H2H）之间的互联。但是与传统互联网不同的是，H2T 是指人利用通用装置与物品之间的连接，从而使得物品连接更加简化，而 H2H 是指人与人之间不依赖于计算机而进行的互联。该报告声称，无所不在的"物联网"通信时代即将到来，世界上所有的物品，从轮胎到牙刷，从房屋到纸巾，都可以通过互联网进行信息交换。射频识别技术、无线传感器技术、智能嵌入技术、纳米技术等将融合在一起，得到更加广泛的应用。因此，物联网概念的兴起，在很大程度上得益于国际电信联盟（ITU）2005 年以物联网为标题的年度互联网报告；然而，ITU 的报告对物联网还缺乏一个清晰的定义。

2009 年 9 月，在北京举办的物联网与企业环境中欧研讨会上，欧盟委员会信息和社会媒体司 RFID 部门责人 Lorent Ferderix 博士给出了欧盟对物联网的定义：物联网是一个动态的全球网络基础设施，它具有基于标准和互操作通信协议的自组织能力，其中物理的和虚拟的"物"具有身份标识、物理属性、虚拟的特性和智能的接口，并与信息网络无缝整合。物联网将与媒体互联网、服务互联网和企业互联网一道，构成未来的互联网。

根据国内外专家与机构对于物联网的定义，可以简单地归结为：物联网是一个物物相连的网络，它通过前端的感知设备，如 RFID 系统、红外感应器、全球定位系统、激光扫描器等，按照既定的标准化协议将物理实体连接在一起，并利用信息智能处理和策略化控制方法实现对物理环境和物体的识别、定位、跟踪、监控和管理功能的综合信息化系统。

2. 物联网的发展

物联网覆盖了多个领域，因此，物联网产业包含的门类十分庞大，延伸到社会经济生活的方方面面，被称为下一个万亿级的通信业务。在物联网发展过程中，包括日本、韩国、欧盟、美国等发达国家和地区都制定了物联网产业的发展战略，中国也在积极培育物联网产业，争夺物联网领域的战略制高点。下面我们简要介绍各个国家相关的物联网产业发展战略。

（1）日本的"U-Japan"计划。

日本的"U-Japan"计划通过发展"无所不在的网络"（U 网络）技术催生新一代信息科技革命。日本的"U-Japan"战略理念是以人为本，实现所有人与人、物与物、人与物之间的连接，即所谓 4U（Ubiquitous：无所不在；Universal：普及；User-oriented：用户导向；Unique：独特）。

此战略将以"基础设施建设"和"信息技术应用"为核心，重点在以下两个方面展开：一是泛在网络社会的基础建设，希望实现从有线到无线、从网络到终端，包括认证、数据交换在内的无缝连接泛在网络环境，人们可以利用高速或超高速网络；二是信息通信技术（Information Communication Technology，ICT）的广泛应用，希望通过 ICT 的有效应用，促进社会系统的改革，解决老年化社会的医疗福利、环境能源、防灾治安、教育人才、劳动就业等一系列社会问题。

事实上，基于 RFID 技术实现的手机钱包，已经在日本广泛应用，并正在向全球拓展。日本的先进企业多数已经开始利用 U 网络工具。相关研究报告显示：这些利用 U 网络的企业商品生产线效率提高了 10%，交货期缩短了一半。如此强大的助推作用正使得越来越多的企业考虑启用泛在应用。日本的 NTT DoCoMo 公司在日本的家电和汽车行业中的企业进行了颇具创新力的尝试，将涉及企业客户的各类 U 应用作为今后发展的重点。

2009 年 8 月，日本又将"U-Japan"升级为"I-Japan"战略，提出"智慧泛在"构想，将传感网列为其国家重点战略之一，致力于构建一个个性化的物联网智能服务体系，充分调动日本电子信息企业积极性，确保日本在信息时代的国家竞争力始终位于全球第一阵营。同时，日本政府希望通过物联网技术的产业化应用，减轻由于人口老龄化所带来的医疗、养老等社会负担，并由此实现积极自主的创新，催生出新的活力，改革整个经济社会。

（2）韩国的"U-Korea"战略。

韩国是全球首个提出 U 战略的国家之一，也实现了类似日本的发展。韩国成立了以总统为首的国家信息化指挥、决策和监督机构——"信息化战略会议"及由总理负责的"信息化促进委员会"，为"U-Korea"信息化建设保驾护航。韩国信息和通信部则具体落实并负责推动"U-Korea"项目的建设，重点支持"无所不在的网络"相关的技术研发及科技应用，希望通过"U-Korea"计划的实施带动国家信息产业的整体发展。2009 年 10 月，韩国颁布了《物联网基础设施构建基本规划》，将物联网市场确定为新增长动力，确定了构建物联网基础设施、发展物联网服务、研发物联网技术、营造物联网扩散环境四大领域，12 项详细课题，并提出到 2012 年实现"通过构建世界最先进的物联网基础设施，打造未来广播通信融合领域超一流 ICT（信息通信技术）强国"的目标。

配合"U-Korea"推出的"U-Home"是韩国信息通信发展计划的八大创新服务之一。这种智能家庭的最终目的是让韩国民众能通过有线或无线的方式控制家电设备，并能在家享受高品质的双向、互动的多媒体服务，比如远程教学、健康医疗、视频点播、居家购物、家庭银行等。近年来，韩国新建的民宅基本都具有"U-Home"功能。

（3）美国"智慧的地球"。

2008 年 11 月，美国 IBM 公司总裁彭明盛在纽约对外关系理事会上发表了题为《智慧的地球：下一代领导人议程》的讲话，正式提出"智慧的地球"（Smarter Planet）设想。2009

年 1 月 28 日，奥巴马就任美国总统后与美国工商业领袖举行了一次"圆桌会议"，彭明盛推广"智慧的地球"这一概念，建议新政府投资新一代的智慧型基础设施，阐明其短期和长期效益。奥巴马政府对此给予了积极的回应，认为"智慧的地球"有助于美国的"巧实力"（Smart Power）战略，是继互联网之后国家发展的核心领域。

"智慧的地球"是把新一代 IT 技术充分运用在各行各业之中，如把感应器嵌入和装备到电网、铁路、桥梁等各种物体中，并连接形成物联网。在此基础上，将各种现有网络进行对接，实现人类社会与物理系统的整合，从而使人类以更加精细和动态的方式管理生产和生活，达到"智慧"状态。例如，2009 年 4 月初在美国拉斯维加斯举行的无线通信展期间，美国 Vitality 公司推出了配备无线功能的药瓶盖。该产品可用在普通药瓶上，同时也具有完善的网络提醒功能。到预先设定的时间，盖子上的小灯就会亮，提醒用户吃药时间到了。如果此时用户不打开瓶盖，瓶盖就会发声。如若用户再不打开瓶盖，该信息就会经由家庭设置的网关装置，通过互联网发送至服务器，服务器在收到信息后会拨打电话通知用户。由于其具有联网功能，服务器还可以用电子邮件通知用户指定的联系人，或在药物快用完时自动向药房发送信息。可以预见，这种"智慧"状态将伴随大量"聚合服务"应用的产生，而"人-物"应用、"物-物"应用还会不断被开发、被集成，这也预示着聚合服务市场潜力十分巨大。

（4）欧盟的物联网行动计划。

欧盟早在 2006 年就成立了工作组，专门进行 RFID 技术研究，并于 2008 年发布《2020年的物联网——未来路线》。2009 年，欧洲 RFID 项目组物联网小组（CERP-IoT）在欧盟委员会资助下制定了《物联网战略研究路线图》《RFID 与物联网模型》等意见书。2009 年6 月，欧盟已经制定了截至目前堪称物联网产业最详细的发展规划，主要体现在 2009 年 6月欧盟制定的《物联网——欧洲行动计划》，该计划涵盖了行政管理、安全保护、隐私控制、基础设施建设、标准制定、技术研发、产业合作、项目落实、通报制度、国际合作等重要内容。该计划已被视为重振欧洲的战略组成部分，且自 2007 年到 2010 年，欧洲已经投入了 27 亿欧元。目前，欧盟已将物联网及其核心技术纳入预算高达 500 亿欧元并开始实施的欧盟"第七个科技框架计划（2007—2013 年）"中。这也是 1994 年以电信业为代表的"欧洲之路"战略、1999 年 e-Europe 战略的最新延伸。

欧洲物联网的应用主要在企业管理、交通运输、医疗卫生等方面。例如，全球电源和自动设备制造商 ABB 在其芬兰赫尔辛基的工厂里采用 RFID 技术，追踪每年外运的 20 万件传动装置，利用 RFID 系统提高货物运输的追踪能力，可靠地记录货物运输日期，减少物流和仓储任务外包的风险。巴黎市政府制定了以 RFID 识别技术、GPS 地理定位、谷歌地图测绘为基础的 Patrimonia 方案，巴黎城市用户可以通过网络访问关于巴黎市道路标志管理和应用的页面，该方案包括一个全面的数据库、谷歌电子地图、搜索引擎，还有分析程序、设计文件，并且能够以 Excel 等 Office 格式导出数据。瑞士制药集团诺华制药正在开发一种带有新型电子系统的芯片，这种芯片可以安装在药片中，患者如果未能遵医嘱服药，芯片就会向患者手机发送提醒短信，芯片有利于提醒患者对医嘱的遵从，从而增强药物疗效。除此以外，欧洲主要电信运营商 Orange、Telnor、T-Mobile、Vodafone 等都确定了物联网战略方向，开始以各种形式加速 M2M 业务的部署。

（5）中国的"感知中国"。

2009 年 8 月，我国国家领导人在考察无锡高新微纳传感网工程技术研发中心时指出，要积极创造条件，在无锡建立中国的传感网中心（"感知中国"中心），发展物联网。2009 年 11 月，我国国家领导人在人民大会堂向科技界发表了题为《让科技引领中国可持续发展》的讲话，其中提到要着力突破传感网、物联网的关键技术，及早部署后 IP 时代相关技术研发，使信息网络产业成为推动产业升级、迈向信息社会的"发动机"。2010 年 3 月，"加快物联网的研发应用"第一次写入中国政府工作报告中。

此后，各部门、各地区积极响应，纷纷出台各项举措，推动物联网发展。《国家中长期科学与技术发展规划（2006－2020 年）》和"新一代宽带移动无线通信网"重大专项中均将传感网列入重点研究领域。工业和信息化部开展物联网的调研，计划从技术研发、标准制定、推进市场应用、加强产业协作四个方面支持物联网发展。无锡市大力建设国家传感网创新示范区（国家传感信息中心），在物联网人才引进、资金、税收、土地等方面对相关企业进行大力支持，吸引了中科院、清华大学、北京邮电大学、中国移动、中国联通、中国电信等企事业单位在无锡设立机构。2010 年 1 月，江苏省新型感知器件产业技术创新战略联盟在昆山传感器产业基地成立。该联盟的成立，将加快无锡物联网产业创新集群的形成。北京也着手启动物联网的规划工作。2009 年 11 月，由同方股份、中国移动、大唐移动、中科院软件所、清华大学、北京大学、北京邮电大学等物联网产业链上的 40 余家企业和研发机构共同组建了中关村物联网产业联盟，志在打造中国物联网产业中心。广东则成立了 RFID 标准化技术委员会，加紧 RFID 标准攻关，打造"数字广东、智慧城市、知识经济、无处不在的网络社会"。上海为加快实现物联网对产业升级的带动作用，决定从 2010 年起由政府启动物联网体系建设，并在全市范围内组织实施物联网应用示范工程。其他地区也从制定规划、设立相应机构等方面着手推动物联网的发展。

在应用领域，我国销量最大的酒类品牌之一五粮液，其防伪系统就使用了 RFID 防伪和追溯管理的物联网技术。中国科技馆新馆将启用 RFID 电子门票，这样就可在后台的计算机终端反映出持有人的相关信息，实现门票与个人信息的绑定，从而可为观众提供更多的个性化服务。江西电网利用传感和测量技术监控全网 2 万多台配电变压器，一年降低电损 1.2 亿千瓦时。深圳 24 小时自助图书馆将 RFID 技术引入文化领域，解决了文献定位导航难、错架乱架多、难以精确典藏等问题，取得了图书馆的智能管理系统和自助服务模式的创新。上海世博园为进入园区的食材加装 RFID，利用"食品安全实时综合监控平台"进行跟踪监控，确保食品安全。由此可见，物联网的应用已经扩展到交通运输、食品安全、电网管理、公共服务等多个方面。

目前，物联网在我国的发展形态主要以 RFID、M2M、传感网网络三种为主。在 RFID 方面，2009 年，中国 RFID 产业市场规模达 110 亿元，相比 2008 年增长 36.8%，已用于物流、城市交通、工业生产、食品追溯、移动支付等方面，特别是随着 3G 网络开始运营，各运营商推出了移动支付方式，如中国移动于 2009 年 11 月宣布采用 RFID 技术的 SIM 卡，在星巴克和上海世博园园区内可以通过手机近端刷卡消费。在 M2M 方面，电信运营商积极开展 M2M 应用，如中国移动从 2004 年开始发展 M2M 业务，2008 年 M2M 终端数量发展到 229 万部，目前已超过 300 万部，预计未来年增长率将超过 60%，在智能楼宇、路灯监控等方面得到广泛应用。国内在传感器网络方面现仍处于发展初级阶段，基本上还是依托于科研项目、科研成果的示范；但在部分领域的国际标准制定方面已经具有了发言权，有可能形成具有自主知识产权的核心技术和标准，提高我国在物联网领域内的竞争力。

与其他发达国家相比，目前我国物联网发展尚处于初创和起步阶段，且存在一系列瓶颈和制约因素：一是产业体系初步形成但产业化能力不高，尚未形成规模化产业优势；二是核心关键技术有待突破，在传感器、芯片、关键设备制造、智能通信与控制、海量数据处理等核心技术上，与发达国家存在较大差距；三是标准比较分散、体系还不完善，在国际上面临着关键资源和核心标准方面的激烈竞争；四是物联网应用的规模和领域比较小，没有形成成熟的商业模式，应用成本较高；五是物联网承载大量的国家经济社会活动和战略性资源，因而面临巨大的安全与隐私保护挑战。我们需要结合中国国情来发展适合我国经济水平的绿色、开放、高可靠的物联网，走一条有中国特色、能带动国内核心技术企业发展的低成本信息化道路，让物联网真正惠及国家和人民。

3. 物联网的行业应用

目前，物联网在很多方面都有广泛的应用，例如工业领域、农业领域、智能城市、智能交通、智能家居、智能电网、食品安全、安全防范、智能医疗、智能环保、智能物流、智能校园、智能文博、智能司法及 M2M 平台建设。总体来说，近几年，物联网在各个领域的发展都有了进一步推广和深入，物联网行业的发展主要还是集中于在工业领域、农业领域、智能城市、智能交通、智能家居及智能电网等方面的应用。

　　我国的工业目前面临着高污染、高能耗的威胁，节能减排是我国工业发展的瓶颈，工业用能在我国总能源消费中占据 70%，因此推行节能减排，倡导低碳经济给物联网在工业领域的发展带来了契机，以物联网改造传统工业有广阔的发展前景。另外，我国的三农问题及城市化过程中带来的城市问题，使得物联网在农业领域的应用及智能城市和智能交通领域的应用也会有较好的发展前景。

1.1.2　物联网与互联网、传感网、泛在网的关系

1. 物联网与互联网

　　实际上，互〔……〕而物联网是升级换代后的互联网。换而言之，物联网是互〔……〕主体是人，物联网连接的主体是物，但物联网不是单纯的对〔……〕后，才延伸到对物的连接。互联网以人工为主进行信息的采〔……〕脑"等人工智能为主进行信息的采集和处理。

　　互联〔……〕几子的关系，物联网是互联网的新生代，是互联网的创新成〔……〕下三个方面。

　　（1）〔……〕覆盖范围比互联网的覆盖范围大得多。从主要作用上来看，互〔……〕能通过互联网相互交换信息，为日常的生产生活带来便利。〔……〕助人类管理物。如果将地球比作人类的家，那么物联网就是〔……〕况下，还可以让物与物之间自动交换信息，并对物品进行实〔……〕联网的区别在于，互联网是直接服务于人类，而物联网是间〔……〕物联网的实现相对困难，因为互联网服务过程由人类直接〔……〕人可以对互联网中出现的问题进行及时发现并解决，但是物〔……〕物体出现的问题全部是由人工智能进行分析、管理和纠正的〔……〕脑灵活，所以，一些特殊性问题很难得到及时解决。

　　从复杂性〔……〕未来，物联网的应用远超互联网，物联网产业的发展，无论〔……〕向力上，都比互联网的作用更强、更大。互联网解决了人类〔……〕的信息互通和共享。而物联网不仅沟通了人

与人，还沟通了人与物、物与物，利用物联网技术，人类可以实现对物的智能管理和智能决策控制。

（2）互联网的终端包括台式电脑、笔记本、智能手机、平板电脑等。利用这些互联网终端，人们可以看新闻、看电影、发邮件、收邮件、买股票、买基金、订外卖、订机票，等等。这些终端与互联网的连接方式可以是有线连接，也可以是无线连接。而物联网的终端是无数的传感器，这些传感器连接成网，并通过汇聚节点与互联网进行连接。其主要连接方式是无线连接，这需要两个过程，一是利用读写器连接 RFID 芯片和控制主机，二是通过控制节点连接控制主机和互联网。由此可以看出，物联网与互联网的接入方式和应用系统都是不同的。无线传感器网络和 RFID 应用系统是物联网接入互联网的两种主要方式，物联网获取数据的方式通常有两种，一种是由传感器自动感应，一种是由 RFID 读写器自动读出。

（3）与互联网相比，实现物联网需要涉及更多的技术，包括互联网技术、计算机技术、无线网络技术、信息通信技术、智能芯片技术等。也就是说，互联网技术只是物联网所涉及技术的一个方面。另外，物联网与互联网的区别还在于，一个作用于虚拟世界，另一个作用于现实世界。

2．物联网与传感网

物联网强调的是物与物之间的连接，接近于物的本质属性，而传感器强调的是技术和设备，是对技术和设备的客观表述。从总体上来说，物联网与传感网具有相同的构成要素，它们实质上指的是同一种事物。物联网是从物的层面上对这种事物进行表述，传感网是从技术和设备的角度对这种事物进行表述。物联网的设备是所有物体，突出的是一种信息技术，它建立的目的是为人们提供高层次的应用服务。传感网的设备是传感器，突出的是传感器技术和传感器设备，它建立的目的是更多地获取海量的信息。

从细节上来说，传感网又可以被称为传感器网。构成传感器网需要两种模块，一种是"传感模块"，另一种是"组网模块"。传感网更加注重对物体信号的感知，比如感知物体的状态、外界环境信息等。而物联网却更注重对物体的标识和指示，如果要标识和指示物体，就要同时用到传感器、一维码、二维码及射频识别装置。从这个层面来看，传感网属于物联网的一部分，它们之间的关系是局部与整体的关系，也就是说物联网包含传感网。

3．物联网与泛在网

互联网与物联网相结合，便可以称为"泛在网"。利用物联网的相关技术如射频识别技术、无线通信技术、智能芯片技术、传感器技术、信息融合技术等，以及互联网的相关技术如软件技术、人工智能技术、大数据技术、云计算技术等，可以实现人与人的沟通、人与物的沟通及物与物的沟通，使沟通的形态呈现多渠道、全方位、多角度的整体态势。这种形式的沟通不受时间、地点、自然环境、人为因素等的干扰，可以随时随地自由进行。泛在网的范围比物联网还要大，除了人与人、人与物、物与物的沟通外，它还涵盖了人与人的关系、人与物的关系、物与物的关系。可以这样说，泛在网包含了物联网、互联网、传感网的所有内容，以及人工智能和智能系统的部分范畴，是一个整合了多种网络的网络系统。

泛在网最大的特点是实现了信息的无缝连接。无论是人们日常生活中的交流、管理、服务，还是生产中的传送、交换、消费，抑或是自然界的灾害预防、环境保护、资源勘探，都需要通过泛在网连接，才能实现一个统一的网络。而这种对事物的全面而广泛的包容性，是物联网无法企及的。

物联网与泛在网的联系在于，它们都具有网络化、物联化、互联化、自动化、感知化及智能化的特征。

1.2 物联网的体系架构

物联网作为一种新型的网络融合模式，它将传感器网络、RFID 网络、移动车载网络、手机网络和其他具有感知能力的局域网络，通过 3G、WiMAX 及有线宽带等通信网络接入互联网中，实现全球环境下"物物互联"的终极目标，以提供新型的智能化服务与应用。

物联网的体系结构是一个能够兼容各种异构系统和分布式资源的开放式体系结构，可以满足最大化互操作性的需求。这些分布式资源包括软件、设备、智能物品和人类自身等信息和服务。标准的体系结构应该包括明确的抽象数据模型、接口和协议，并与其他技术进行绑定（如 Web 服务等），共同支持各种操作系统和编程语言。

物联网是为了打破地域限制，实现物物之间按需进行的信息获取、传递、存储、融合、使用等服务的网络。因此，物联网应该具备如下 3 个能力。

（1）全面感知：利用 RFID、传感器、二维码等随时随地获取物体的信息，包括用户位置、周边环境、个体喜好、身体状况、情绪、环境温度、湿度，以及用户业务感受、网络状态等。

（2）可靠传递：通过各种网络融合、业务融合、终端融合、运营管理融合，将物体的信息实时准确地传递出去。

（3）智能处理：利用云计算、模糊识别等各种智能计算技术，对海量数据和信息进行分析和处理，对物体进行实时智能化控制。

按照物联网的各组成元素的功能，欧盟 Coordination And Support Action for Global RFID-related Activities and Standardization（CASAGRAS）工作组给出了一个四层物联网体系结构，包括了感知层、传输层、处理层和应用层，如图 1.1 所示。

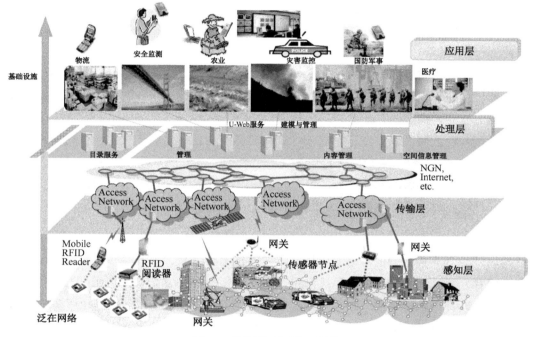

图 1.1　四层物联网体系结构

1.2.1　感知层

物联网在传统网络的基础上，从原有网络用户终端向"下"延伸和扩展，扩大通信的对象范围，即通信不仅仅局限于人与人之间的通信，还扩展到人与现实世界的各种物体之间的通信。

这里的"物"并不是自然物品，而是要满足一定的条件才能够被纳入物联网的范围，例如有相应的信息接收器和发送器、数据传输通路、数据处理芯片、操作系统、存储空间等，遵循物联网的通信协议，在物联网中有可被识别的标识。可以看到，现实世界的物品未必能满足这些要求，这就需要特定的物联网设备的帮助才能满足以上条件，并加入物联网。物联网设备具体来说就是嵌入式系统、传感器、RFID 等。

物联网感知层解决的就是人类世界和物理世界的数据获取问题，包括各类物理量、标识、音频、视频数据。感知层处于体系架构的最底层，是物联网发展和应用的基础，具有物联网全面感知的核心能力。作为物联网的最基本一层，感知层具有十分重要的作用。

感知层一般包括数据采集和数据短距离传输两部分，即首先通过传感器、摄像头等设备采集外部物理世界的数据，通过蓝牙、红外、ZigBee、工业现场总线等短距离有线或无线传输技术进行协同工作或者传递数据到网关设备。也可以只有数据的短距离传输这一部分，特别是在仅传递物品的识别码的情况下。实际上，感知层这两个部分有时很难明确区分开。

1.2.2　网络层

物联网传输层也称为网络层，是在现有网络的基础上建立起来的，它与目前主流的移动通信网、国际互联网、企业内部网、各类专网等网络一样，主要承担着数据传输的功能，特别是当三网融合后，有线电视网也能承担数据传输的功能。

在物联网中，要求传输层能够把感知层感知到的数据无障碍、高可靠性、高安全性地进行传送，它解决的是感知层所获得的数据在一定范围内，尤其是远距离的传输问题。同时，物联网传输层将承担比现有网络更大的数据量和面临更高的服务质量要求，而现有网络尚不能满足物联网的需求，这就意味着物联网需要对现有网络进行融合和扩展，利用新技术以实现更加广泛和高效的互联功能。

由于广域通信网络在早期物联网发展中的缺位，早期的物联网应用往往在部署范围、应用领域等诸多方面有所局限，终端之间及终端与后台软件之间都难以开展协同。随着物联网的发展，必须建立端到端的全局网络。

1.2.3　处理层

处理层的主要功能是把感知和传输来的信息进行分析和处理，做出正确的控制和决策，实现智能化的管理、应用和服务。这一层解决的是信息处理的问题。

具体地讲，处理层要将网络层传输来的数据通过各类信息系统进行处理，并通过各种设备与人进行交互。它的作用是进行数据处理，完成跨行业、跨应用、跨系统之间的信息协同、共享、互通的功能，包括电力、医疗、银行、交通、环保、物流、工业、农业、城市管理、家居生活等，可用于政府、企业、社会组织、家庭、个人等，这正是物联网作为深度信息化网络的重要体现。

1.2.4 应用层

应用是物联网发展的驱动力和目的。物联网虽然是"物物相连的网"，但最终是要以人为本的，还是需要人的操作与控制的，不过这里的人机界面已远远超出现在人与计算机交互的概念，而是泛指与应用程序相连的各种设备与人的反馈。

物联网的应用可分为监控型（物流监控、污染监控）、查询型（智能检索、远程抄表）、控制型（智能交通、智能家居、路灯控制）、扫描型（手机钱包、高速公路不停车收费）等。目前，软件开发、智能控制技术发展迅速，应用层技术将会为用户提供丰富多彩的物联网应用。同时，各种行业和家庭应用的开发将会推动物联网的普及，也给整个物联网产业链带来利润。

近年来，很多学者也通常把处理层和应用层合并成一个层次，将物联网的体系结构分为三层，即感知层、传输层和应用处理层。这是因为数据处理跟业务应用结合得非常紧密，处理层在一些地方也称为应用支撑层，其功能主要是支撑上层应用。所以我们下文的介绍中也按照感知层、传输层和处理层的三层结构来具体介绍。

1.3 物联网的行业应用

1.3.1 工业领域的应用

具有环境感知能力的各类终端、基于泛在技术的计算模式、移动通信等不断融入工业生产的各个环节中，大幅提高制造效率、改善产品质量、降低产品成本和资源消耗，将传统工业提升到智能工业的新阶段。从当前技术发展和应用前景来看，物联网在工业领域的应用主要集中在以下几个方面。

制造业供应链管理：物联网应用于企业原材料采购、库存、销售等领域，通过完善和优化供应链管理体系，提高了供应链效率，降低了成本。空中客车通过在供应链体系中应用传感网络技术，构建了全球制造业中规模最大、效率最高的供应链体系。

生产过程工艺优化：物联网技术的应用提高了生产线过程检测、实时参数采集、生产设备监控、材料消耗检测的能力和水平，同时也使得生产过程的智能监控、智能控制、智能诊断、智能决策、智能维护水平不断提高。一些钢铁企业应用各种传感器和通信网络，在生产过程中实现对加工产品的宽度、厚度、温度实时监控，提高产品质量，优化生产流程。

产品设备监控管理：各种传感技术与制造技术融合实现了对产品设备操作使用记录、设备故障诊断的远程监控。GE Oil&Gas 集团在全球建立了 13 个面向不同产品的 i-Center（综合服务中心），通过传感器和网络对设备进行在线监测和实时监控，并提供设备维护和故障诊断的解决方案。

环保监测及能源管理：物联网与环保设备的融合体现了对工业生产过程中产生的各种污染源及污染治理各环节关键指标的实时监控。在重点排污企业排污口安装无线传感设备，不仅可以实时监测企业排污数据，而且可以远程关闭排污口，防止突发性环境污染事故发生。电信运营商已经开始推广基于物联网的污染治理实时监测解决方案。

工业安全生产管理：把传感器嵌入和装配到矿山设备、油气管道、矿工设备中，可以感知危险环境中工作人员、设备机器、周边环境等方面的安全状态信息，将现有的网络监管平台提升为系统、开放、多元的综合网络监管平台，实现实时感知、准确辨识、快捷响应及有效控制。

1.3.2 农业领域的应用

物联网在农业领域的应用是通过实时采集温室内温度、湿度信号及光照、土壤温度、CO_2 浓度、叶面湿度、露点温度等环境参数，自动开启或者关闭指定设备。可以根据用户需求，随时进行处理，为实施农业综合生态信息自动监测、对环境进行自动控制和智能化管理提供科学依据。通过感知模块采集温湿度等信号，经由无线信号收发模块传输数据，实现对大棚温湿度的远程控制。智能农业产品还包括智能粮库系统，该系统通过将粮库内温湿度变化的感知与计算机或手机的连接进行实时观察，记录现场情况以保证粮库内的温湿度平衡。

智慧农业建设的脚步日益加快，先进的农业应用系统被广泛推广，越来越多的农民群众接受了这种"开心农场"式的生产方式。目前，利用 RFID、无线数据通信等技术采集农业生产信息，以帮助农民及时发现问题，并且准确地确定发生问题的位置，使农业生产自动化、智能化，并可远程控制。

1.3.3 智慧城市领域的应用

城市管理中采用物联网技术的应用子系统将各种不同类型的感知网络互联，结合应用地理信息系统、空间信息系统，通过传感节点和城市基础设施相结合，感知它们的环境、状态、位置等信息，有针对性地进行传感数据的连接和信息融合，在建立城市管理各应用子系统的同时还应该不断进行技术、业务、应用创新，以满足经济、社会发展的需求。

1. 重要地点边界监控系统及城市视频监控系统

重要地点边界监控系统采用复合传感器、智能视频相结合的方式，通过传送网络，对政府、军事单位等重要地点周边边界和区域内重要场所进行全天候、全方位的监控。该系统具备的传感网监测系统前端由大量控制器节点组成，经过无线网络技术进行联网，并通过传感网关进行传感数据的传送和控制信息的接收，可以实现自主组网、无人值守，具有很强的环境适应性和智能性，能够完成入侵目标的监测识别、定位与跟踪，同时还可以消除环境气候、动物等非入侵者引起的误警率和虚警率。

城市视频监控系统采用在各类事件频发的地点设置视频监控节点（包括交通要道、街头巷尾、人流密集处等），经过有线或无线网络将视频信号实时传送到管理系统中，能够与GIS、卫星定位系统等进行融合，可以一边在大屏幕中显示视频内容，另一边在管理系统中显示该视频监控具体位置、周边情况。如遇突发事件（如：交通肇事逃逸、街头突发犯罪等），系统能够提供相关信息做出辅助判断，并利用装备在警方车辆上的卫星定位系统感知该车辆具体位置，以便在最短时间内调动警力来处理事件。

2. 危险源监控系统

危险源监控系统通过建立危险源数据采集及监控系统，来实现报警、监控、管理和执法监管水平的提高，如针对城市日常生产、生活中的易燃、易爆、有毒环境（地下燃气输送管道、加油站、有毒气体存储运输等），以及当前高层楼房的电梯运行安全监控，通过将各类数据采集、探测终端部署在危险源附近，对危险源进行实时数据采集，并通过有线、无线网络等方式传送至城市管理系统中进行汇总、分析和共享，能够实现预防和监控，并针对临界安全阀值进行报警，以充分发挥公共安全监管系统的作用，消除危险隐患，提升公共安全水平。

3．交通管理及公交、环卫救护、城管等特种车辆定位系统

随着城市化进程的发展，交通拥堵已经成为城市管理中的一大问题和难题，因此，把物联网技术引入交通管理中，形成智能交通管理，采取交通流信息实时监测、路况情况视频监测、可变交通信息标志、信息发布等系统，可以智能化解决交通拥堵和停车问题，尽量减少噪声和空气污染。

物联网应用于城市管理还具有很多方面，如：地面井盖自动监测系统、垃圾箱充满自动报警系统、城市户外广告牌管理系统、路灯自动控制及监测系统、食品安全跟踪监测系统，等等。

4．城市安防

智能城市产品包括对城市的数字化管理和城市安全的统一监控。前者利用"数字城市"理论，基于3S（地理信息系统GIS、全球定位系统GPS、遥感系统RS）等关键技术，深入开发和应用空间信息资源，建设服务于城市规划、城市建设和管理，服务于政府、企业、公众，服务于人口、资源环境、经济社会的可持续发展的信息基础设施和信息系统。后者基于宽带互联网的实时远程监控、传输、存储、管理的业务，利用无处不达的宽带和3G网络，将分散、独立的图像采集点进行联网，实现对城市安全的统一监控、统一存储和统一管理，为城市管理和建设者提供一种全新、直观、视听觉范围延伸的管理工具。

5．智慧消防

伴随着城市建设的快速发展，城市消防安全风险的不断上升，城市高层、超高层建筑和大型建筑日益增多，建筑消防安全问题越来越突出。消防灭火救援科技需求紧迫，需要提升社会火灾防控能力，实现消防工作与经济社会协调发展。火灾猛于虎，防患于未然。伴随着城市化进程的加快，如何防患火灾、确保消防安全，成为当今城市治理中的重点和难点问题。

智慧消防是采用"感、传、知、用"等物联网技术手段，综合利用RFID、无线传感、云计算、大数据等技术，通过互联网、无线通信网、专网等通信网络，对消防设施、器材、人员等状态进行智能化感知、识别、定位与跟踪，实现实时、动态、互动、融合的消防信息采集、传递和处理，通过信息处理、数据挖掘和态势分析，为防火监督管理和灭火救援提供信息支撑，提高社会化消防监督与管理水平，增强消防灭火救援能力。

1.3.4 智慧交通领域的应用

智能交通系统主要包括公交行业无线视频监控平台、智能公交站台、电子票务、车管专家和公交手机一卡通五种业务。公交行业无线视频监控平台利用车载设备的无线视频监控和 GPS 定位功能，对公交运行状态进行实时监控。智能公交站台通过媒体发布中心与电子站牌的数据交互，实现公交调度信息数据的发布和多媒体数据的发布功能，还可以利用电子站牌实现广告发布等功能。电子门票是二维码应用于手机凭证业务的典型应用，从技术实现的角度，手机凭证业务就是以手机为平台、以手机身后的移动网络为媒介，通过特定的技术实现并完成凭证功能的。

车管专家利用全球卫星定位技术（GPS）、无线通信技术（CDMA）、地理信息系统技术（GIS）、中国电信 3G 等高新技术，将车辆的位置与速度，车内外的图像、视频等各类媒体信息及其他车辆参数等进行实时管理，有效满足用户对车辆管理的各类需求。公交手机一卡通将手机终端作为城市公交一卡通的介质，除完成公交刷卡功能外，还可以实现小额支付、空中充值等功能。

1.3.5 其他领域的主要应用

1. 智能家居领域

智能家居是一个居住环境，是以住宅为平台安装有智能家居系统的居住环境，实施智能家居系统的过程称为智能家居集成。将各种家庭设备（如音视频设备、照明系统、窗帘控制、空调控制、安防系统、数字影院系统、网络家电等）通过程序设置，使设备具有自动功能，通过通信运营商的宽带、固话和 3G 无线网络，可以实现对家庭设备的远程操控。与普通家居相比，智能家居不仅提供舒适宜人且高品位的家庭生活空间，实现更智能的家庭安防系统；还将传统家居环境中那些各自单独存在的设备连为一个整体，形成系统。

目前智能家居市场较为混乱，智能建筑领域的产品标准缺乏。为了弥补不足，2011 年11 月 29 日，长虹联合住建部发布《2011 年度中国城市居民 e 家生活指数研究报告》，公布了我国首个智慧家庭发展情况的评价标准——e 家生活指数：2011 年度中国城市居民 e 家（智能家居）生活指数研究结果为 34.04 分。此报告为管理者和部门制定相关政策提供参考依据，对提升我国智能建筑及居住区数字化标准水平做出了积极贡献。

在智能家居应用方面，2011 年 12 月，海尔 U-home "云社区" 全球体验中心在青岛落成并揭幕。随着这一体验中心的落成和投入运行，智能家居行业首个主打 "云社区" 概念的体验中心正式浮出水面。

2. 智能电网领域

智能电网与物联网作为具有重要战略意义的高新技术和新兴产业，现已引起世界各国的高度重视，我国政府不仅将物联网、智能电网上升为国家战略，并在产业政策、重大科技项目支持、示范工程建设等方面进行了全面部署。应用物联网技术，智能电网将会形成一个以电网为依托，覆盖城乡各用户及用电设备的庞大的物联网络，成为 "感知中国" 最重要的基础设施之一。智能电网与物联网的相互渗透、深度融合和广泛应用，将能有效整合通信基础设施资源和电力系统基础设施资源，进一步实现节能减排，提升电网信息化、自动化、互动化水平，提高电网运行能力和服务质量。智能电网和物联网的发展，不仅能促进电力工业的结构转型和产业升级，更能够创造一大批原创的具有国际领先水平的科研成果，打造千亿元的产业规模。

3. 智能物流领域

智能物流打造了集信息展现、电子商务、物流配载、仓储管理、金融质押、园区安保、海关保税等功能为一体的物流园区综合信息服务平台。信息服务平台以功能集成、效能综合为主要开发理念，以电子商务、网上交易为主要交易形式，建设了高标准、高品位的综合信息服务平台，并为金融质押、园区安保、海关保税等功能预留了接口，可以为园区客户及管理人员提供一站式综合信息服务。

4. 智能医疗

智能医疗系统借助简易、实用的家庭医疗传感设备，对家中病人或老人的生理指标进行自测，并将生成的生理指标数据通过固定网络或 3G 无线网络传送到护理人或有关医疗单位。根据客户需求，通信运营商还可提供相关增值业务，如紧急呼叫救助服务、专家咨询服务、终生健康档案管理服务等。智能医疗系统真正解决了现代社会子女们因工作忙碌无暇照顾家中老人的无奈，可以随时表达孝子情怀。

5. 智能环保

智能环保领域应用是通过对地表水水质的自动监测，可以实现水质的实时连续监测和远程监控，及时掌握主要流域重点断面水体的水质状况，预警预报重大流域性水质污染事故，解决跨行政区域的水污染事故纠纷，监督总量控制制度落实情况。太湖环境监控项目，通过安装在环太湖地区的各个监控的环保和监控传感器，将太湖的水文、水质等环境状态提供给环保部门，实时监控太湖流域水质等情况，并通过互联网将监测点的数据报送至相关管理部门。

6. 智能校园

目前已有的校园手机一卡通和金色校园业务，促进了校园的信息化和智能化。校园手机一卡通主要的实现功能包括：电子钱包、身份识别和银行圈存。电子钱包即通过手机刷卡实现主要校内消费；身份识别包括门禁、考勤、图书借阅、会议签到等，银行圈存即实现银行卡到手机的转账充值、余额查询。目前校园手机一卡通的建设，除了满足普通一卡通功能外，还实现了借助手机终端实现空中圈存、短信互动等应用。

1.4 物联网的标准化

1.4.1 标准化对物联网产业的意义

1983 年国际标准化组织发布的 ISO 第二号指南（第四版）对"标准"的定义是："由有关各方根据科学技术成就与先进经验，共同合作起草，一致或基本上同意的技术规范或其他公开文件，其目的在于促进最佳的公众利益，并由标准化团体批准。"

1988 年颁布的《中华人民共和国标准化法》将我国标准划分为国家标准、行业标准、地方标准、企业标准四级。我国在 2000 年发布的 GB/T1.1—2000 中将标准定义为："为在一定的范围内获得最佳秩序，对活动或结果规定共同的和重复使用的规则、导则或特性文件。该文件经协商一致制定并经一个公认机构的批准。标准应以科学、技术和经验的综合成果为基础，以促进最佳社会效益为目的。"

标准是标准化活动所得的结果。标准化是一项制定条款的活动；所制定的条款应具备的特点是共同使用和重复使用；条款的内容是现实问题或潜在问题；制定条款的目的是在一定范围内获得最佳秩序。这些条款将构成规范性文件，也就是标准化的结果是形成条款，一组相关的条款就形成规范性文件。如果这些规范性文件符合制定标准的程序，经过公认机构发布，就成为标准。

物联网行业作为五大战略性新兴产业之一，其发展受到了政府、产业、资本等各层面的高度关注，随着"物联网十二五规划"与"工信部物联网发展指导意见"的出台，物联网行业的市场趋于成熟，技术应用更加广阔，以政府应用示范项目带动物联网市场的发展模式全面开展，物联网技术在转变经济增长方式中所起到的重要作用尤为突出，这也必将推动我国信息化建设在更高层面、更广领域向纵深发展。

然而，物联网产业目前尚属于初步形成阶段，没有成熟的技术标准和完善的技术体系，具体的商业模式也有待进一步完善和创新。因此，随着物联网关键技术的突破，商业模式的创新，物联网标准的起草及出台迫在眉睫。

标准化是行业发展的指引和标杆，而制定符合国情并与国际接轨的行业标准又是重中之重。目前我国物联网产业以闭环应用为主，企业在较为成熟的应用领域独自为战，产业较为分散。其根本原因是物联网产业缺乏统一标准，新领域缺乏成熟商业模式。公司业务制定以项目为主，缺乏可复制性；企业之间没有标准接口，无法共享资源。以智能交通和智能物流两个子产业为例，两者在车辆定位、道路信息和线路指引方面存在着很多业务重叠。但是，因为缺乏统一标准，信息很难在交通管控部门和物流企业之间共享，造成重复建设和资源浪费。

由于缺乏统一标准，我国物联网企业集中度较低。以 RFID 标签为例，不同应用对 RFID 标签的频率、传输距离等技术指标的需求各有不同，因而生产企业缺乏统一标准。从市场份额来看，2009 年达华智能的市场占有率为 18.95%，而其他排名前十位的企业市场占有率均低于 4%，行业较为分散。

物联网标准是国际物联网技术竞争的制高点，对物联网建设具有重要的支撑作用。由于物联网涉及不同专业技术领域、不同行业应用部门，物联网的标准既要涵盖面向不同应用的基础公共技术，也要涵盖满足行业特定需求的技术标准；既包括国家标准，也包括行业标准。

物联网标准体系相对庞杂，但从物联网总体、感知层、网络层、应用层、共性关键技术标准体系五个层次可初步构建标准体系。物联网标准体系涵盖架构标准、应用需求标准、通信协议、标识标准、安全标准、应用标准、数据标准、信息处理标准、公共服务平台类标准，每类标准还可能会涉及技术标准、协议标准、接口标准、设备标准、测试标准、互通标准等方面。

1.4.2 国际物联网标准制定现状

国际标准化组织是负责制定包括物联网整体架构标准、WSN/RFID 标准、智能电网/

计量标准和电信网标准的国际组织，主要包括 ISO/IEC, lTU-T, ETSI, 3GPP 和 IEEE 等相关机构。

1. ISO/IEC 标准制定现状

ISO/IEC 的物联网标准化工作主要由第一联合技术委员会（JTC1）进行，主要包括：RFID 系统和工具的设计开发、应用程序的可移植性、通用工具和环境、用户友好及人体工程设计的用户界面等。

目前，ISO/IEC JTC1 WG7 传感器网络标准化的主要研究内容包括：传感器网络节点间接口、传感器网络与物理世界之间的接口、服务层与节点硬件、传感器之间的接口和服务层与节点上的应用模型之间的接口等。

ISO/IEC JTC1 SC6 第六技术委员会主要研究内容为：系统间远程通信和信息交换的标准化，开放系统之间的信息交换，包括系统功能、规程、参数、设备及其使用条件，涵盖物理层、数据链路层、网络层、运输层和更高层的规范和服务，包括专用综合业务网络的较低层，以及支持上层应用的各种协议和服务。

ISO/IEC JTCI SC7 主要研究内容为：软件和系统工程标准化，软件产品和系统在工程上的进程、支撑工具和支撑技术等。

ISO/IEC JTC1 SCl7 主要研究内容为：相关设备和识别卡管理，RFID 标准的制定工作。

ISO/IEC JTC1 SC22 主要研究内容为：编程语言、环境和系统软件接口的标准化，标准化领域包括技术规范、公共工具和接口，主要完成传感器网络的高层协议栈设计。

ISO/IEC JTC1 SC24 主要研究内容为：计算机图形、图像处理和环境数据表示，主要用于传感器网络环境数据表示的标准化。

ISO/IEC JTC1 SC25 主要研究内容为：信息技术设备互联，微型处理器系统的标准化，包括其接口、协议及相关的互联媒体，一般用在商业和个人住宅领域，主要面向需要传感器和传感器网络的家庭网络。

ISO/IEC JTC1 SC27 主要研究内容为：IT 安全技术，用于信息、信息技术和通信安全的一般方法、技术和指南，包括：需求捕获方法；安全技术和机制，主要针对传感器网络的网络安全和数据加密。

ISO/IEC JTC1 SC28 主要研究内容为：办公设备标准化，基本特性、测试方法和其他相关信息，该分技术委员会将是传感器网络的最大用户之一，主要用于办公设备的控制。

ISO/IEC JTC1 SC29 主要研究内容为：音频、图像、多媒体和超媒体信息的编码工作，用于传感效果信息的表示、多媒体中间件、与虚拟世界的信息交换、多媒体内容描述接口等。

ISO/IEC JTCl SC31 主要研究内容为：自动识别和数据捕获技术，专注于 RFID 和移动 RFID 技术的扩展。

ISO/IEC JTCl SC32 主要研究内容为：数据管理和交换，本地和分布式信息系统环境下与本地和分布式信息系统环境之间的数据管理，主要研究传感器信息的获取、存储和融合。

ISO/IEC JTCl SC35 主要研究内容为：用户接口相关工作，主要包括用户和系统外围输入、输出设备之间的用户-系统接口，优先满足 JTCl 对文化和语言适用性的要求。

2. ITU-T 标准制定现状

ITU-T SGl3 组主要从事基于 NGN 的物联网泛在传感器网络需求及架构、支持标签应用的需求和架构、身份管理、NGN 对车载通信的支持等研究。

SGl6 组主要从事泛在传感器网络应用和业务、智能交通系统的车载网关平台、智能医疗应用的多媒体架构、标签应用的需求和高层架构。

SGl7 组主要从事物联网安全、身份管理、解析的研究。

SGll 组主要进行 NID 和 USN 的测试架构、H.IRP 测试规范及 X.oid-res 测试规范研究。

3. ETSI 标准制定现状

2008 年 6 月，ETSI 召开关于 M2M 标准化工作研讨会。工作组主要从下面 3 个方面开展工作：当前标准化组织和研究机构的 M2M 标准化信息；当前 M2M 部署、M2M 商业模型及实践的经验；运营商、系统集成者、技术支持者、用户的需求及未来展望；对 ETSI 标准化工作的建议。

ETSI M2M TC 工作组的主要职能是收集 M2M 的需求并对其分类，开发和维护一个端到端的 M2M 的高层架构，确定现有标准未能满足的需求和提供标准和规范来填补空缺，提供 M2M 领域专家的技术和知识，与 M2M 其他标准化组织进行合作等。

ETSI TC SCP 是在 2000 年 3 月成立的研究智能卡的 ETSI 项目工作组（ETSI Project for Smart Card），其主要任务是，基于现实生活的需要，为智能卡平台建立一系列规范，在此基础之上，其他团体可以使特定系统应用与智能卡上的其他应用兼容。

4. 3GPP 标准制定现状

2005 年 9 月，3GPP SA1 工作组开始研究"促进 M2M 通信在 GSM/UMTS 中的发展"

（Facilitating Machine to Machine Communication in GSM and UMTS），主要实现了如下优化目标：收费机制，寻址，通信类型，位置固定，低移动性和低活动性的终端，对海量数据的处理，对使用 M2M 服务的大量 M2M 用户问题的处理，由于改善 M2M 而导致的安全方面的影响。

2007 年 9 月，SA3 工作组开始研究"在 M2M 设备上的 USIM 应用远程管理"（Remote Management of USIM Application on M2M Equipment），主要包括 3 个方面：如何以消费者的选择，为运营商新的 USIM/ISIM 应用初始化一个 M2M 设备；如何转化订阅到不同的运营商；如何通过订阅凭证防范信息泄露与篡改。

2006 年 9 月，3GPP 开始进行个人网络管理（personal network management）研究，其中需求及规范性工作部分已分别在 Rel-8、Rel-9 中完成。

5．IEEE 标准制定现状

IEEE 在为传感器网络提供支持的底层无线传输技术和传感器接口的标准化研究等方面已取得一定进展。目前，应用于传感器网络的标准有 IEEE802.15.4 和 ZigBee 联盟推出的传输、网络、应用层协议标准以及 IEEE1451。

IEEE 802.15.4 定义了短距离无线通信的物理层及链路层规范，基于已制定的 IEEE 802.15.4 标准，ZigBee 制定出网络互联、传输和应用规范。ZigBee 联盟对网络层协议和应用程序接口进行了标准化。

IEEE1451 标准族是通过定义一套通用的通信接口，以使工业变送器（传感器+执行器）能够独立于通信网络，并与现有的微处理器系统、仪器仪表和现场总线网络相连，解决不同网络之间的兼容性问题，并最终实现变送器到网络的互换性和互操作性。

1.4.3 我国物联网标准制定现状

一个新兴产业的发展，最重要的是掌握标准。我国的无线传感网络及其应用研究启动较早，是我国科技领域少数位于世界前列的方向之一。2005 年，在国家标准化管理委员会下属的全国信息技术标准化技术委员会领导下，中国科学院和标准化研究所合作推进国家传感网的标准化工作，这要早于国际标准的启动。目前，中国与德国、美国、英国、韩国等国一起，成为国际标准制定的主要国家之一。

国际标准化组织与国际电工委员会（ISO/IEC）于 2008 年 6 月 25 日～27 日在上海举办国际首届传感器网络标准化大会。在这次大会上，由传感器网络标准工作组代表中国牵头提出了整个传感网的体系架构、产业的演进路线、协议栈架构等，获得一致通过。中国代表团向大会提交了 8 项技术报告，这标志着我国在这项新兴信息领域的技术处于国际前列，在制定国际标准中享有重要话语权。在国际标准制定中享有话语权，对前沿科技领域的可持续发展和产业化具有重要意义。在此后的会议上，基本上都是由我国代表国际标准化组织做总体报告和特邀报告。可以说，在标准化方向上，我国具有举足轻重的主导话语权，这在我国的信息技术发展史上还是第一次。下面我们简要介绍国内主要的物联网标准化组织。

1. 电子标签国家标准工作组

在各技术委员会及行业协会的协同下，中国正在努力通过直接或间接的方式向世界推广中国制定的标准，而不再像从前那样单方面地接受国际标准。高科技是未来国际贸易战中的滩头阵地，中国已经充分意识到标准是这场竞争中的重中之重。2003 年 1 月 17 日，NPC（全国产品与服务统一代码）标准被正式颁布，标准名称为《GB 18937—2003 全国产品与服务统一标识代码编制规则》，于 2003 年 4 月 16 日实施，定位为强制性国家标准。2003 年 11 月 25 日，国标委下发高新〔2003〕30 号文，正式批复成立电子标签国家标准工作组，其任务是负责起草、制定中国有关"电子标签"的国家标准，使其既具有中国的自主知识产权，同时与目前国际的相关标准互通兼容，促进中国的电子标签发展纳入标准化、规范化的轨道。2004 年 1 月 30 日，电子标签国家标准工作组宣告成立，工作组由原信息产业部、国标委、代码管理中心牵头，清华大学、北京大学、上海交通大学、北京邮电大学及国内 60 多家电子标签的大型企业共同参与。2004 年 9 月，国家标准化管理委员会高新技术部发布了《关于暂停"电子标签国家标准工作组"工作的通知》。通知指出："电子标签相关国家标准的制定机构之间工作重复，为保证电子标签技术和管理规范有序，确保正在制定中的相关标准之间协调一致，要待重新整合后再开展工作。"它的出台让刚刚成立不到一年的电子标签国家标准工作组"胎死腹中"。

为促进我国电子标签技术和产业的发展，加快国家标准和行业标准的制/修订速度，充分发挥政府、企事业、研究机构、高校的作用，经原信息产业部科技司批准，电子标签标准工作组于 2005 年 12 月 2 日在北京正式宣布成立。该工作组的任务是联合社会各方面力量，开展电子标签标准体系的研究，并以企业为主体进行标准的预先研究和制/修订工作，其组织结构如图 1.2 所示。该工作组由组长、联络员、成员、专题组和秘书处构成。专题组包括 7 个，分别是总体组、知识产权组、频率与通信组、标签与读/写器组、数据格式组、信息安全组和应用组。成员为全权成员和观察成员。

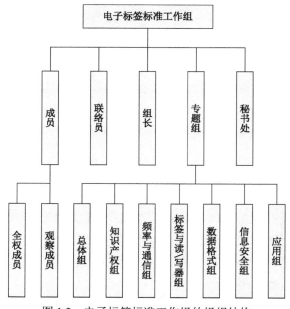

图 1.2　电子标签标准工作组的组织结构

　　总体组的工作范围是负责制定 RFID 标准体系框架，并协调各个组的工作；知识产权组的工作范围是制定 RFID 标准知识产权政策，起草知识产权法律文件，提供知识产权咨询服务；频率与通信组的工作范围是负责提出我国 RFID 频率需求，制定 RFID 通信协议标准及相应的检测方法；标签与读/写器组的工作范围是负责制定标签与读/写器物理特性、试验方法等标准；数据格式组的工作范围是负责制定基础标准、术语、产品编码、网络架构等标准；信息安全组的工作范围是负责制定 RFID 相关的信息安全标准，包括读/写器与标签之间的信息安全，读写器与后台系统的信息安全；应用组是在国家总体电子标签应用指南的框架下制定 RFID 相关应用标准。

　　电子标签标准工作组成员单位参与制定的 RFID 标准主要有《GB 18937—2003 全国产品与服务统一标识代码编制规则》《TB/T 3070—2002 铁路机车车辆自动识别设备技术条件》及在上海市使用的《送检动物电子标示通用技术规范》。

　　电子标签标准工作组目前已经公布的相关 RFID 标准主要有参照 ISO/IEC 15693 标准的识别卡和无触点的集成电路卡标准，即《GB/T 22351.1—2008 识别卡无触点的集成电路卡邻近式卡第 1 部分：物理特性》和《GB/T 22351.3—2008 识别卡无触点的集成电路卡邻近式卡第 3 部分：防冲突和传输协议》。

　　电子标签标准工作组的总体目标是：努力建立一套基本完备的、能为我国 RFID 产业提供支撑的 RFID 标准体系；积极参与国际标准化工作，争取具有自主知识产权的我国的

RFID 标准成为国际标准；完成基础技术标准，包括电子标签、读写器、RFID 中间件、数据内容、空间接口、一致性测试等方面的标准；完成主要行业的应用标准，包括物流、生产制造、交通、安全防伪等方面的标准，积极推动我国 RFID 技术的发展与应用。

2．传感器网络标准工作组

2009 年 9 月 11 日，传感器网络标准工作组成立大会暨"感知中国"高峰论坛在北京举行。传感器网络标准工作组是由国家标准化管理委员会批准筹建的，全国信息技术标准化技术委员会批准成立并领导，从事传感器网络（简称传感网）标准化工作的全国性技术组织。

传感器网络标准工作组的主要任务是根据国家标准化工作的方针政策，研究并提出有关传感网络标准化工作方针、政策和技术措施的建议；按照国家标准制/修订原则，积极采用国际标准和国外先进标准的方针，制定和完善传感网的标准体系表。提出制定/修订传感网国家标准的长远规划和年度计划的建议；根据批准的计划，组织传感网国家标准的制定/修订工作及其他与标准化有关的工作。传感器网络标准工作由 PG1（国际标准化）、PG2（标准体系与系统架构）、PG3（通信与信息交互）、PG4（协同信息处理）、PG5（标识）、PG6（安全）、PG7（接口）和 PG8（电力行业应用调研）等 8 个专项组构成，开展具体的国家标准的制定工作，其组成结构如图 1.3 所示。

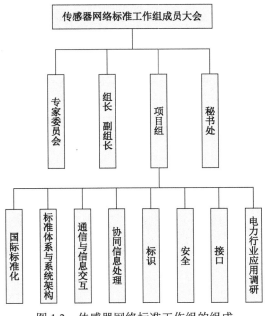

图 1.3　传感器网络标准工作组的组成

传感器网络标准工作组已经立项的国家标准和行业标准见表 1.1。2009 年 12 月，该工作组完成了 6 项国家标准和 2 项行业标准的立项工作。6 项国家标准包括总则、术语、通信和信息交互、接口、安全、标识，2 项电子行业标准是机场围界传感器网络防入侵系统技术要求和面向大型建筑节能监控的传感器网络系统技术要求。

表 1.1　传感器网络标准工作组已立项的国家标准和行业标准

编号	标准名称	标准性质	完成年限
1	传感器网络 第 1 部分：总则	推荐	2010
2	传感器网络 第 2 部分：术语	推荐	2010
3	传感器网络 第 3 部分：通信与信息交互	推荐	2010
4	传感器网络 第 4 部分：接口	推荐	2010
5	传感器网络 第 5 部分：安全	推荐	2010
6	传感器网络 第 6 部分：标识	推荐	2010
7	机场围界传感器网络防入侵系统技术要求	推荐	2010
8	面向大型建筑节能监控的传感器网络系统技术要求	推荐	2010

除了 2009 年 12 月立项的 6 项国家标准，2010 年 1 月，工作组又申报了 4 项国家标准的立项，即传感器网络网关技术要求、传感器网络协同信息处理支撑服务及接口、传感器网络节点中间件数据交互规范和传感器网络数据描述规范，见表 1.2。

表 1.2　传感器网络标准工作组已立项的国际标准和国家标准

编号	标准名称	标准性质	完成年限
1	传感器网络网关技术要求	推荐	2010
2	传感器网络协同信息处理支撑服务及接口	推荐	2010
3	传感器网络节点中间件数据交互规范	推荐	2010
4	传感器网络数据描述规范	推荐	2010

3. 泛在网技术工作委员会

2010 年 2 月 2 日，中国通信标准化协会（CCSA）泛在网技术工作委员会（TC10）成立大会暨第一次全会在北京召开。TC10 的成立，标志着 CCSA 今后泛在网技术与标准化的研究将更加专业化、系统化、深入化，必将进一步促进电信运营商在泛在网领域进行积极的探索和有益的实践，不断优化设备制造商的技术研发方案，推动泛在网产业健康快速发展。

4. 中国物联网标准联合工作组

2010 年 6 月 8 日，在国家标准化管理委员会、工业和信息化部等相关部委的共同领导和直接指导下，由全国工业过程测量和控制标准化技术委员会、全国智能建筑及居住区数字化标准化技术委员会、全国智能运输系统标准化技术委员会等 19 家现有标准化组织联合倡导并发起成立物联网标准联合工作组。联合工作组将紧紧围绕物联网产业与应用发展需求，统筹规划，整合资源，坚持自主创新与开放兼容相结合的标准战略，加快推进我国物联网国家标准体系的建设和相关国标的制定，同时积极参与有关国际标准的制定，以掌握发展的主动权。中国物联网标准联合工作组的组成如图 1.4 所示。

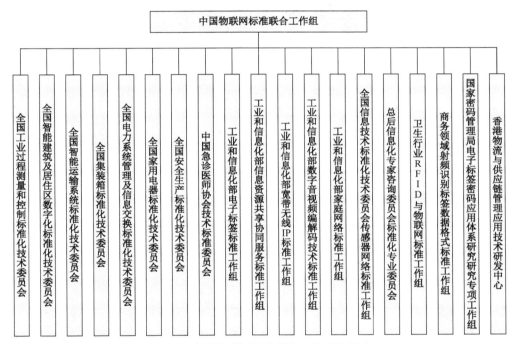

图 1.4 中国物联网标准联合工作组的组成

1.5 物联网的发展与未来

　　物联网作为新一代信息通信技术高度集成和应用的典范，正在与经济社会深度融合，深刻改变生产活动、社会管理、公共服务。毫无疑问，物联网已经成为当今世界技术创新最活跃、发展空间最广和应用潜力最大的领域之一。伴随着 5G、人工智能、边缘计算、区块链等新技术的不断兴起及相关产业要素的完备，物联网必将进入智能发展的新阶段。

物联网 +5G

1.5.1 物联网的技术发展方向

1. 终端与模组

模组是物联网产业端到端方案的重要一环，是网络连接的载体，行业终端的重要组成部分。通常，每增加一个物联网连接数，就需要增加 1 到 2 个无线模组。据预测，2020 年我国物联网连接数将达到 35 亿个，这将支撑无线模组出货迅速放量。

物联网连接数的爆发、应用的多样化，正推动着物联网模组向着小型化、低成本方向发展；同时，为降低终端开发门槛，便于平台与物联网终端、模组间的信息交互，加速物联网产业的应用发展，物联网模组正在走向标准化与规范化，包括模组的尺寸标准化、硬件接口标准化、引脚位置及功能标准化。

2. 网络

物联网应用的多样化催生了丰富的物联网连接技术，可以按照低速率、中速率、高速率、低时延高可靠四类业务场景，将物联网连接技术进行分类。其中，低速率业务场景主要由低功耗广域网络（LPWAN）来承载，主流链接技术有 NB-IoT, eMTC, LoRa, Sigfox 等，该类业务具有低功耗、低成本、大连接、广覆盖的需求特征，典型应用包括智能抄表、资产管理、智能停车等；中速率业务场景对数据速率要求中等或偏低，部分场景要求支持语音传输或具备移动性，并且要求覆盖能力强、成本较低，连接技术主要有 4G Cat1、3G、eMTC 等，典型应用包括可穿戴类、POS、智慧物流等；高速率业务场景对吞吐率、移动性要求较高，对价格和功耗不敏感，连接技术主要有 4G Cat4 等，典型应用包括智慧医疗、智慧安防等；低时延高可靠业务场景对吞吐率、速率、时延及可靠性要求高，连接技术主要有 LET-V、5G 等，典型应用包含车联网、远程医疗等。

3. 物联网平台

物联网平台位于产业链的中游，是物联网应用和服务支撑的基础平台，向下接入分散的物联网传感层，汇集传感数据，向上面向应用服务提供商提供应用开发的基础性平台和面向底层网络的统一数据接口，支持具体的基于传感数据的物联网应用。物联网平台汇聚大量的数据，通过大数据分析、数据挖掘、人工智能、机器学习等技术，物联网平台可以提供强大的终端设备管理和商业分析等功能。对于传输数据量大、处理实时性要求较高的物联网业务，边缘计算+物联网云平台的结合能实现在网络边缘快速处理数据和及时响应，并将过滤之后的数据发送到云端，云端分析引擎生成模型再发送回边缘，可以满足不同行业边缘数据梳理诉求，助力行业快速创新，提升生产效率、降低运维成本。

4．新技术领域

随着 ICT 技术的发展，融合正在成为当前物联网技术发展趋势的主基调，人工智能、区块链、边缘计算等技术正在不断融入物联网之中，可以说物联网正在进入一个融合型的智能连接新生态。

人工智能的核心在于算法，它是根据大量的历史数据和实时数据来对未来进行预测的。人工智能需要持续的数据流入，而物联网的海量节点和应用产生的数据则是重要来源。另一方面，对于物联网应用来说，人工智能的实时分析更是能帮助企业提升营运业绩，通过数据分析和数据挖掘等手段，发现新的业务场景；区块链在物联网领域的探索在 2015 年前后已经开始，目前主要集中在物联网平台、设备管理和安全等方向，具体包括智能制造、车联网、农业、供应链管理、能源管理等领域；边缘计算是在靠近物或数据源头的网络边缘侧，融合网络、计算、存储、应用核心能力的分布式开放平台，就近提供边缘智能服务，满足行业数字化在敏捷连接、实施业务、数据优化、应用智能、安全与隐私保护等方面的关键需求。

1.5.2 物联网的应用发展方向

物联网服务场景的驱动不仅仅止步于连接，而在连接背后的信息互联、数据共享将会产生巨大的价值。美国经济学家里米里父金曾在《零边际成本社会：一个物联网、合作共赢的新经济时代》一书中说道，物联网平台的传感器和软件将人、设备、自然资源、生产线、物流网络、消费习惯、回收流及经济和社会生活中的各个方面连接起来，不断为各个节点（商业、家庭、交通工具）提供实时的大数据。而这些大数据也将接受先进的分析，转化为预测性算法并编入自动化系统，进而提高热力效率，从而大幅提高生产率，并将整个经济体内生产、分销、服务的边际成本降至趋近于零。

物联网应用的行业变化，随着经济和社会的发展，侧重行业也在发生很大的变化。2017 年，居我国物联网爆发前三位的行业是智慧城市、车队与物流行业、资产跟踪行业；而到了 2018 年，物联网热点行业变成了车队与物流行业、车联网行业、工业与制造行业等。物联网的应用场景十分丰富，几乎涉及生产生活的方方面面，以下从 5 个方面分别简要介绍。

1．监测

监测类应用实际上就是实现对物的感知，是物联网最基础的功能，也是最重要的功能之一。像环境监测、农业物联网、消防物联网、智能物流、智能家居等应用，最基础的功能都是实现对环境和设备的感知。随着传感器技术的不断发展及各类应用场景的不断涌现，实现更为全面、深度的感知。智能联网设备能通过传感器，全面监测产品状况、运作与外在环境，获取更为广泛和准确的数据，是物联网应用发展的基础和保障。

2．控制

现代工业企业生产经营主要依靠的就是工业自动化系统，它保证了企业的生产效率和质量安全。生产过程的控制系统是工业自动化系统中的重要组成部分，远程控制是对工业自动化系统中各系统的内容进行整合和控制，是对工业企业整体协调和管理的有效支持，能有效地解决单机自动化系统分散、设备的操作和管理无法联动等方面的问题。

在车联网、远程医疗、智慧农业等应用中，远程控制同样是基础而至关重要的功能。基于感知数据和先验经验进行自动或者半自动化的远程控制是物联网应用的另一个亮点和趋势。

3．优化

优化是指从智能联网设备传来大量的监测数据，再结合控制能力，可用多种方式进行产品优化，达到性能最优化，实现成本节约和效率提升。如智能照明、智慧路灯、智能抄表等应用的发展，使得服务提供方可以根据监测数据进行定价策略调整、能源合理分配、隐患及时整改等方面的优化。

4．创新

创新是指物联网大幅度地增加产品差异化的机会，让竞争的焦点不再只放在设备自身的价格上。物联网最大的机会在于，它几乎涵盖了我们当今生活中的一切——从我们的鞋帽衣服到我们的家居、汽车，再到工业生产等。物联网正在改变一切事物和一切体验，而其真正意义在于整合传统产业所碰撞出来的新的商业机会，也就是实现增值。

物联网的应用多元而复杂，落地和推广需要对终端用户有效益，这就跟商业模式有关系，也意味着新的商业机会。如何充分发挥数据的价值，如何让生产力获得真正的提高，如何有效地满足广泛的服务需求，这些都将驱动模式创新，以便更好地实现增值。

5. 融合

融合是指通过物联网，对自身的产品及营销架构进行改组，让产品和客户与自己紧密相连，创造更多的价值。现在，物联网的发展阶段已经到了应用融合阶段，这个阶段的另外一个表现是传统的应用软件企业进入物联网领域，将传统的解决方案以云服务的形式为客户提供服务。在应用融合阶段，更多的是商业模式的策划，通过市场行为来获得收益。所有的平台型企业都需要通过融资来获得收益，但在应用融合阶段，物联网将通过打破产业边界，实现产业融合，在产业内通过进一步社会分工来创造产业价值，所以物联网应用已经可以创造价值。

1.5.3 物联网展望

物联网被称为继计算机、互联网之后全球信息技术产业发展的第三次驱动力。它一方面持续创新并与工业融合，推动传统产品、设备、流程、服务向数字化、网络化、智能化发展，加速重构产业发展新体系；另一方面，随着传感器技术、新一代信息通信技术、云计算等新技术的突破，物联网下游应用热点迭起，并逐步成熟落地，物联网迎来跨界融合、集成创新和规模化发展的新阶段。面对重大的发展机遇，各产业巨头强势入局，在全球展开物联网生态构建和产业布局，建造数以百亿计的终端设备、采集传输海量数据，并通过具备通信功能的模块接入网络，借助云计算与信息采集管理等实现多层次的智慧系统解决方案。

全球物联网行业规模迅速扩大。根据 IDC 的数据统计，2014 年行业整体收入为 2.3 万亿美元。随着终端连接的广泛化、服务的平台化及数据分析的延伸化，物联网整体解决方案在各个应用领域持续渗透，行业增长将继续维持在较高水平，预计 2020 年行业规模将达到 7.1 万亿美元，2014—2020 年复合年增长率将高达 20.7%。

受益于传感器成本的降低与传输技术的升级，物联网全产业链的技术成熟度大幅进步，对垂直领域的渗透率快速提升，推动如智慧公用事业、智慧城市、可穿戴式设备与车联网等下游应用端产品不断涌现，传感器连接数大幅增加。根据 IDC 预测，2016 年全球的物联网终端连接数约有 163 亿个，随着局域网、低功耗广域网、第五代移动通信网络等陆续商用，为物联网提供广泛连接能力，全球物联网终端连接数预计 2020 年年底将达到 281 亿个，期间复合年均增长率达到 16.2%。

我国物联网产业规模不断提升。近年来，物联网及相关应用领域产业政策密集出台，

物联网 +5G

我国物联网产业的发展受到监管部门的高度重视，对推动经济发展、促进行业技术升级、提高公共资源运行效率等具有重要的战略意义。现阶段，我国在物联网关键技术研发、应用示范推广、产业协调发展和政策环境建设等方面取得了显著成效。根据赛迪顾问测算，2017 年，中国物联网产业规模达到 11 731 亿元人民币。物联网在国内各行业数字化变革中赋能，开拓了新的应用范畴，并且伴随着设备制造商、网络服务商、行业解决方案提供商、系统集成商的积极投入，预计到 2020 年年底，行业规模将达到 22 079 亿元人民币，预计 2016—2020 年的年复合增长率将达 24.1%。

工业物联网和智慧城市应用市场发展强势。物联网产业融合多项高新技术，在工业、农业、能源、物流等行业的提质增效、转型升级中作用明显，推动家居、健康、养老、娱乐等民生应用创新，显著提升了城市管理智能化水平。其中，智慧城市将实现从传统智慧城市建设偏重于某个领域的智能，如能源、安防、交通等向全要素联动与时刻感知的转变。

参考文献

[1] 张毅，唐红. 物联网综述[J]. 数字通信，2010，37（4）：24-27.

[2] 刘强，崔莉，陈海明. 物联网关键技术与应用[J]. 计算机科学（6）：7-10+16.

[3] 钱志鸿，王义君. 面向物联网的无线传感器网络综述[J]. 电子与信息学报，2013，35（1）.

[4] 王伟. 物联网体系结构与实现方法的比较研究[J]. 河南科技（11）：3-3.

[5] 孙其博，刘杰，黎羴，et al. 物联网：概念、架构与关键技术研究综述[J]. 北京邮电大学学报（3）：5-13.

[6] 李志宇，Li Zhiyu. 物联网技术研究进展[J]. 计算机测量与控制，2012，20（6）：1445-1448.

[7] 武传坤，刘卓华，皮兰. 物联网技术概论[M]. 北京：科学出版社，2015.

[8] 张晶，刘绍廷，宋振电. 物联网对计算机通信网络的影响探究[J]. 数字通信世界，2018（1）.

[9] 颜丽. 国内外物联网安全监管现状及建议[J]. 电信网技术，2018（1）：74-76.

[10] 苏煜. 物联网安全与隐私保护探究[J]. 网络安全技术与应用，2018（1）.

[11] 李雨樵. 物联网在智能家居中的应用[J]. 信息记录材料，2018（2）：121-122.

[12] 马俐. 浅谈基于 5G 技术的物联网应用研究[J]. 数字通信世界，2018（3）.

[13] 史锦山，李茹. 物联网下的区块链访问控制综述[J]. 软件学报，2019（6）.

[14] 薛贺欣. 浅述计算机科学技术对物联网发展的推动作用[C]. 北京：2019 全国教育教学创新与发展高端论坛，2019.

[15] 林伟琼. 基于 5G 通信技术的物联网产业发展[J]. 通讯世界，2019（7）：108-109.

第 **2** 章 / 物联网的关键技术

2.1 "物"的标识：RFID 技术 ·······

2.1.1 自动识别技术简介

自动识别技术是将信息数据自动识读、输入计算机的重要方法和手段，它是以计算机技术和通信技术为基础的综合性科学技术。当今信息社会离不开计算机，而自动识别技术的崛起，为计算机提供了快速、准确地进行数据采集输入的有效手段，解决了计算机通过键盘手工输入数据速度慢、错误率高所造成的"瓶颈"难题。因此，自动识别技术作为一种先导性的高新技术，正迅速地为人们所接受。

自动识别技术的主要特点是：（1）准确，自动数据采集，极大地降低人为错误；（2）高效，数据采集快速，信息交换实时进行；（3）兼容，以计算机技术为基础，可与信息管理系统无缝融合。目前常用的自动识别技术包括：条码技术、光学字符识别技术、磁条（卡）识别技术、光卡识别技术、生物识别技术、声音识别技术、视觉识别技术、射频识别技术等。

（1）条码技术。

条码技术的核心是条码符号，我们所看到的条码符号是由一组规则排列的条、空及相应的数字字符组成的。这种用条、空组成的数据编码可以供机器识读，而且很容易译成二进制数和十进制数。这些条和空可以有各种不同的组合方法，从而构成不同的图形符号，即各种符号体系（也称码制）。不同码制的条码，适用于不同的应用场合。

（2）光学字符识别技术。

光学字符识别（Optical Character Recognition，OCR）技术，是模式识别（Pattern Recognition，PR）中的一种技术，其目的就是要让计算机知道它到底看到了什么，尤其是文字资料。OCR 技术能够使设备通过光学的机制来识别字符。

一个 OCR 识别系统的处理流程如下：首先将标的物的影像输入，然后经过影像前处理、文字特征抽取、比对识别等过程，最后经人工校正将认错的文字更正，将结果输出。

（3）磁条（卡）识别技术。

磁条是一层薄薄的由定向排列的铁性强化粒子组成的磁性材料（也称为涂料），用树脂黏合剂将这些磁性粒子严密地黏合在一起，并黏合在诸如纸或者塑料这样的非磁性基片媒介上，就构成了磁卡或者磁条卡。磁卡属于磁记录介质卡片。

（4）光卡识别技术。

利用半导体激光材料组成的能够存储记录并再生大量情报的卡式媒介体来实现识别过程，具有容量大、安全性高、保密性强等特点。

（5）生物识别技术。

生物识别技术是指利用可以测量的人体生物学或行为学特征来识别、核实个人身份的一种自动识别技术。能够用来鉴别身份的生物特征应该具有以下特点：广泛性；唯一性；稳定性；可采集性。

美国一家高技术公司研制出的虹膜识别系统已经应用在美国得克萨斯州联合银行的三个营业部内。储户来办理银行业务，无须银行卡，更没有回忆密码的烦恼。（虹膜能够控制瞳孔大小，并给人们的眼球带来颜色。在胎儿发育阶段，虹膜就已形成复杂独特的结构，在整个生命历程中保持不变。这就是以虹膜为基础的生物识别系统的有效性真实原因，每个人的虹膜都各不相同。）

（6）声音识别技术。

声音识别的迅速发展及高效可靠的应用软件的开发，使声音识别系统在很多方面得到了应用，这种系统可以用声音指令和应用特定短句实现"不用手"的数据采集，其最大特点就是不用手和眼睛，这对那些采集数据同时还要完成手脚并用的工作场合，以及标签仅为识别手段，数据采集不实际或不合适的场合尤为适用。

（7）视觉识别技术。

视觉识别技术可以看作这样的技术：它能获取视觉图像，而且通过一个特征抽取和分析的过程，能自动识别限定的标志、字符、编码结构或其他可作为确切识断基础呈现在图像内的特征。随着自动化的发展，视觉识别技术可与其他自动识别技术结合起来应用。

（8）射频识别技术。

射频识别技术的基本原理是电磁理论。射频系统的优点是不局限于视线、识别距离比光学系统远，射频识别卡可具有读/写能力，可携带大量数据、难以伪造和有智能等。

射频识别技术适用的领域：物料跟踪、运载工具和货架识别等要求非接触数据采集和交换的场合。目前，最流行的应用是在交通运输（汽车、货箱识别）、路桥收费、保安（进出控制）、自动生产和动物标签等方面。射频识别技术在物流领域中应用较为广泛。

2.1.2 RFID 的特点和分类

1．RFID 的特点

RFID 是一项易于操控、简单实用且特别适合用于自动化控制的灵活性应用技术，识别工作无须人工干预，它既可支持只读工作模式，也可支持读/写工作模式，且无须接触或瞄准；可自由工作在各种恶劣环境下：短距离射频产品不怕油渍、灰尘污染等恶劣的环境，可以替代条码，例如用在工厂的流水线上跟踪物体；长距离射频产品多用于交通上，识别距离可达几十米，如自动收费或识别车辆身份等。其所具备的独特优越性是其他识别技术无法企及的。

它主要有以下几个方面特点。

1）读取方便快捷：数据的读取无须光源，甚至可以透过外包装来进行。有效识别距离更大，采用自带电池的主动标签时，有效识别距离可达到 30m 以上。

2）识别速度快：标签一进入磁场，解读器就可以即时读取其中的信息，而且能够同时处理多个标签，实现批量识别。

3）数据容量大：数据容量最大的二维条形码（PDF417），最多也只能存储 2 725 个数字；若包含字母，存储量则会更少；RFID 标签则可以根据用户的需要扩充到数十 KB。

4）使用寿命长，应用范围广：无线电通信方式，使其可以应用于粉尘、油污等高污染环境和放射性环境，而且封闭式包装使得其寿命长于印刷的条形码。

5）标签数据可动态更改：利用编程器可以向标签写入数据，从而赋予 RFID 标签交互式便携数据文件的功能，而且写入时间相比打印条形码更少。

6）更好的安全性：不仅可以嵌入或附着在不同形状、类型的产品上，而且可以为标签数据的读写设置密码保护，从而具有更高的安全性。

7）动态实时通信：标签以每秒 50～100 次的频率与解读器进行通信，所以只要 RFID 标签所附着的物体出现在解读器的有效识别范围内，就可以对其位置进行动态地追踪和监控。

2. RFID 系统的分类

RFID 系统的分类有很多种。

按射频卡中有无电池可分为有源系统和无源系统两类。无源系统一般识别距离短，使用寿命较长。有源系统一般识别距离长，使用寿命取决于电池容量。

根据系统工作频率的不同可分为高频、中频及低频系统。低频系统一般工作在 100kHz～500kHz；中频系统工作在 10MHz～15MHz 左右；而高频系统则可达 850MHz～950MHz，甚至达到 2.4GHz～5.8GHz 的微波段。高频系统应用于需要较长的读/写距离和高的读/写速度的场合，像火车监控、高速公路收费等系统。但天线波束较窄，在实际使用中需视距传播识别，并且价格较高；中频系统在 13.56MHz 的范围。这个频率用于门禁控制和需传送大量数据的应用；低频系统用于短距离、低成本的应用中，如多数的门禁控制、动物监管、货物跟踪。

按工作方式分类可分为主动式系统和被动式系统。主动式系统中，射频卡用自身的能量主动地发送数据给读/写器，例如，动物识别。被动式系统中，射频卡是在收到读/写器发出的射频信号后才被唤醒，这样可以避免互相之间的干扰。

按读/写方式将射频卡分成三种：可擦写（R/W）、一次写入多次读出（WORM）和只读（RO）。R/W 卡比 WORM 卡和 RO 卡成本高，如电话卡、信用卡等。WORM 卡是用户可以一次性写入的卡，写入后数据不能改变。RO 卡存有一个唯一的号码，不能更改，比较便宜。

按工作距离分为密耦合、近耦合、疏耦合系统。密耦合射频识别系统工作距离在 0～1cm 范围，可用介于直流和 30MHz 交流之间的任意频率进行工作。近耦合射频识别系统工作距离可达 1m，读/写器和射频卡之间通过电磁耦合，工作频率可以是 125kHz、6.75MHz、13.56MHz。疏射频识别系统的工作距离可以从 1m 到 10m，其使用频率为微波段，典型的工作频率有 915MHz、2.45GHz、5.8GHz。

2.1.3 RFID 的技术原理

一般来说，射频识别系统包含射频标签（Tag）、读/写器（Reader）、RFID 中间件和应用系统软件四部分。射频标签由天线及芯片组成，每个芯片都含有唯一的识别码，一般保存有约定格式的电子数据。在实际应用中，射频标签一般粘贴在待识别物体的表面，电子标签又称为射频标签、应答器、数据载体；读/写器是可非接触地读取和写入标签信息的设备，它通过网络与计算机系统进行通信，从而完成对射频标签信息的获取、解码、识别和数据管理，可设计为手持式或固定式，读/写器又称为读出装置，例如，扫描器、通信器、阅读器；中间件是一种独立的系统软件或服务程序，分布式应用软件借助这种软件在不同的技术之间共享资源，中间件位于客户机/服务器的操作系统之上，管理计算资源和网络通信；RFID 应用系统软件是针对不同行业的特定需求而开发的应用软件。

RFID 的基本工作原理是：标签进入磁场后，如果接收到阅读器发出的特殊射频信号，就能凭借感应电流所获得的能量发送出存储在芯片中的产品信息（即无源标签，也称为被动标签），或者主动发送某一频率的信号（即有源标签，也称为主动标签），阅读器读取信息并解码后，送至后台处理系统进行相关处理。电子标签和阅读器通过各自的天线，构建非接触的信息传输信道，如图 2.1 所示。

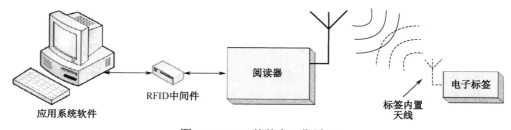

图 2.1　RFID 的基本工作原理

从电子标签到阅读器之间的通信及能量感应方式来看，系统一般可以分成两类：电感耦合（Inductive Coupling）系统和电磁反向散射耦合（Backscatter Coupling）系统。电感耦合通过空间高频交变磁场实现耦合，依据的是电磁感应定律；电磁反向散射耦合，即雷达原理模型，发射出去的电磁波碰到目标后反射，同时携带回目标信息，依据的是电磁波的空间传播规律。

电感耦合方式一般适合于中、低频工作的近距离射频识别系统，典型的工作频率有：125kHz、225kHz 和 13.56MHz。利用电感耦合方式的识别系统作用距离一般小于 1m，典型的作用距离为 10～20cm。

电磁反向散射耦合方式一般适用于高频、微波工作的远距离射频识别系统，典型的工作频率有：433MHz、915MHz、2.45GHz 和 5.8GHz。识别作用距离大于 1m，其典型的作用距离为 4～6cm。

2.1.4 RFID 的关键技术

从产业化方面来看，RFID 的关键技术包括芯片设计与制造、天线设计与制造、电子标签封装技术与装备、RFID 标签集成、读/写器设计与制造技术等。从应用来看，RFID 关键技术包括 RFID 应用体系架构、RFID 系统集成与中间件、RFID 公共服务体系、RFID 测试技术与规范、RFID 安全与隐私保护技术等。这些关键技术的发展，是支撑 RFID 技术产业化和大规模应用的前提和保障。下面我们主要介绍 RFID 天线技术、RFID 软件中间件技术、RFID 防碰撞协议及 RFID 的安全与隐私保护技术。

1. RFID 天线技术

从 RFID 系统的工作原理不难看出，在 RFID 卡和读/写器进行通信的过程中，天线起到了重要的作用，标签天线的性能对提高系统的性能有着重要的意义。由于标签附着在被标识物体上，标签天线会受到所标识物体的形状及物理特性的影响，如标签到贴标签物体的距离、贴标签物体的介电常数、金属表面的反射、局部结构对辐射模式的影响等。这些因素给标签天线的设计提出了很高的要求，同时也带来了巨大的挑战。

2. RFID 软件中间件技术

作为企业 RFID 应用与底层 RFID 硬件采集设施之间的连接纽带，RFID 中间件技术拓展了基础中间件的功能，将中间件技术延伸到 RFID 领域，是整个 RFID 产业的关键共性技术，RFID 中间件屏蔽了 RFID 基础设施的异构性和复杂性，能够为后台 RFID 应用系统提供强大的支撑，从而驱动 RFID 技术更广泛、更丰富的应用。

RFID 应用系统使用 RFID 中间件提供的一组通用应用程序接口（API），能实现与 RFID 底层设施之间的连接。使用这种调用机制，可使得在存储 RFID 标签数据的数据库软件或上层 RFID 应用系统有所改动或是被其他软件取代时，又或是读/写 RFID 底层设施种类增加等情况发生时，RFID 应用系统不需做很大的改动。这样，RFID 应用系统可以不做大的修改就可运行于不同的 RFID 中间件之上，解决了多对多连接的维护复杂性问题。对于海量数据的处理，也可大大减轻上层 RFID 应用系统及网络数据通信的负担。RFID 中间件技术重点研究的内容包括：海量数据的处理，并发访问技术，目录服务及定位技术，数据及设备监控技术，远程数据访问，安全和集成技术，进程及会话管理技术，等等。

3. RFID 防碰撞协议

随着有源标签的出现和 RFID 技术在高速移动物体中的应用，迫切需要阅读器在有限时间内高效快速地识别大量标签。RFID 系统中的碰撞问题包括阅读器碰撞和标签碰撞。阅读器碰撞是指某个标签处于多个阅读器作用范围内，多个阅读器同时与一个标签进行通信，致使标签无法区分信号来自哪个阅读器，也包括相邻的阅读器同时使用相同的频率与其阅读区域内的标签通信而引起的频率碰撞。但由于阅读器能检测碰撞并且相互之间可以通信，故阅读器碰撞较容易解决。

4. RFID 的安全与隐私保护技术

随着 RFID 技术的发展和广泛应用，RFID 的安全问题也成为人们日益关注的重点。在 RFID 系统的应用过程中，怎样对信息数据进行合理的使用，怎样对用户关心的敏感数据进行安全有效的保护等都是值得深入研究的问题，也是 RFID 技术能推广应用的前提和基础。

RFID 系统的安全与隐私威胁主要表现在以下几个方面：数据安全威胁、个人隐私威胁和克隆威胁。数据安全威胁之一是可能出现竞争对手非法搜集企业的 RFID 数据，严重危及商业机密；威胁之二是 RFID 本身具有脆弱性，容易受到一系列安全攻击，如重写标签信息、欺骗攻击、窃听攻击和拒绝服务等。对个人隐私的威胁，一方面表现在对标签信息未经授权的访问可能会泄露个人的私人信息；另一方面，RFID 的位置追踪能力，可能会危及个人的"位置隐私"。

2.2 "物"的感知：传感器技术

2.2.1 传感器技术简介

传感器处于观测对象和测控系统的接口位置，是感知、获取和检测信息的窗口。如果说计算机是人类大脑的扩展，那么传感器就是人类五官的延伸，有人形象地称传感器为"电五官"。

传感器技术是半导体技术、测量技术、计算机技术、信息处理技术、微电子学、光学、声学、精密机械、仿生学和材料科学等众多学科相互交叉的综合性和高新技术密集型的前沿研究之一，是现代新技术革命和信息社会的重要基础，是现代科技的开路先锋，也是当代科学技术发展的一个重要标志，它与通信技术、计算机技术共同构成信息产业的三大支柱。

1. 传感器的概念

什么是传感器？生物体的感官就是天然的传感器。如人的"五官"和皮肤分别具有视觉、听觉、嗅觉、味觉和触觉，人的大脑神经末梢（感受器）就能够感知外界的信息。传感器在工程领域即可被认为是人体的"五官"。国家标准 GB/T 7765—87 对传感器的定义为：传感器是能感受规定的被测量（包括物理量、化学量、生物量等），并按照一定的规律转换成可用信号的器件或装置，通常由敏感元件（Sensing Element）和转换元件（Transduction Element）组成。

当今信息化时代，电信号是最易于处理和便于传输的，因此，可以把传感器狭义地定义为：能把外界非电信息转换成电信号输出的器件或装置。从广义的角度，也可以这样定义传感器："凡是利用一定的物质（物理、化学、生物）法则、定律、效应等进行能量转换和信息转换，并且输出与输入严格一一对应的器件或装置均可称为传感器。"因此，在不同的技术领域，传感器又被称为检测器、换能器、变换器、变送器等。

传感器技术则是以传感器为核心，论述其内涵、外延的技术；也是一门涉及测量技术、功能材料、微电子技术、精密与细微加工技术、信息处理技术和计算机技术等相互结合形成的密集型综合技术。

传感器之所以具有能量和信息转换的功能，在于它的工作机理是基于各种物理的、化学的和生物的效应，并受相应的定律和法则所支配。了解这些定律和法则，有助于对传感器本质的理解和对新效应传感器的开发。传感器工作原理的基本定律和法则有以下四种类型。

（1）守恒定律。

守恒定律包括能量、动量、电荷量等守恒定律。这些定律是探索、研制新型传感器时，或在分析、综合现有传感器时，都必须严格遵守的基本法则。

（2）场的定律。

场的定律包括运动场的运动定律、电磁场的感应定律等，其相互作用与物体在空间的位置及分布状态有关。一般可以由物理方程式表示，这些方程可作为许多传感器工作的数学模型。例如：利用静电场定律研制的电容式传感器；利用电磁感应定律研制的自感、互感、电涡流式传感器；利用运动定律与电磁感应定律研制的磁电式传感器等。利用场的定律构成的传感器，其形状、尺寸（结构）决定了传感器的量程、灵敏度等主要性能，故此类传感器可以统称为"结构型传感器"。

（3）物质定律。

物质定律是表示各种物质本身内在性质的定律（如胡克定律、欧姆定律等），通常以这种物质所固有的物理常数加以描述。因此，这些常数的大小决定着传感器的主要性能。例如：利用半导体物质法则——压阻、热阻、磁阻、光阻、湿阻等效应，可分别做成压敏、热敏、磁敏、光敏、湿敏等传感器件；利用压电晶体物质法则——压电效应，可制成压电表、声表面波、超声传感器等。这种物质定律的传感器，可统称为"物性型传感器"。这是当代传感器技术领域中具有广阔发展前景的传感器。

（4）统计法则。

统计法则是把微观系统与宏观系统联系起来的物理法则。这些法则，常常与传感器的工作状态有关，它是分析某些传感器的理论基础。这方面的研究尚待进一步深入。

2. 传感器的组成

传感器一般是利用物理、化学和生物等学科的某些效应和机理按照一定的工艺和结构研制出来的。因此，传感器组成的细节有较大差异，但是，总的来说，传感器应由敏感元件、转换元件和其他辅助部件组成，如图 2.2 所示。敏感元件是指传感器中能直接感受（或响应）与检出被测对象的待测信息（非电量）的部分。转换元件是指传感器中能将敏感元件所感受（或响应）出的信息直接转换成电信号的部分。例如，应变式压力传感器是由弹性膜片和电阻应变片组成的。其中，弹性膜片就是敏感元件，它能将压力转换成弹性膜片的应变（形变）；弹性膜片的应变施加在电阻应变片上，它能将应变量转换成电阻的变化量，电阻应变片就是转换元件。

图 2.2 传感器组成图

应该指出的是，并不是所有的传感器都必须包括敏感元件和转换元件。如果敏感元件直接输出的是电量，它就同时兼为转换元件，因此，敏感元件和转换元件两者合一的传感器是很多的。例如，压电晶体、热电偶、热敏电阻、光电器件等都是这种形式的传感器。

信号调节电路是能把转换元件输出的电信号转换为便于显示、记录、处理和控制的有用电信号的电路。辅助电路通常包括电源，即交、直流供电系统。

仅就目前而言，传感器应涉及传感器的机理、材料、制造工艺和应用等多项综合技术。随着计算机科学、微电子学、人工智能及微机械加工技术的发展，传感器的概念已超出图2.2 所示的内容，智能传感器应运而生。

3．常用传感器

（1）物理传感器。

物理传感器是检测物理量的传感器。它是利用某些物理效应，将被测的物理量转化成为便于处理的能量信号的装置。常见的物理传感器有：电阻式传感器，电容式传感器，电感式传感器，热电式传感器，压电式与压磁式传感器。

（2）化学传感器。

化学传感器必须具有对被测化学物质的形状或分子结构进行捕获的功能，同时能够将被捕获的化学量有效地转化为电信号。下面主要以气敏传感器和湿敏传感器为代表进行介绍。

① 气敏传感器

气敏传感器也叫气体传感器，是用来测量气体的类别、浓度和成分的传感器。由于气体种类繁多，性质各不相同，不可能用一种传感器检测所有类别的气体，因此，能实现气-电转换的传感器种类很多。按构成气敏传感器材料可分为半导体和非半导体两大类。目前实际使用最多的是半导体气敏传感器。

② 湿敏传感器

湿度是指大气中的水蒸气的含量，通常采用绝对湿度和相对湿度两种方法表示。绝对湿度是单位空间中所含水蒸气的绝对含量或者浓度，或者密度，一般用符号 AH 表示。相对湿度是指被测气体中的水蒸气压和该气体在相同温度下饱和水蒸气压的百分比，一般用符号%RH 表示。相对湿度给出大气的潮湿程度，因此，它是一个无量纲的值。在实际使用中，多使用相对湿度概念。

（3）生物传感器。

生物传感器通常将生物物质固定在高分子膜等固体载体上，被识别的生物分子作用于生物功能性人工膜（生物传感器）时，将会产生变化的信号（电位、热、光等）输出。然后，采用电化学反应测量、热测量、光测量等方法测量输出信号。生物传感器中固定化的生物物质包括酶、抗原、激素及细胞。常见的传感器包括：酶传感器、微生物传感器、免疫传感器，等等。

（4）智能传感器。

智能传感器是一门涉及多种学科的综合技术，是当今世界正在发展的高新技术。它虽然已被军事、航天航空、科研、工业、农业、医疗、交通等领域和部门广泛地应用，但是至今尚无公认的规范化的定义。早期，很多人认为智能传感器是将"传感器与微型计算机

（微处理器）组装在同一块芯片上的装置"；或者认为智能传感器是将"一个或多个敏感元件和信号处理器集成在同一块硅或砷化镓芯片上的装置"。随着以传感器系统发展为特征的传感器技术的出现，人们逐渐发现上述对智能传感器的认识，在实际应用中并非总是必须，而且也是不经济的；重要的是传感器与微处理器（微型计算机）如何赋以"智能"的结合。若没有赋予足够的"智能"的结合，只能说是"传感器微型化"，或者是智能传感器的低级阶段，还不能说是"智能传感器"。

2.2.2　无线传感器网络简介

　　无线传感器网络（Wireless Sensor Network，WSN）是由具有感知、处理和无线通信能力的微型节点通过自组织方式形成的网络，是一种全新的信息获取平台，能够实时监测和采集网络分布区域内的各种检测对象的信息，并将这些信息发送到网关节点，以实现复杂的指定范围内目标检测与跟踪，具有快速展开、抗毁性强等特点。

　　因此，无线传感器网络作为推动物联网发展的主要技术，现已越来越受到各个行业的青睐。无线传感器网络的目的是通过传感器节点协作地感知、采集和传输网络覆盖区域内感知对象的信息，并把信息发送给用户。无线传感器网络就是将信息世界与客观物理世界相结合，人们可以通过无线传感器网络感知世界，极大地扩展了现有网络的功能。

　　典型的无线传感器网络结构如图 2.3 所示。

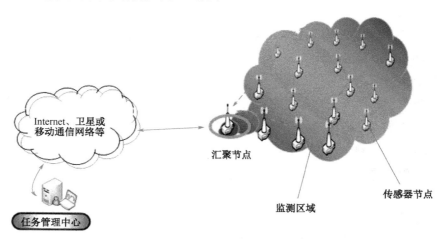

图 2.3　典型的无线传感器网络结构

　　无线传感器网络具有众多类型的传感器节点，可用来探测地震，电磁，温度，湿度，噪声，光强度，压力，土壤成分，移动物体的大小、速度和方向等周边环境参数。无线传感器网络的任务是利用传感器节点来监测周围的环境，收集相关数据，然后通过无线收发装置采用多跳路由的方式，将数据发送给汇聚节点，再通过汇聚节点将数据传送到用户端，从而达到对目标区域的监测。它综合了计算技术、通信技术及传感器技术，能够通过各类集成化的微型传感器协作地实时监测、感知和采集各种环境信息或被监测对象的信息，这些信息以无线方式传送，并以自组织多跳路由的网络方式传送到用户终端，从而实现物理世界、计算机世界和人类社会三元世界的连通。

传感器、感知对象和观测者共同构成了无线传感器网络的三个必不可少的要素，无线传感器网络的出现将改变人类和自然界交互的方式，人们可以通过无线传感器网络直接感知客观世界，扩展现有网络的功能和人类认识世界的能力。无线传感器网络因具有低成本、低功耗、自组网、分布式监测、不需要固定通信设施支持等优点，可以被广泛应用于各行各业。

2.2.3 面向无线传感器网络的嵌入式操作系统

在某种程度上可以将传感器网络看作由大量微型、廉价、能量有限的多功能传感器节点组成的，可协同工作，面向分布式自组织网络的计算机系统。

嵌入式系统（Embedded System），是一种"完全嵌入受控器件内部，为特定应用而设计的专用计算机系统"，根据英国电器工程师协会（U.K. Institution of Electrical Engineer）的定义，嵌入式系统作为控制、监视的一种辅助设备可用于机器或工厂的运作。与个人计算机这样的通用计算机系统不同，嵌入式系统通常执行的是带有特定要求的预先定义的任务。由于嵌入式系统只针对一项特殊的任务，设计人员能够对它进行优化，减小尺寸，降低成本。嵌入式系统通常进行大量生产，所以单个的成本节约，能够随着产量进行成百上千地放大。

嵌入式系统的核心是由一个或几个预先编程好用来执行少数几项任务的微处理器或者单片机组成的。与通用计算机能够运行用户选择的软件不同，嵌入式系统上的软件通常是暂时不变的，所以经常被称为"固件"。

国内普遍认同的嵌入式系统定义为：以应用为中心，以计算机技术为基础，软硬件可裁剪，适应应用系统对功能、可靠性、成本、体积、功耗等严格要求的专用计算机系统。它一般由嵌入式微处理器、存储器、输入/输出系统、嵌入式操作系统及用户的应用程序组成，如图2.4所示。

图 2.4　嵌入式系统组成图

嵌入式处理器是面向用户、面向产品、面向应用的，它必须与具体应用相结合才会具有生命力，才更具有优势。因此，可以这样理解上述三个面向的含义，即嵌入式系统是与应用紧密结合的，它具有很强的专用性，必须结合实际系统需求进行合理的裁减和利用。

无线传感器网络节点属于嵌入式系统的一种，在嵌入式系统的软件设计中，很多情况下不采用操作系统，工程师直接对硬件进行编程操作，不需要任何通信技术或安全架构的支持。开发人员将负责系统的各个方面，设备的每个方面都需要开发人员进行编码。在这种情况下，应用开发人员必须非常熟悉底层硬件，对研发人员的素质要求非常高，大大增加了产品的面市时间，且产品性能得不到有力保证。对于一般应用开发人员来说，应该将主要时间和精力集中在创造产品的附加价值方面，而不是底层的应用架构和细节。操作系统可以对底层硬件进行抽象化，与硬件的相关问题都由驱动程序负责处理，这样应用开发人员多半就不需要知道具体的实际硬件细节。因此，在操作系统的基础上进行开发可以大大降低开发的难度，减少开发时间和成本。

随着无线传感器网络的深入发展，目前已经出现了多种适用于无线传感器网络的操作系统，如 TinyOs、MantisOS、SOS、Contiki、MagnetOS 等。

2.3　"联"的方式：网络与通信技术

2.3.1　通信技术简介

通信的目的是传输信息，进行信息的时空转移。通信系统的作用就是将信息从信源发送到一个或多个目的地。实现通信的方式和手段很多，如手势、语言、旌旗、烽火台和击鼓传令，以及现代社会的电报、电话、广播、电视、遥控、遥测、因特网和计算机通信等，这些都是消息传递的方式和信息交流的手段。伴随着人类的文明和科学技术的发展，电信技术也是以一日千里的速度飞速发展。如今，在自然科学领域涉及"通信"这一术语时，一般指"电通信"。广义来讲，光通信也属于电通信，因为光也是一种电磁波。

通信系统模型

在电通信系统中，消息的传递是通过电信号来实现的，首先要把消息转换成电信号，经过发送设备，将信号送入信道，在接收端利用接收设备对接收信号做相应的处理后，送给信宿再转换为原来的消息，这一过程可用图 2.5 的通信系统一般模型来概括。

图 2.5 通信系统一般模型

（1）信息源。

信息源（简称信源）的作用是把各种消息转换成原始电信号。根据消息的种类不同，信源可分为模拟信源和数字信源。模拟信源输出连续的模拟信号，如话筒（声音—>音频符号）、摄像机（—>视频信号）；数字信源则输出离散的数字信号，如电传机（键盘字符—>数字信号）、计算机等各种数字终端。模拟信源送出的信号经数字化处理后也可送出数字信号。

（2）发送设备。

发送设备的作用是产生适合于在信道中传输的信号，即使发送信号的特性和信道特性相匹配，具有抗信道干扰的能力，并且具有足够的功率以满足远距离传输的需要。因此，发送设备涵盖的内容很多，可能包含变换、放大、滤波、编码、调制等过程。对于多路传输系统，发送设备还包括多路复用器。

（3）信道。

信道是一种物理媒介，用来将来自发送设备的信号传送到接收端。在无线信道中，信道可以是自由空间；在有线信道中，可以是明线、电缆和光纤。有线信道和无线信道均有多种物理媒介。信道既给信号以通路，也会对信号产生各种干扰和噪声。信道的固有特性及引入的干扰和噪声直接关系到通信的质量。

图 2.5 中的噪声源是信道中的噪声及分散在通信系统及其他各处的噪声的集中表示。噪声通常是随机的，形式多样的，它的出现干扰了正常信号的传输。

（4）接收设备。

接收设备的功能是将信号放大和反变换（如译码、解调等），其目的是从收到减损的接收信号中正确恢复出原始电信号。对于多路复用信号，接收设备中还包括解除多路复用，实现正确分路的功能。此外，它还要尽可能地减小在传输过程中噪声与干扰所带来的影响。

（5）受信者。

受信者（简称信宿）是传送消息的目的地，其功能与信源相反，即把原始电信号还原成相应的消息，如扬声器等。

图 2.5 描述了一个通信系统的组成，以及通信系统的共性。根据我们研究的对象及所关注的问题不同，因而相应有不同形式的、更具体的通信模型。通常按照信道中传输的是模拟信号还是数字信号，相应地把通信系统分为模拟通信系统和数字通信系统。

2.3.2 短距离无线通信技术

短距离无线通信技术一般指作用距离在毫米级到千米级、局部范围内的无线通信应用。它涵盖了无线个域网（Wireless Personal Area Networks，WPAN）和无线局域网（Wireless Local Area Networks，WLAN）的通信范围。其中，WPAN 的通信距离可达 10 米左右，而 WLAN 的通信距离可达 100 米左右。此外，通信距离在毫米至厘米量级的近距离无线通信（Near Field Communication，NFC）技术和可覆盖几百米范围的无线传感器网络（Wireless Sensor Networks，WSN）技术的出现，进一步扩展了短距离无线通信的涵盖领域和应用范围。

一个典型的短距离无线通信系统包括一个无线发射器和一个无线接收器。目前使用较为广泛的短距离无线通信技术包括蓝牙（Bluetooth）、无线局域网 802.11（Wi-Fi）和红外数据传输（IrDA）。同时，还有一些非常有发展潜力的近距离无线技术标准，它们分别是：ZigBee、超宽频（Ultra Wide Band）、近场通信（NFC）、WiMedia、专用无线系统等。它们都有其立足的特点，或基于传输速度、距离、耗电量的特殊要求；或着眼于功能的扩充性；或符合某些单一应用的特别要求；或建立竞争技术的差异化等。但是没有一种技术可以完美到足以满足所有的需求。总体来说，这些技术都存在以下共同特点。

（1）低功耗（Low Power）。由于短距离无线应用的便携性和移动性，低功耗是基本要求。另一方面，多种短距离无线应用可能处于同一环境之下，在满足服务质量的前提下，要求有更低的输出功率，以免造成相互干扰。

（2）低成本（Low Cost）。短距离无线应用与消费电子产品联系密切，低成本是短距离无线应用能否推广普及的重要决定因素。此外，如 RFID 和 WSN 应用需要大量使用或者大规模部署，成本控制成为技术应用的关键。

（3）使用 ISM（Industrial Scientific Medical）频段。考虑到产品和协议的通用性及民用特性，短距离无线技术基本上使用免许可证 ISM 频段。

（4）通信距离短。短距离无线通信的覆盖范围一般在几厘米到几百米之间。

（5）主要在小范围区域内使用。与其他无线通信不同，由于作用距离限制，大部分短距离无线通信应用都集中在一个较小范围的区域内使用。

常见的短距离无线通信技术包括蓝牙、WiFi、ZigBee 等。

① 蓝牙（Bluetooth）是一个开放性的、短距离无线通信技术标准，也是目前国际上通用的一种公开的无线通信技术规范。它可以在较小范围内，通过无线连接方式安全、低成本、低功耗地网络互联，使得近距离内各种通信设备能够实现无缝资源共享，也可以实现在各种数字设备之间的语音和数据通信。

在蓝牙技术的使用过程中，人们发现蓝牙技术尽管有许多优点，但仍存在许多缺陷。对工业、家庭自动化控制和遥测遥控领域而言，蓝牙技术显得太复杂，功耗大，距离近，组网规模太小等，而另一方面，工业自动化对无线通信的需求越来越强烈。

② WiFi 是 Wireless Fidelity 的缩写，也就是无线局域网的意思。由于作为 WiFi 产品的标准是遵循 IEEE 所制定的 802.11x 系列标准，所以一般所谓的 802.11x 系列标准都属于 WiFi。而目前最流行的标准就是 802.11b，也就是无线的标准协议。该标准从 802.11 的 2MB 基础带宽增加到 11MB，达到局域网水平，而且还可以被 802.11g 兼容，因此，成为市场主流产品遵循的标准。

③ ZigBee 技术是为了解决工业自动化对无线通信和数据传输的需求而产生的，ZigBee 网络省电、可靠、成本低、容量大、安全，可广泛应用于各种自动控制领域。

2.3.3 移动通信技术

移动通信是相对于固定通信而言的，顾名思义就是通信的一方或双方是在移动中实现通信的，其中，包含移动台（汽车、火车、飞机、船舰等移动体上）与固定台之间通信；移动台（手机）与移动台（手机）之间通信；移动台通过基站与有线用户通信等。

由于通信双方至少有一个是处于移动状态中的，因此，传统的有线通信方式不能满足移动通信的要求。移动通信都是基于无线的通信方式，但移动通信与无线通信不等同，两者的侧重点不同，移动通信侧重于通信实体的移动性，而无线通信侧重于通信信道的无线化。

无线通信的概念最早出现在 20 世纪 40 年代，无线电台在第二次世界大战中的广泛应用开创了移动通信的第一步。到 20 世纪 70 年代，美国贝尔实验室最早提出蜂窝的概念，解决了频率复用的问题，到 20 世纪 80 年代，大规模集成电路技术及计算机技术突飞猛进的发展，长期困扰移动通信的终端小型化的问题得到了初步解决，给移动通信的发展打下了基础。于是，美国为了满足用户增长的需求，提出了建立在小区制的第一个蜂窝通信系统——AMPS（Advance Mobile Phone Service）系统。这也是世界上第一个现代意义的、可能商用的、能够满足随时随地通信的大容量移动通信系统。它主要建立在频率复用的技术上，较好地解决了频谱资源受限的问题，并拥有更大的容量和更好的语音质量。这在移动通信发展历史上具有里程碑的意义。AMPS 系统在北美商业上获得的巨大成功，有力地刺激了全世界蜂窝移动通信的研究和发展。随后，欧洲各国和日本都开发了自己的蜂窝移动通信网络，具有代表性的有欧洲的 TACS（Total Access Communication System）系统、北欧的 NMT（Nordic Mobile Telephone System）系统和日本的 NTT（Nippon Telegraph and Telephone）系统等。这些系统都是基于频分多址（FDMA）的模拟制式系统，我们统称其为第一代蜂窝移动通信系统。

第一代模拟系统，主要建立在频分多址接入和蜂窝频率复用的理论基础上，在商业上取得了巨大的成功，但随着技术和时间的发展，问题也逐渐暴露出来：所支持的业务（主要是语音）单一、频谱效率太低、保密性差等。特别是在欧洲，一个国家有一个自己的标准和体制，无法解决跨国家的漫游问题。模拟移动通信系统经过 10 余年的发展，终于在 20 世纪 90 年代初逐步被更先进的数字蜂窝移动通信系统所代替。

推动第二代移动通信发展的主要动力是欧洲，欧洲国家比较小，要解决标准和制式的统一才可能解决跨国家漫游，故欧洲从 20 世纪 80 年代起就开始研究数字蜂窝移动通信系统，一般称其为第二代移动通信系统。它是随着超大规模集成电路和计算机技术的飞速发展，语音数字处理技术的成熟而发展起来的。在 20 世纪 80 年代，欧洲各国提出了多种方案，并在 20 世纪 80 年代中、后期进行了这些方案的现场实验比较，最后集中为时分多址（TDMA）的数字移动通信系统，即 GSM（Global System for Mobile Communications）系统。由于其技术上的先进性和优越性能已经成为目前世界上最大的蜂窝移动通信网络。

第三代移动通信系统由卫星移动通信网和地面移动通信网组成，将形成一个对全球无缝覆盖的立体通信网络，满足城市和偏远地区各种用户密度，支持高速移动环境，提供语音、数据和多媒体等多种业务（最高速率可达 2Mbit/s）的先进移动通信网，基本实现个人通信的要求。

第四代移动通信技术（4G）是真正意义的高速移动通信系统，用户速率为 20Mbit/s。

4G 支持交互多媒体业务、高质量影像、3D 动画和宽带互联网接入，是宽带大容量的高速蜂窝系统。

第五代移动通信技术（5G），是最新一代蜂窝移动通信技术，其性能目标是达到高数据速率、减少延迟、节省能源、降低成本、提高系统容量和连接大规模设备。

2.3.4 互联网通信技术

互联网通信技术是指在计算机与计算机之间或者计算机与终端设备之间进行信息传递的方式。在 20 世纪 70 年代和 20 世纪 80 年代，计算机科学逐渐与数据通信技术融合，使得计算机通信产业在技术、产品和公司等各方面都发生了巨大变化：数据处理设备（计算机）和数据通信设备（传输和交换设备）之间不再有本质上的区别；数据通信、语音通信和视频通信之间也不再有本质区别。单处理器计算机、多处理器计算机、局域网、城域网和远距离网络之间的界限也日趋模糊。这些趋势也导致了计算机产业与通信产业的日益融合，从元器件制造到系统集成皆是如此。

1. OSI 参考模型

最初的网络与计算解决方案是一个十分封闭的互联解决方案，应用软件只执行在由单个操作系统支持的平台上，操作系统只能安全地执行在相同厂家的硬件产品之上，甚至用户的终端设备与计算机进行连接的设备都必须是同一厂家产品的完整解决方案的一部分。在计算机的发展初期，制造商所开发的硬件、软件和网络平台是紧密结合的、非开放式系统。一个用户在一个平台上很难共享另一用户在不同计算平台上的数据。

因此，开放式网络是使得在两台不同计算机之间通信和共享数据的可能方式。开放性是通过合作开发和技术规范的维护而达到的。这些技术规范，也称为开放式标准，是完全公开的。开放式通信的关键在于理解所有对两端系统相互之间通信和共享数据所必需的功能。这些必需的功能及建立它们必须发生的先后顺序是开放式通信的基础，只有两端系统对如何通信达成一致，它们才可能通信。也就是说，它们必须在从应用取得数据和为通过网络传输将数据打包这些动作上遵守相同的过程。其中，不管是多么细节、细小的问题都不能忽略，必须做到完全一致。

国际标准化组织（ISO）开发了开放式系统互联（Open System Interconnection，OSI）参考模型，以促进计算机系统的开放互联。开放式互联就是可在多个厂家的环境中支持互联。该模型为计算机间开放式通信所需要定义的功能层次建立了全球标准。OSI 模型将通信会话需要的各种进程划分成 7 个相对独立的功能层次，这些层次的组织是以在一个通信会话中事件发生的自然顺序为基础的。图 2.6 描述了 OSI 的七层模型，其中，1～3 层提供了网络访问，4～7 层用于支持端端通信。

应用层	7
表示层	6
会话层	5
传输层	4
网络层	3
数据链路层	2
物理层	1

图 2.6　OSI 参考模型

2．TCP/IP 简介

TCP/IP 是一个通信协议集的缩写。它最初是在美国国防高级研究项目局（DARPA，现为 ARPA）的赞助下开发的，1983 年开始应用在旧的 ARPANET 上。

最初的 ARPANET 包括四台主机，它们分别位于 UCLA、斯坦福研究所、加州大学圣巴巴拉分校和犹他大学，这样一个小网络使用网络控制协议（Network Control Protocol，NCP），向用户提供的服务能力包括登录到远程主机、在一个远程打印机上打印、传输文件等。1974 年，在 ARPANET 诞生后的短短五年里，Vinton Cerf 和 Robert Kahn 发明了传输控制协议（Transmission Control Protocol，TCP），一个设计成相对于底层计算机和网络独立的协议族，在 20 世纪 80 年代初完全代替了受限的 NCP。由于 TCP 使得其他类 ARPANET 的不同种网络可以相互通信，从而使得 ARPANET 得到了飞速发展。

另一个有重大影响力的网络是 NSFNet，NSF 认识到 ARPANET 所进行工作的重要性，决定发展自己的网络。NSFNet 连接了大学和政府职能部门的许多超级计算机。随着 NSFNet 的流行和不断发展，在 1890 年后期和 1990 年年初，NFSNet 代替了旧有速度慢的 ARPANET，成为 Internet 正式骨干网。到今天，TCP/IP 技术及 Internet 已经为广大计算机工作者、计算机厂商和计算机用户所接受，并成为许多人工作环境的一部分。

应用层	4
传输层	3
网络层	2
网络接口层	1

图 2.7　TCP/IP 协议层次结构

TCP/IP 协议族是一组不同层次上的多个协议的组合，负责管理网络上流进和流出的数据流，其功能包括：握手过程、报文管理、流量控制及错误检测和处理。TCP/IP 通常被认为是一个四层协议系统，TCP/IP 协议层次结构如图 2.7 所示。

3．广域网、城域网与局域网

广域网（WAN，Wide Area Network），也称为远程网（Long Haul Network）。通常跨接很大的物理范围，所覆盖的范围从几十千米到几千千米，它能连接多个城市或国家，甚至横跨几个洲，提供远距离通信，形成国际性的远程网络。广域网是由许多交换机组成的，交换机之间采用点到点线路连接，几乎所有的点到点通信方式都可以用来建立广域网，包括租用线路、光纤、微波、卫星信道。而广域网交换机实际上就是一台计算机，有处理器和输入/输出设备，进行数据包的收发处理。通常，广域网的数据传输速率比局域网低，而信号的传输延迟却比局域网要大得多。广域网的典型速率是 56kbit/s～155Mbit/s，现已有622Mbit/s、2.4Gbit/s，甚至更高速率的广域网；传输延迟可从几毫秒到几百毫秒（使用卫星信道时）不等。

城域网（Metropolitan Area Network，MAN）是数据骨干网和长途电话网在城域范围内的延伸和覆盖，它承担着集团用户、商用大楼、智能小区等业务接入和通路出租等纷繁复杂的任务，需要通过各类网关实现语音、数据、图像、多媒体、IP 接入和各种增值业务及智能业务，并与各运营商的长途网和骨干网实现互通。城域网不仅是传统长途网与接入网的连接桥梁，更是传统电信网与新兴数据网络的交汇点，以及今后三网融合的基础。

局域网为计算机局部区域网络（Local Area Network，LAN）的简称，IEEE 局域网标准委员会对局域网的定义为：局域网是一种为单一机构所拥有的专用计算机网络，其通信被限制在中等规模的地理范围，如一栋办公楼、一座工厂或一所学校，具有较高数据速率和较低的误码率，能有效实现多种设备之间互联、信息交换和资源共享。

2.4 "网"的价值：数据的挖掘与融合技术

2.4.1 处理层的内容

物联网最终的目的是要把感知和传输来的信息进行充分的利用，甚至有学者认为，物联网本身就是一种应用。而这些信息在被更好利用之前，需要进行相应处理才有价值。处理层就是专门负责对信息进行处理的，为各种业务应用提供接口。

处理层在一些文献中也被称为应用处理层（也有学者认为应用层位于处理层之上），解决的是信息处理和人机交互的问题。网络层传输而来的数据在这一层进入各类信息系统进行处理，并通过各种设备与人进行交互。处理层由业务支撑平台（中间件平台）、网络管理平台（例如 M2M 管理平台）、信息处理平台、信息安全平台、服务支撑平台等组成，完成协同、管理、计算、存储、分析、挖掘，以及提供面向行业和大众用户的服务等功能，典型的技术包括中间件技术、虚拟技术、高可信技术，云计算服务模式、SOA 系统架构方法等先进技术和服务模式。

具体来讲，处理层将网络层传输来的数据通过各类信息系统进行处理，并通过各种设备与人交互。这一层也可按形态直观地划分为两个子层：一个是应用程序层；另一个是终端设备层。应用程序层进行数据处理，完成跨行业、跨应用、跨系统之间的信息协同、共享、互通的功能，包括电力、医疗、银行、交通、环保、物流、工业、农业、城市管理、家居生活等，可用于政府、企业、社会组织、家庭、个人等，这正是物联网作为深度信息化网络的重要体现。而终端设备层主要是提供人机界面，物联网虽然是"物物相连的网"，但最终是要以人为本的，需要人的操作与控制，不过这里的人机界面已远远超出现在人与计算机交互的概念，而是泛指与应用程序相连的各种设备与人之间的交互和反馈。

物联网的应用可分为监控型（物流监控、污染监控）、查询型（智能检索、远程抄表）、控制型（智能交通、智能家居、路灯控制）、扫描型（手机钱包、高速公路不停车收费）等。目前，软件开发、智能控制技术发展迅速，处理层技术的进步是物联网为用户提供丰富多彩的业务应用的前提和保障。同时，各种行业和家庭应用的开发将会推动物联网的普及，也给整个物联网产业链带来利润。

处理层的目的是为用户提供丰富多彩的业务体验，然而，如何合理、高效地处理从传输层传来的海量数据，并从中提取有效信息，是物联网处理层需要解决的关键问题。由于物联网具有明显的"智能性"的要求和特征，而智能信息处理是保障这一特性的共性关键技术，因此，智能信息处理的相关关键技术和研究基础对于物联网的发展具有重要的作用。典型关键技术主要包括：大数据、云计算、人工智能、数据挖掘、海量信息存储、中间件等。

2.4.2 大数据平台

大数据技术，就是从各种类型的数据中快速获得有价值信息的技术。大数据领域已经涌现了大量新技术，它们成为数据预处理、存储、处理和呈现的有力武器。

1. 数据采集与预处理

对于各种来源的数据，包括移动互联网数据、社交网络的数据等，这些结构化和非结构化的海量数据是零散的，也就是所谓的数据孤岛。此时的这些数据并没有什么意义，数据采集就是将这些数据写入数据仓库中，把零散的数据整合在一起，对这些数据综合起来进行分析。数据采集包括文件日志的采集、数据库日志的采集、关系型数据库的接入和应用程序的接入等。在数据量比较小的时候，可以写定时的脚本将日志写入存储系统，但随着数据量的增长，这些方法无法提供数据安全保障，并且运维困难，需要更强壮的解决方案。

Flume NG 作为实时日志收集系统，支持在日志系统中定制各类数据发送方，用于收集数据。同时，对数据进行简单处理，并写到各种数据接收方（比如文本，HDFS，HBase 等）。Flume NG 采用的是三层架构：Agent 层、Collector 层和 Store 层，每一层均可水平拓展。其中，Agent 包含 Source、Channel 和 Sink，Source 用来收集数据源到 Channel 组件中，Channel 作为中间临时存储，保存所有 Source 的组件信息，Sink 从 Channel 中读取数据，读取成功之后会删除 Channel 中的信息。

Logstash 是开源的服务器端数据处理管道，能够同时从多个来源采集数据，转换数据，然后将数据发送到你最喜欢的"存储库"中。一般常用的存储库是 ElasticSearch。Logstash 支持各种输入选择，可以在同一时间从众多常用的数据来源捕捉事件，能够以连续的流式传输方式，轻松地从你的日志、指标、Web 应用、数据存储及各种 AWS 服务采集数据。

Sqoop 是用来将关系型数据库和 Hadoop 中的数据进行相互转移的工具，可以将一个关系型数据库（例如，MySQL、Oracle）中的数据导入到 Hadoop（例如，HDFS、Hive、HBase）中，也可以将 Hadoop（例如 HDFS、Hive、HBase）中的数据导入到关系型数据库（例如 MySQL、Oracle）中。Sqoop 启用了一个 MapReduce 作业（极其容错的分布式并行计算）来执行任务。Sqoop 的另一大优势是其传输大量结构化或半结构化数据的过程是完全自动化的。

流式计算是行业研究的一个热点，流式计算对多个高吞吐量的数据源进行实时地清洗、聚合和分析，可以对存在于社交网站、新闻等的数据信息流进行快速处理并反馈，目前，大数据流分析工具有很多，比如开源的 Strom、Spark Streaming 等。

2. 海量数据存储管理

数据的海量化和快增长特征是大数据对存储技术提出的首要挑战。为适应大数据环境下爆发式增长的数据量，大数据采用由成千上万台廉价 PC 来存储数据方案，以降低成本，同时提供高扩展性。

考虑到系统由大量廉价易损的硬件组成，为了保证文件整体可靠性，大数据通常对同一份数据在不同节点上存储多份副本，同时，为了保障海量数据的读/写能力，大数据借助分布式存储架构提高数据访问的吞吐量。

Hadoop 作为一个开源的框架，专为离线和大规模数据分析而设计，HDFS 作为其核心的存储引擎，已被广泛用于数据存储。

HBase 是一个分布式的、面向列的开源数据库，可以认为是 HDFS 的封装，本质上是数据存储、NoSQL 数据库。HBase 是一种 Key/Value 系统，部署在 HDFS 上，克服了 HDFS 在随机读/写方面的缺点，与 Hadoop 一样，HBase 目标主要依靠横向扩展，通过不断地增加廉价的商用服务器来增加计算和存储能力。

Phoenix 相当于一个 Java 中间件，帮助开发工程师像使用 JDBC 访问关系型数据库一样访问 NoSQL 数据库 HBase。

Yarn 是一种 Hadoop 资源管理器，可为上层应用提供统一的资源管理和调度，它的引入为集群在利用率、资源统一管理和数据共享等方面带来了巨大好处。Yarn 由下面的几大组件构成：一个全局的资源管理器 ResourceManager、ResourceManager 的每个节点代理 NodeManager、表示每个应用的 Application，以及每一个 ApplicationMaster 拥有多个 Container 在 NodeManager 上运行。

Mesos 是一款开源的集群管理软件，支持 Hadoop、ElasticSearch、Spark、Storm 和 Kafka 等应用架构。

Redis 是一种速度非常快的非关系型数据库，可以存储键与 5 种不同类型的值之间的映射，可以将存储在内存的键值对数据持久化到硬盘中，使用复制特性来扩展性能，还可以使用客户端分片来扩展写性能。

Atlas 是一个位于应用程序与 MySQL 之间的中间件。在后端 DB 看来，Atlas 相当于连接它的客户端，在前端应用看来，Atlas 相当于一个 DB。Atlas 作为服务端与应用程序通信，它实现了 MySQL 的客户端和服务端协议，同时作为客户端与 MySQL 通信。它对应用程序屏蔽了 DB 的细节，同时为了降低 MySQL 负担，它还维护了连接池。Atlas 启动后会创建多个线程，其中一个为主线程，其余为工作线程。主线程负责监听所有的客户端连接请求，工作线程只监听主线程的命令请求。

Kudu 是围绕 Hadoop 生态圈建立的存储引擎，Kudu 拥有和 Hadoop 生态圈共同的设计理念，它运行在普通的服务器上，可分布式规模化部署，并且满足工业界的高可用要求。其设计理念为："fast analytics on fast data"。作为一个开源的存储引擎，可以同时提供低延迟的随机读/写和高效的数据分析能力。Kudu 不但提供行级的插入、更新、删除 API，同时也提供接近 Parquet 性能的批量扫描操作。使用同一份存储，既可以进行随机读写，也可以满足数据分析的要求。Kudu 的应用场景很广泛，比如可以进行实时的数据分析，用于数据可能会存在变化的时序数据应用等。

3. 数据清洗

随着业务数据量的增多，需要进行训练和清洗的数据会变得越来越复杂，这个时候就需要任务调度系统，比如 Oozie 或者 Azkaban，对关键任务进行调度和监控。

MapReduce 作为 Hadoop 的查询引擎，用于大规模数据集的并行计算，"Map（映射）"和"Reduce（归约）"是它的主要思想。它极大地方便了编程人员在不会分布式并行编程的情况下，将自己的程序运行在分布式系统中。

Oozie 是用于 Hadoop 平台的一种工作流调度引擎，提供了 RESTful API 接口来接受用户的提交请求（提交工作流作业），当提交了 workflow 后，由工作流引擎负责 workflow 的执行及状态的转换。用户在 HDFS 上部署好作业（MR 作业），然后向 Oozie 提交 workflow，Oozie 以异步方式将作业（MR 作业）提交给 Hadoop。这也是为什么当调用 Oozie 的 RESTful 接口提交作业之后能立即返回一个 Job ID 的原因，用户程序不必等待作业执行完成（因为有些大作业可能会执行很久，几个小时，甚至几天）。Oozie 在后台以异步方式，再将 workflow 对应的 Action 提交给 Hadoop 执行。

Azkaban 也是一种工作流的控制引擎，可以用来解决多个 Hadoop 或者 Spark 等离线计算任务之间的依赖关系问题。Azkaban 主要由三部分构成：Relational Database、Azkaban Web Server 和 Azkaban Executor Server。Azkaban 将大多数的状态信息保存在 MySQL 中。Azkaban Web Server 提供了 Web UI，是 Azkaban 主要管理者，包括 Project 的管理、认证、调度及对工作流执行过程中的监控等。Azkaban Executor Server 用来调度工作流和任务，记录工作流或者任务的日志。

流计算任务的处理平台 Sloth，是网易首个自研的流计算平台，旨在解决公司内各产品日益增长的流计算需求。作为一个计算服务平台，其特点是易用、实时、可靠，为用户节省技术方面（开发、运维）的投入，帮助用户专注于解决产品本身的流计算需求。

4. 数据查询分析

Hive 的核心工作就是把 SQL 语句翻译成 MR 程序，可以将结构化的数据映射为一张数据库表，并提供 HQL（Hive SQL）查询功能。Hive 本身不存储和计算数据，它完全依赖于 HDFS 和 MapReduce。可以将 Hive 理解为一个客户端工具，将 SQL 操作转换为相应的 MapReduce Job，然后在 Hadoop 上面运行。Hive 支持标准的 SQL 语法，免去了用户编写 MapReduce 程序的过程，它的出现可以让那些精通 SQL 技能、不熟悉 MapReduce、编程能力较弱与不擅长 Java 语言的用户在 HDFS 大规模数据集上很方便地利用 SQL 语言查询、汇总、分析数据。Hive 是为大数据批量处理而生的，Hive 的出现解决了传统的关系型数据库（MySQL、Oracle）在大数据处理上的瓶颈。

Impala 是对 Hive 的一个补充，可以实现高效的 SQL 查询。使用 Impala 来实现 SQL on Hadoop，用来进行大数据实时查询分析。通过熟悉的传统关系型数据库的 SQL 风格来操作大数据，同时数据也是可以存储到 HDFS 和 HBase 中的。Impala 没有再使用缓慢的 Hive+MapReduce 批处理，而是通过使用与商用并行关系数据库中类似的分布式查询引擎（由 Query Planner、Query Coordinator 和 Query Exec Engine 三部分组成），可以直接从 HDFS 或 HBase 中用 SELECT、JOIN 和统计函数查询数据，从而大大降低了延迟。Impala 将整个查询分成一颗执行计划树，而不是一连串的 MapReduce 任务，与 Hive 相比，没有 MapReduce 启动的时间。

Spark 拥有 Hadoop MapReduce 所具有的特点，它将 Job 中间输出结果保存在内存中，从而不需要读取 HDFS。Spark 启用了内存分布数据集，除了能够提供交互式查询外，它还可以优化迭代工作负载。Spark 是在 Scala 语言中实现的，它将 Scala 用作应用程序框架。与 Hadoop 不同，Spark 和 Scala 能够紧密集成，其中的 Scala 可以像操作本地集合对象一样，轻松地操作分布式数据集。

Nutch 是用 Java 实现的搜索引擎。它提供了我们运行自己的搜索引擎所需的全部工具，包括全文搜索和 Web 爬虫。

Solr 是用 Java 编写、运行在 Servlet 容器（如 Apache Tomcat 或 Jetty）的一个独立的企业级搜索应用的全文搜索服务器。它对外提供类似于 Web-Service 的 API 接口，用户可以通过 Http 请求，向搜索引擎服务器提交 XML 格式的文件，生成索引；也可以通过 Http Get 操作提出查找请求，并得到 XML 格式的返回结果。

ElasticSearch 是一个开源的全文搜索引擎，是基于 Lucene 的搜索服务器的，可以快速地存储、搜索和分析海量的数据。ElasticSearch 被设计用于云计算中，能够实时搜索，稳定，可靠，快速，安装使用方便。

2.4.3 数据挖掘与机器学习

1. 数据挖掘

数据挖掘是近年来伴随数据库系统的大量建立和万维网的广泛应用而发展起来的一门技术。数据挖掘是交叉性学科，它是数据库技术、机器学习、统计学、人工智能、可视化分析、模式识别等多门学科的融合。数据挖掘是指从大量的、不完全的、有噪声的、模糊的、随机的实际数据中，提取隐含其内的、人们所不知的、但又有潜在价值的信息和知识的过程。

数据挖掘技术是数据挖掘方法的集合，数据挖掘方法众多。根据挖掘任务，可将数据挖掘技术分为预测模型发现、聚类分析、分类与回归、关联分析、序列模式发现、依赖关系或依赖模型发现、异常和趋势发现、离群点检测等。根据挖掘对象可分为关系数据库、面向对象数据库、空间数据库、时态数据库、文本数据源、多媒体数据库、异质数据库、遗产数据库等。根据挖掘方法可分为机器学习方法、统计方法、神经网络方法和数据库方法。机器学习方法中，可细分为归纳学习方法（决策树、规则归纳等）、基于范例学习、遗传算法等。统计方法中，可细分为回归分析（多元回归、自回归等）、判别分析（贝叶斯判别、费歇尔判别和非参数判别等）、聚类分析（系统聚类、动态聚类等）、探索性分析（主元分析法、相关分析法等）等。神经网络方法中，可细分为前向神经网络（BP 算法等）、自组织神经网络（自组织特征映射、竞争学习等）等。数据库方法主要是多维数据分析或 OLAP 方法，另外，还有面向属性的归纳方法。

数据挖掘应用了来自其他一些领域的思想与算法，主要包括：统计学的抽样、估计和假设检验；人工智能、模式识别和机器学习的搜索算法、建模技术和学习理论；最优化、进化计算、信息论、信号处理、可视化和信息检索；等等。

其他一些领域的技术也起到重要的支撑作用，需要数据库系统提供有效的存储、索引和查询处理支持。高性能计算技术、并行计算技术、分布式技术也能帮助处理数据。

2. 机器学习

机器学习的核心是"使用算法解析数据，从中学习，然后对事情做出决定或预测"。这意味着，与其显式地编写程序来执行某些任务，不如教计算机如何开发一个算法来完成任务。有三种主要类型的机器学习：监督学习、非监督学习和强化学习，所有这些都有其特定的优点和缺点。

监督学习涉及一组标记数据。计算机可以使用特定的模式来识别每种标记类型的新样本。监督学习的两种主要类型是分类和回归。在分类中，机器被训练成将一个组划分为特定的类。分类的一个简单例子是电子邮件账户上的垃圾邮件过滤器。过滤器分析你以前标记为垃圾邮件的电子邮件，并将它们与新邮件进行比较。如果它们匹配一定的百分比，这些新邮件将被标记为垃圾邮件，并发送到适当的文件夹。那些不相似的电子邮件被归类为正常邮件发送到你的邮箱。

第二种监督学习是回归。在回归中，机器使用先前的（标记的）数据来预测未来。天气应用是回归的好例子。使用气象事件的历史数据（即平均气温、湿度和降水量），手机天气应用程序可以查看当前天气，并在未来的时间内对天气进行预测。

在无监督学习中，数据是无标签的。由于大多数真实世界的数据都没有标签，这些算法特别有用。无监督学习分为聚类和降维。聚类用于根据属性和行为对象进行分组。这与分类不同，因为这些组不是你提供的。聚类的一个例子是将一个组划分成不同的子组（例如，基于年龄和婚姻状况），然后应用到有针对性的营销方案中。降维通过找到共同点来减少数据集的变量。大多数大数据可视化使用降维来识别趋势和规则。

最后，强化学习使用机器的个人历史和经验来做出决定。强化学习的经典应用是玩游戏。与监督和非监督学习不同，强化学习不涉及提供"正确的"答案或输出。相反，它只关注性能。这反映了人类是如何根据积极和消极的结果学习的。

从数据分析的角度来看，数据挖掘与机器学习有很多相似之处，但不同之处也十分明显，例如，数据挖掘并没有机器学习探索人的学习机制这一科学发现任务，数据挖掘中的数据分析是针对海量数据进行的，等等。从某种意义上说，机器学习的科学成分更重一些，而数据挖掘的技术成分更重一些。

学习能力是智能行为的一个非常重要的特征，不具有学习能力的系统很难称之为一个真正的智能系统，而机器学习则希望（计算机）系统能够利用经验来改善自身的性能，因此，该领域一直是人工智能的核心研究领域之一。在计算机系统中，"经验"通常是以数据的形式存在的，因此，机器学习不仅涉及对人的认知学习过程的探索，还涉及对数据的分析和处理。实际上，机器学习已经成为计算机数据分析技术的创新源头之一。由于几乎所有的学科都要面对数据分析和任务，因此，机器学习已经开始影响计算机科学的众多领域，甚至影响计算机科学之外的很多学科。机器学习是数据挖掘中的一种重要工具。然而数据挖掘不仅仅要研究、拓展、应用一些机器学习方法，还要通过许多非机器学习技术解决数据仓储、大规模数据、数据噪声等实践问题。机器学习的涉及面很宽，常用在数据挖掘上的方法通常只是"数据学习"。机器学习可以用在数据挖掘上，一些机器学习的子领域有可能与数据挖掘关系不大，如增强学习与自动控制等。所以笔者认为，数据挖掘是从目的而言的，机器学习是从方法而言的，两个领域有相当大的交集，但不能等同。

2.4.4 数据可视化

数据可视化（Visualization）技术是利用计算机图形学和图像处理技术，将数据转换成图形或图像在屏幕上显示出来，并进行交互处理的理论、方法和技术。它涉及计算机图形学、图像处理、计算机视觉、计算机辅助设计等多个领域，成为研究数据表示、数据处理、决策分析等一系列问题的综合技术。

数据可视化技术的基本思想，是将数据库中每一个数据项作为单个图像元素表示，大量的数据集构成数据图像，同时将数据的各个属性值以多维数据的形式表示，可以从不同的维度观察数据，从而对数据进行更深入的观察和分析，给人们提供一个直觉的、交互的和反应灵敏的可视化环境。

科学可视化（Scientific Visualization）、信息可视化（Information Visualization）和可视分析学（Visual Analytics）三个学科方向通常被看成可视化的三个主要分支。而将这三个分支整合在一起形成的新学科"数据可视化"，这是可视化研究领域的新起点。

① 科学可视化（Scientific Visualization）是一个跨学科研究与应用的领域，主要关注三维现象的可视化，如建筑学、气象学、医学或生物学方面的各种系统，重点在于对体、面及光源等的逼真渲染。科学可视化是计算机图形学的一个子集，是计算机科学的一个分支。科学可视化的目的是以图形方式说明科学数据，使科学家能够从数据中了解、说明和收集规律。

② 信息可视化（Information Visualization）是研究抽象数据的交互式视觉表示以加强人类认知。抽象数据包括数字和非数字数据，如地理信息与文本。信息可视化与科学可视化有所不同：科学可视化处理的数据具有天然几何结构（如磁感线、流体分布等），信息可视化处理的数据具有抽象数据结构。柱状图、趋势图、流程图、树状图等，都属于信息可视化，这些图形的设计都将抽象的概念转化成可视化信息。

③ 可视分析学（Visual Analytics）是随着科学可视化和信息可视化发展而形成的新领域，重点是通过交互式视觉界面进行分析推理。

科学可视化、信息可视化与可视分析学三者有一些重叠的目标和技术，这些领域之间的边界尚未有明确共识，总体来说有以下区分。

- 科学可视化处理具有自然几何结构（磁场、MRI 数据、洋流）的数据。
- 信息可视化处理抽象数据结构，如树状数据或图形。
- 可视分析学将交互式视觉表示与基础分析过程（统计过程、数据挖掘技术）结合，能有效地执行高级别、复杂的活动（推理、决策）。

数据可视化技术有如下特点。

（1）交互性。用户可以方便地以交互的方式管理和开发数据。

（2）多维性。对象或事件的数据具有多维变量或属性，而数据可以按其每一维的值分类、排序、组合和显示。

（3）可视性。数据可以用图像、曲线、二维图形、三维体和动画来显示，用户可对其模式和相互关系进行可视化分析。

数据可视化技术包含以下几个基本概念。

（1）数据空间：由 n 维属性和 m 个元素组成的数据集构成的多维信息空间。

（2）数据开发：指利用一定的算法和工具对数据进行定量的推演和计算。

（3）数据分析：指对多维数据进行切片、块、旋转等动作剖析，从而能多角度、多侧面地观察数据。

（4）数据可视化：指将大型数据集中的数据以图形图像形式表示，并利用数据分析和开发工具发现其中未知信息的处理过程。

总之，数据可视化主要是借助于人眼快速的视觉感知和人脑的智能认知能力，起到清晰、有效地传达、沟通，并辅助数据分析的作用。当今流行的数据可视化技术综合运用计算机图形学、图像处理、人机交互等技术给用户传递更多有价值的信息，能够提高生产效率，节约生产时间，推动经济的进步。

2.5 物联网通信技术

2.5.1 概述

1. 有线通信和无线通信

物联网的无线通信技术很多，简单来说可以分成有线连接和无线连接，我们这里讲的连接，其目的是要进行通信，因此，也称为有线通信和无线通信。

有线通信是指利用金属导线、光纤等有形媒质传送信息的技术。有线通信已经非常普及，在自己家里墙壁上找找，就不难找到电话口、网口、有线电视口。

无线通信是利用电磁波信号在空间中直接传播而进行信息交换的通信技术，进行通信的两端之间不需要有形的媒介连接。常见的无线通信方式有蜂窝（手机）无线连接、WiFi连接，还有一些神秘的方式，如可见光通信和量子通信方式等。

一般来讲，有线通信可靠性高，稳定性高，缺点是连接受限于传输媒介。无线通信自由灵活，终端可以移动，没有空间限制，但是可靠性受传输空间里的其他电磁波及对电磁波有影响的其他障碍物的影响很大，因此，可靠性较低。

2．短距离通信和长距离通信

很多场合，人和物只需要跟附近的通信终端进行通信即可，例如在家里、办公室、工厂等。但是，也存在长距离的应用场景，例如，两个城市之间的网络要连接起来，在高速上的车辆或乘客，或者海洋上的渔船。通常，我们把通信距离在 100m 以内的通信称之为短距离通信，而通信距离超过 1 000m 称之为长距离通信。

现实中，有很多种通信技术可以满足各种不同的通信需求，但是如果考虑成本、功耗、效率等因素的话，还没有哪一种通信技术可以满足所有的通信需求。把数据传输到更远的距离及传输更多的数据常常意味着更高的能耗和更高的成本。因而短距离通信和长距离通信在技术实现、功耗、成本等各个方面均不同，将"物"连接进网络时需要考虑采用长距离通信，还是短距离通信。

3．通信技术和通信协议

通信技术主要强调信息从信源到目的地的传输过程所使用的技术，还有一个问题是各种通信技术之间如何能协同工作？为此，国际标准化组织提出了开放系统互联参考模型OSI，也就是网络分成了物理层、数据链路层、网络层、传输层、会话层、表示层和应用层。网络通信协议的构成如图 2.8 所示，也就是这个伟大的标准最终形成了互联网，以及无所不连的物联网。

在上述各层之间进行数据交换的规则和约定就是通信协议。遵守 OSI 标准的通信协议能够做到上层协议与下层协议的实现无关，因此，能最大限度地复用下层协议。

物联网的快速发展对无线通信技术提出了更高的要求，专为低带宽、低功耗、远距离、大量连接的物联网应用而设计的 LPWAN 也快速兴起。物联网应用需要考虑许多因素，例如节点成本、网络成本、电池寿命、数据传输速率（吞吐率）、延迟、移动性、网络覆盖范围及部署类型等。NB-IoT 和 LoRa 两种技术具有不同的技术和商业特性，也是最有发展前景的两个低功耗广域网通信技术。这两种 LPWAN 技术都有覆盖广、连接多、速率低、成本低、功耗少等特点，适合低功耗物联网应用，都在积极扩建自己的生态系统。

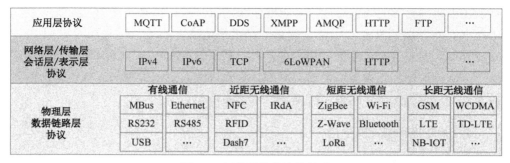

图 2.8　网络通信协议的构成

2.5.2　计算机通信

　　计算机网络是把分布在不同地点且具有独立功能的多个计算机，通过通信设备和线路连接起来的，在功能完善的网络软件运行环境下，以实现资源共享为目标的网络。计算机网络从逻辑上可以分为通信子网和终端系统。

　　计算机通信是通信技术和计算机技术结合而产生的一种新的通信方式。要在两地间传输信息必须有传输信道，根据传输媒体的不同，有有线数据通信与无线数据通信之分。但它们都是通过传输信道将数据终端与计算机连接起来，而使不同地点的数据终端实现软、硬件和信息资源的共享。

　　计算机通信就是通过光缆、双绞电话线或有线、无线信道将两台以上计算机互联的集合。通过网络，各用户可实现网络资源共享，如文档、程序、打印机和调制解调器等。计算机网络按地理位置划分，可分为网际网、广域网、城域网和局域网四种。Internet 是世界上最大的网际网；广域网一般指连接一个国家内各个地区的网络，广域网一般的分布距离在 100～1 000 千米之间；城域网又称为都市网，它的覆盖范围一般为一个城市，方圆不超过 10～100 千米；局域网的地理分布则相对较小，如一栋建筑物，或一个单位、一所学校，甚至一个大房间等。

　　局域网是目前使用最多的计算机网络，一个单位可使用多个局域网，如财务部门使用局域网来管理财务账目，劳动人事部门使用局域网来管理人事档案、各种人才信息，公安刑侦部门使用局域网来管理犯罪信息系统，交警部门使用局域网来管理机动车辆、驾驶员信息等。

网络协议是两台计算机之间进行网络对话所使用的语言，网络协议很多，有面向字符的协议、面向比特的协议，还有面向字节计数的协议，但常用的是 TCP/IP 协议。它适用于由许多 LAN 组成的大型网络和不需要路由选择的小型网络。TCP/IP 协议的特点是具有开放体系结构，并且非常容易管理。

TCP/IP 实际上是一种标准网络协议，是有关协议的集合，它包括传输控制协议和因特网协议。TCP 协议用于在应用程序之间传送数据，IP 协议用于在程序与主机之间传送数据。由于 TCP/IP 具有跨平台性，现已成为 Internet 的标准连接协议。

Internet 的雏形形成于 1969 年，美国国防部当时建立了一个军用计算机网 ARPANET，是为了将几个用于军用研究目的的电脑主机连接起来，后来不断在这个基础上发展变化形成的。

各个主机连接在一起，形成了一个计算机网络。这种把不同的网络连接在一起的技术的出现，使计算机网络的发展进入一个新的时期，形成由网络实体而构成的超级计算机网络，我们称它为互联网络，也就是 Internet。Internet 上面的各个主机可以相互通信，就像我们的电话，可以打到世界上任何地方一样。

Internet 上有丰富的信息资源，我们可以通过 Internet 方便地寻求各种信息。Internet 上存储的信息汇成了信息资源的大海洋。信息内容无所不包：有科学技术的专业信息，也有与大众日常工作与生活息息相关的信息；有严肃主题的信息，也有体育、娱乐、旅游等信息。信息的载体几乎涉及所有媒体，如文档、表格、图形、影像、声音及它们的合成。信息容量小到几行字符，大到一个图书馆。信息分布在世界各地的计算机上，以各种可能的形式存在，如文件、数据库等。而且这些信息还在不断地更新和变化中。可以说，这是一个取之不尽、用之不竭的大宝库。

比如说：在 Internet 上，你要给一个人写一封信，你并不需要认识他，你知道他的邮件地址，并把这个地址正确地写下来。邮件系统就能准确地帮你把信送给对方。在 Internet 上，这个对应的邮件系统，就是 Internet 协议，简称 IP 协议。对应于我们的邮件地址，在网络上称为 IP 地址。

IP 地址长 32 位，例如 10.192.10.36。目前我们所用的版本是 IPv4，IPv4 能支持 40 亿个不同的设备，慢慢地，我们接入 Internet 的设备越来越多，比如家里的冰箱、扫地机，每个设备都需要联网，都需要一个 IP 地址，IPv4 就变得不够用了，于是 IPv6 诞生了。IPv6 长 128 位，能支持 340 乘以 100 万的 11 次方个不同的 IP 地址，这样，即使地球上每一粒沙子都需要一个独特的 IP 地址，也够用。

IP 地址就和我们的家庭地址一样，根据地址，你能找你要去的地方。可是也许你会说，我上网可不是用这一串数字去访问我要的网站。没错，我们一般用户，如果需要访问某个网站，可以不需要知道 IP 地址，这背后，就是有叫 DNS 的东西在工作，也就是域名解析系统。DNS 帮我们把这个网站名字，根据查询，转换成 IP 地址去访问指定的网站。

2.5.3 移动通信

1．移动通信简介

移动通信是指通信的双方或至少有一方处在运动状态中进行的信息交换。这里所说的信息是广义的，它不仅仅只是语音通信，还包括数据、传真、图像和多媒体信息等业务。随着社会生产力的发展，人类的活动范围越来越大，活动频率也越来越高，人们需要随时随地进行信息的交流和沟通，由此促进了移动通信的发展。

由于通信双方处在运动状态，传统的有线通信已无法满足需要，这就使无线通信有了广阔的用武之地。移动通信使一度沉寂的无线电通信技术重新焕发了新生，使无线通信和光纤通信并驾齐驱，成为现代通信技术的两大重要支柱之一。

与固定点通信相比，移动通信主要特点如下。

（1）移动通信的传输信道必须使用无线电波传输。

（2）电波传输特性复杂，在移动通信系统中由于移动台不断运动，不仅有多普勒效应，而且信号的传输受地形、地物的影响也将随时发生变化。

（3）干扰多而复杂。

（4）组网方式多样灵活，移动通信系统组网方式可分为小容量大区制和大容量小区制，移动通信网为满足使用，必须具有很强的控制功能，如通信（呼叫）的建立和拆除，频道的控制和分配，用户的登记和定位，以及过境切换和漫游的控制等。

（5）对设备要求更苛刻。

（6）用户量大而频率有限。

随着网络技术的发展，冲破有线束缚，享受无线自由，这个人类多年的梦想已经变成现实。作为有线通信的补充和发展，无线通信系统自 20 世纪，特别是 21 世纪初以来得到了迅猛的发展。其中，蜂窝移动通信从模拟无线通信到数字无线通信，从早期的大区制蜂窝系统（支持很少的用户，很低的数据速率，但是有较远的传输距离），到目前的宏蜂窝、微蜂窝，通信半径越来越小，支持用户越来越多，数据传输速率越来越高；从 2G、2.5G、3G、4G 到目前已经在国内推广应用的 5G，毫无疑问，无线通信对于国民经济和国家安全具有越来越重要的意义，和人们的生活紧密相关的短距离无线通信技术与系统也得到了迅速的发展。

2．移动通信系统的分类

移动通信的种类繁多。按使用要求和工作场合不同可以分为以下四种。

（1）集群移动通信，也称为大区制移动通信。它的特点是只有一个基站，天线高度为几十米至百余米，覆盖半径为 30 千米，发射机功率可高达 200 瓦。用户数约为几十户至几百户，可以是车载台，也可以是手持台。它们可以与基站通信，也可通过基站与其他移动台及市话用户通信，基站与市站有线网连接。

（2）蜂窝移动通信，也称为小区制移动通信。它的特点是把整个大范围的服务区划分成许多小区，每个小区设置一个基站，负责本小区各个移动台的联络与控制。各个基站通过移动交换中心相互联系，并与市话局连接。利用超短波电波传播距离有限的特点，离开一定距离的小区可以重复使用频率，使频率资源可以充分利用。每个小区的用户在 1 000户以上，全部覆盖区最终的用户容量可达 100 万户。

（3）卫星移动通信。利用卫星转发信号也可以实现移动通信，对于车载移动通信可采用赤道固定卫星，而对手持终端，采用中低轨道的多颗星座卫星较为有利。

（4）无绳电话。对于室内外慢速移动的手持终端的通信，则采用小功率、通信距离近的、轻便的无绳电话机。它们可以经过通信点与市话用户进行单向或双向通信。使用模拟识别信号的移动通信，称为模拟移动通信。为了解决容量增加的问题，提高通信质量和增加服务功能，目前大多使用数字识别信号，即数字移动通信。在制式上则有时分多址（TDMA）和码分多址（CDMA）两种。前者在全世界有欧洲的 GSM 系统（全球移动通信系统）、北美的双模制式标准 IS-54 和日本的 JDC 标准。对于码分多址，则有美国 Qualcomm公司研制的 IS-95 标准系统。总体趋势是数字移动通信将取代模拟移动通信，而移动通信将向个人通信发展。

3．移动通信的应用场景

从最初的寻呼机、手持电话，到如今的各种智能穿戴设备，移动通信在生产生活中的应用已经随处可见，下面列举几种典型的移动通信应用场景。

（1）汽车调度通信。

出租汽车公司或大型车队建有汽车调度台，汽车上有汽车电台，可以随时在调度员与司机之间保持通信联系。

（2）公众移动电话。

这是与公用市话网相连的公众移动电话网。大中城市一般为蜂窝小区制，小城市或业务量中等的城市常采用大区制。用户有车台和手机两类。

（3）无线寻呼。

这是一种单向无线通信，主要起寻人呼叫的作用。采用的寻呼机，又称 BP 机或 BB 机，可用一般电话拨通寻呼台，由寻呼台的无线寻呼发射机发出。只要被寻呼人在寻呼台的覆盖范围之内，其所配的寻呼机收到信号即发出设定的声响或振动。

（4）无绳电话。

这是一种接入市话网的无线电话机，又称为无绳电话。一般可在 50～200m 的范围内接收或拨通电话。

（5）集群无线移动电话。

实际上是把若干个各自使用单独频率的工作调度的系统，集合到一个基台工作。这样，原来一个系统单独用的频率现在可以为几个系统共用，故称为集群系统。

（6）卫星移动通信。

这是把卫星作为中心转发台，各移动台通过卫星转发通信。

（7）个人移动通信。

个人可在任何时候、任何地点与其他人通信，只要有一个个人号码，不论该人在何处，均可通过这个个人号码与其通信。

4．移动通信的发展历史

无线通信的概念最早出现在 20 世纪 40 年代，无线电台在第二次世界大战中的广泛应用开创了移动通信的第一步。到 20 世纪 70 年代，美国贝尔实验室最早提出蜂窝的概念，解决了频率复用的问题，20 世纪 80 年代，伴随着大规模集成电路技术及计算机技术突飞猛进的发展，长期困扰移动通信的终端小型化的问题得到了初步解决，给移动通信的发展打下了基础。于是，美国为了满足用户增长的需求，提出了建立在小区的第一个蜂窝通信系统——AMPS（Advance Mobile Phone Service）系统。这也是世界上第一个现代意义的、可能商用的、能够满足随时随地通信的大容量移动通信系统。它主要建立在频率复用的技术上，较好地解决了频谱资源受限的问题，并拥有更大的容量和更好的语音质量。这在移动通信发展历史上具有里程碑的意义。AMPS 系统在北美商业上获得的巨大成功，有力地刺激了全世界蜂窝移动通信的研究和发展。随后，欧洲各国和日本都开发了自己的蜂窝移动通信网络，具有代表性的有欧洲的 TACS（Total Access Communication System）、北欧的

NMT 系统（Nordic Mobile Telephone System）和日本的 NTT（Nippon Telegraph and Telephone）系统等。这些系统都是基于频分多址（FDMA）的模拟制式系统，我们统称其为第一代蜂窝移动通信系统。

（1）第一代模拟系统。

第一代模拟系统主要建立在频分多址接入和蜂窝频率复用的理论基础上，在商业上取得了巨大的成功，但随着技术和时间的发展，问题也逐渐暴露出来：所支持的业务（主要是语音）单一、频谱效率太低、保密性差等。特别是在欧洲，一个国家有一个自己的标准和体制，无法解决跨国家的漫游问题。模拟移动通信系统经过 10 余年的发展，终于在 20 世纪 90 年代初逐步被更先进的数字蜂窝移动通信系统所代替。

（2）第二代移动通信系统。

推动第二代移动通信发展的主要动力是欧洲。欧洲国家比较小，要解决标准和制式的统一才可能解决跨国家漫游的问题，故从 20 世纪 80 年代起就开始研究数字蜂窝移动通信系统，一般称其为第二代移动通信系统。第二代移动通信系统是随着超大规模集成电路和计算机技术的飞速发展，语音数字处理技术的成熟而发展起来的。在 20 世纪 80 年代，欧洲各国提出了多种方案，在 20 世纪 80 年代中、后期进行了这些方案的现场实验比较，最后集中为时分多址（TDMA）的数字移动通信系统，即 GSM（Global System for Mobile Communications）系统。由于其技术上的先进性和优越性能，第二代移动通信系统已经成为目前世界上最大的蜂窝移动通信网络。

GSM 标准化的工作主要由欧洲电信标准委员会（ETSI）下属的特别移动组（SMG）完成。主要分为第 1 阶段和第 2 阶段。1990 年，第一阶段规范冻结。1992 年，商用开始，同年开始第 2 阶段标准化工作。GSM 空中接口的基本原则包括：每载波 8 个时隙，200kHz/载波带宽，慢跳频。

和第一阶段相比，GSM 第 2 阶段的主要特性包括：

① 增强的全速率语音编码器（EFR）；

② 适应多速率编解码器（AMR）；

③ 14.4kbit/s 数据业务；

④ 高速率电路交换数据（HSCSD）；

⑤ 通用分组无线业务（GPRS）；

⑥ 增强数据速率（EDGE）。

与欧洲相比，美国在第二代数字蜂窝移动系统方面的起步要迟一些。1988 年，美国制定了基于 TDMA 技术的 IS-54/IS-136 标准。IS-136 是一种模拟/数字双模标准，可以兼容

AMPS。更值得一提的是，美国 Qualcomm 公司在 20 世纪 90 年代初提出 CDMA 技术，并在 1993 年由 TIA 完成标准化，成为 IS-95 标准。这也是 3G 标准中 CDMA2000 技术的雏形。

（3）第三代移动通信系统。

第三代移动通信系统由卫星移动通信网和地面移动通信网组成，将形成一个对全球无缝覆盖的立体通信网络，满足城市和偏远地区各种用户密度，支持高速移动环境，提供语音、数据和多媒体等多种业务（最高速率可达 2Mbit/s）的先进移动通信网，基本实现个人通信的要求。

早在 1985 年国际电信联盟就提出了第三代移动通信（3G）的概念，同时建立了专门的组织机构 TG8/1 进行研究，当时称为未来陆地移动通信系统（FPLMTS）。这时，第二代移动通信 GSM 的技术还没有成熟，CDMA 技术尚未出现。在 TG8/1 的前 10 年，进展比较缓慢。1992 年，世界无线电行政大会（WARC）分配了 230MHz 的频率给 FPLMTS：1 885～2 025MHz 和 2 110～2 200MHz。此时，FPLMTS 的研究工作主要由 ITU 完成，其中，ITU-T 负责网络方面的标准化工作，ITU-R 负责无线接口方面的标准化工作。

（4）第四代移动通信系统。

第四代移动通信系统（4G）是基于 3G 通信技术基础上不断优化升级、创新发展而来的，融合了 3G 通信技术的优势，并衍生了一系列自身固有的特征，以 WLAN 技术为发展重点。4G 通信技术的创新使其与 3G 通信技术相比，具有更大的竞争优势。首先，4G 通信在图片、视频传输上能够实现原图、原视频高清传输，其传输质量与电脑画质不相上下；其次，利用 4G 通信技术，在软件、文件、图片、音视频下载上其速度最高可达到每秒几十兆比特，这是 3G 通信技术无法实现的，同时也是 4G 通信技术的一个显著优势。这种快捷的下载模式能够为我们带来更佳的通信体验，也便于我们日常学习中下载学习资料；同时，在网络高速、便捷的发展背景下，用户对流量成本也提出了更高的要求，从当前 4G 网络通信收费来看，价格较高，但是各大运营商针对不同的群体也推出了对应的流量优惠政策，能够满足不同消费群体的需求。

（5）第五代移动通信系统（5G）。

第五代移动通信系统（fifth-generation，5G）是新一代移动通信技术发展的主要方向。与 4G 相比，是为了满足智能终端的快速普及和移动互联网的高速发展的，并且是为了满足未来万物互联的应用需求，面向 2020 年以后人类信息社会需求的第五代移动通信网络。随着我国工信部 5G 牌照的发放，各大运营商已经开始对 5G 商用进行前期准备，并且出台相应的套餐资费。5G 的应用和普及即将到来。

2.5.4 短距离无线通信

1. 短距离无线通信简介

短距离无线通信不存在一个严格的定义，它的范围比较广，通过无线电波传输信息的通信双方传输距离限制在较小范围内，就可以称之为短距离无线通信。它主要关注建立局部范围内临时性的物联网通信。短距离无线通信有三个显著的特点：第一个特点是低成本，工作频率一般是免付费的 ISM 频段；第二个特点是低功耗，无线发射器的功率一般在100mW 以内；第三个特点是对等通信，通信距离大多在几十米至几百米范围内。低功耗是相对其他无线通信技术而言的一个特点，这与其通信距离短这个先天特点密切相关，由于传播距离近，遇到障碍物的概率也小，发射功率普遍很低，通常在 1 毫瓦量级。对等通信是短距离无线通信的重要特征，有别于基于网络基础设施的无线通信技术。终端之间对等通信，无须网络设备进行中转，因此，空中接口设计和高层协议都相对比较简单，无线资源的管理通常采用竞争的方式，如载波侦听。

随着射频技术、集成电路技术的发展，无线通信功能的实现越来越容易，数据传输速度也越来越快，并且逐渐达到可以和有线网络相媲美的水平。而同时有线网络布线麻烦，线路故障难以检查，设备重新布局就要重新布线，并且不能随意移动等缺点越发凸出。在向往自由和希望随时随地进行通信的今天，人们把目光转向了无线通信方式，尤其是一些机动性要求较强的设备，或人们不方便随时到达现场的条件下。因此，出现了一些典型的无线应用，例如：无线智能家居、无线抄表、无线点菜、无线数据采集、无线设备管理和监控、汽车仪表数据的无线读取等。

目前使用较广泛的短距离无线通信技术是蓝牙（Bluetooth）、无线局域网 802.11（WiFi）和红外数据传输（IrDA）。同时，还有一些具有发展潜力的短距离无线技术标准，它们分别是：ZigBee、超宽频（Ultra WideBand）、短距通信（NFC）、WiMedia、GPS、DECT、无线1394 和专用无线系统等。它们都有其立足的特点，或基于传输速度、距离、耗电量的特殊要求；或着眼于功能的扩充性；或符合某些单一应用的特别要求；或建立竞争技术的差异化等。但是没有一种技术可以完美到足以满足所有的需求。

2. 蓝牙技术

蓝牙技术（Bluetooth）是一种无线数据与语音通信的开放性全球规范，其实质内容是为固定设备或移动设备之间的通信环境建立通用的近距离无线接口，将通信技术与计算机技术进一步结合起来，使各种设备在没有电线或电缆相互联接的情况下，能在近距离范围内实现相互通信或操作。其传输频段为全球公众通用的 2.4GHz ISM 频段，提供 1Mbit/s 的传输速率和 10m 的传输距离。

蓝牙技术诞生于 1994 年，Ericsson 当时决定开发一种低功耗、低成本的无线接口，以建立手机及其附件间的通信。作为无线接口，首先需要规定其工作的频谱范围，对技术造价、容量和接口尺寸大小也进行了预先规定，目的是保证该技术具有线缆连接所没有的优势。该无线单元的尺寸和功耗都必须足够小，使得它可以在许多便携设备上安装。另外，该技术必须支持语音和数据通信，最重要的是该技术应具有全球通用性。1998 年 5 月，由 Ericsson、IBM、Intel、Nokia 和 Toshiba 公司作为原始发起组织成立了特别兴趣小组 SIG（Special Interest Group），联合制定了近距离无线通信技术标准，并于 1999 年 7 月颁布了 Bluetooth 1.0 规范。

世界蓝牙组织（Bluetooth SIG）现已发展成为一个有相当规模的工业界高新技术标准化组织，全球支持蓝牙技术的 2 000 多家设备制造商都已经成为它的会员。近年来，世界上一些权威的标准化组织，也都在关注蓝牙技术标准的制定和发展。例如，IEEE 的标准化机构，也已经成立了 802.15 工作组，专门关注有关蓝牙技术标准的兼容和未来的发展等问题。IEEE 802.15.1 TG1 就是讨论建立与蓝牙技术 1.0 版本相一致的标准；IEEE 802.15.2 TG2 是探讨蓝牙如何与 IEEE 802.11b/g 无线局域网技术共存的问题；而 IEEE 802.15.3 TG3 则是研究未来蓝牙技术向更高速率（如 10～20Mbit/s）发展的问题。

蓝牙技术从诞生至今，经过 20 多年的发展，从最初的蓝牙 1.0 到 2010 年新颁布的蓝牙 4.0 版本，无论是传输速率、传输距离、功耗，还是安全性方面，都有了长足的进步。全新的蓝牙 4.0 版本涵盖了三种蓝牙技术，是一个"三融技术"。首先，蓝牙 4.0 继承了蓝牙技术无线连接的固有优势，同时增加了低耗能蓝牙和高速蓝牙的特点，以低耗能技术为核心，大大拓展了蓝牙技术的市场潜力。

目前，蓝牙 4.0 技术已经走向商用，在最新款的三星 galaxy S4、note 3，苹果的 iPhone 5、iPhone 5S，HTC 的 One X 等手机上都应用了蓝牙 4.0 技术。

3．WiFi

所谓 WiFi，其实就是 IEEE 802.11b 的别称，是由一个名为"无线以太网相容联盟"（Wireless Ethernet Compatibility Alliance，WECA）的组织发布的业界术语，中文译为"无线相容认证"。它是一种短程无线传输技术，能够在数百英尺（1 英尺=30.48 厘米）范围内支持互联网接入的无线电信号。随着技术的发展，IEEE 802.11a 及 IEEE 802.11g 等标准的出现，现在 IEEE 802.11 这个标准已被统称为 WiFi。

WiFi 技术和蓝牙技术一样，都属于在办公室和家庭中常用的短距离无线技术，是当前非常流行的无线网络技术。该技术也使用 2.4GHz 附近的频段，遵循 IEEE 802.11 系列标准。与蓝牙技术相比，在数据安全性方面逊色一些，但是在电波覆盖方面则要略胜一筹。

IEEE 802.11 第一个版本发表于 1997 年，定义了介质访问接入控制层（MAC 层）和物理层，主要用于解决办公室局域网和校园中用户与用户终端的无线连接，其业务主要局限于数据访问，速率最高只能达到 2Mbit/s。由于它在速率和传输距离上不能满足人们的需要，因此，IEEE 又相继推出了 802.11b、802.11a 和 802.11g 三个新标准。常用的标准有两个，分别是 IEEE 802.11a 和 IEEE 802.11b。802.11b 是最老的，也是目前应用最广泛的 WiFi 标准。用户在选择这类产品的时候会发现它要比支持 802.11a 和 802.11g 的产品价格便宜很多。另外，802.11b 是 WiFi 标准中带宽最低，传输距离最短的一个标准。802.11a 比 802.11b 具有更大的吞吐量，但是它并不能和 802.11b 及 802.11g 兼容。虽然厂商在生产 WiFi 产品时都会在支持 802.11b 和 802.11g 的同时也提供对 802.11a 的支持，但是它仍然是目前使用量最少的一个 WiFi 标准。

802.11g 的传输速度要高于 802.11b，而且可以与 802.11b 兼容。但是它比 802.11a 更容易受到外界环境的干扰，比如一般的家电产品、无绳电话、微波炉，以及其他运行在 2.4GHz 频段上的设备。该技术由于有着自身的优点，受到厂商的青睐。

WiFi 技术从提出到现在，已经在电信业和 IT 业引起了广泛的关注和应用。目前，许多的固定电话、移动电话运营商都已经加入这块市场。现在，网络服务提供者和无线网络运营商正在用户住宅、公寓和商业大厦内使用 WiFi 技术以分布互联网的连通性。大公司和校园使用企业水平技术的 WiFi 认证无线产品，以扩大公开区域，如会议室、培训教室和大礼堂的标准架线的以太网。许多公司也为他们的站点和在远程办公室的员工提供无线网络。大公司和校园经常使用 WiFi 连接各办公楼。

WiFi 网络也开始在人群聚集的繁忙地点，像咖啡店、旅馆、汽车站、火车站、机场休息室等地出现。这也许是 WiFi 服务的最迅速发展的方向，越来越多的旅客和流动专家需要无论在哪里都能快速和安全地接入互联网。WiFi 网络将覆盖市中心，甚至主要高速公路，使旅客们能到处停步以便上网。所以，对于无处不在的无线网络，WiFi 已经成为当中的重要的组成部分了。

4. IrDA

红外线数据协会 IrDA（Infrared Data Association）成立于 1993 年。起初，采用 IrDA

标准的无线设备仅能在 1m 范围内以 115.2kbit/s 速率传输数据，很快发展到 4Mbit/s 及 16Mbit/s 的速率。IrDA 是一种利用红外线进行点对点通信的技术，是第一个实现无线个人局域网（PAN）的技术。目前，它的软硬件技术都很成熟，在小型移动设备，如 PDA、手机上广泛使用。事实上，当今每一个出厂的 PDA 及许多手机、笔记本电脑、打印机等产品都支持 IrDA。IrDA 的主要优点是不需要申请频率的使用权，因而红外通信成本低廉，并且还具有移动通信所需的体积小、功耗低、连接方便、简单易用的特点。此外，红外线发射角度较小，传输上安全性高。IrDA 的不足在于它是一种视距传输，两个相互通信的设备之间必须对准，中间不能被其他物体阻隔，因而该技术只能用于 2 台（非多台）设备之间的连接。而蓝牙就没有此限制，且不受墙壁的阻隔。IrDA 目前的研究方向是如何解决视距传输问题及提高数据传输率。

5. ZigBee

ZigBee 是一个由可多到 65 000 个无线数传模块组成的无线数传网络平台，十分类似现有的移动通信 CDMA 网或 GSM 网，每一个 ZigBee 网络数传模块类似移动网络的一个基站，在整个网络范围内，它们之间可以相互通信。每个网络节点间的距离可以从标准的 75 米，到扩展后的几百米，甚至几千米。另外，整个 ZigBee 网络还可以与现有的其他网络连接。例如，你可以通过互联网在北京监控云南某地的一个 ZigBee 控制网络。

不同的是，ZigBee 网络主要是为自动化控制数据传输而建立的，而移动通信网主要是为语音通信而建立的。每个移动基站价值一般都在百万元人民币以上，而每个 ZigBee "基站"却不到 1 000 元人民币；每个 ZigBee 网络节点不仅本身可以监控对象，例如传感器连接直接进行数据采集和监控，它还可以自动中转其他网络节点传过来的数据资料。除此之外，每一个 ZigBee 全功能节点（Full Function Device，FFD）还可在自己信号覆盖的范围内，和多个不承担网络信息中转任务的孤立的子节点（Reduced Function Devices，RFD）进行无线连接。

每个 ZigBee 网络节点（FFD 和 RFD）可以支持多到 31 个传感器和受控设备，每一个传感器和受控设备中可以有 8 种不同的接口方式，可以采集和传输数字量和模拟量。

ZigBee 技术的目标就是针对工业、家庭自动化、遥测遥控、汽车自动化、农业自动化和医疗护理等。例如，灯光自动化控制，传感器的无线数据采集和监控，油田，电力、矿山和物流管理等应用领域。另外，它还可以针对城市中的车辆进行定位。

通常，符合如下条件之一的应用，就可以考虑采用 ZigBee 技术做无线传输：

（1）需要数据采集或监控的网点多；

（2）要求传输的数据量不大，而要求设备成本低；

（3）要求数据传输可靠性高，安全性高；

（4）设备体积很小，不便放置较大的充电电池或者电源模块；

（5）电池供电；

（6）地形复杂，监测点多，需要较大的网络覆盖；

（7）现有移动网络的覆盖盲区；

（8）使用现存移动网络进行低数据量传输的遥测遥控系统；

（9）使用 GPS 效果差，或成本太高的局部区域移动目标的定位应用。

6. NFC

NFC（Near Field Communication，近距离无线传输）是由 Philips、NOKIA 和 Sony 主推的一种类似于 RFID（非接触式射频识别）的短距离无线通信技术标准。和 RFID 不同，NFC 采用了双向的识别和连接。在 20cm 距离内工作于 13.56MHz 频段上。NFC 最初仅仅是遥控识别和网络技术的合并，但现在已发展成无线连接技术。它能快速自动地建立无线网络，为蜂窝设备、蓝牙设备、WiFi 设备提供一个"虚拟连接"，使电子设备可以在短距离范围进行通信。NFC 的短距离交互大大简化了整个认证识别过程，使电子设备间的互相访问更直接、更安全和更清楚，不用再听到各种电子杂音。NFC 通过在单一设备上组合身份识别应用和服务，帮助解决记忆多个密码的麻烦，同时也保证了数据的安全保护。有了 NFC，多个设备如数码相机、PDA、机顶盒、电脑、手机等之间的无线互联，彼此交换数据或服务都将有可能实现。此外，NFC 还可以将其他类型无线通信（如 WiFi 和蓝牙）"加速"，实现更快和更远距离的数据传输。每个电子设备都有自己的专用应用菜单，而 NFC 可以创建快速安全的连接，而不需要在众多接口的菜单中进行选择。与知名的蓝牙等短距离无线通信标准不同的是，NFC 的作用距离进一步缩短，并且不像蓝牙那样需要有对应的加密设备。

同样，构建 WiFi 家族无线网络需要多台具有无线网卡的电脑、打印机和其他设备。除此之外，还需要有一定技术的专业人员才能胜任这一工作。而 NFC 被置入接入点之后，只要将其中两个接入点靠近就可以实现交流，比配置 WiFi 连接要容易得多。

NFC 有三种应用类型。

（1）设备连接。除了无线局域网，NFC 也可以简化蓝牙连接。比如，手提电脑用户如果想在机场上网，他只需要走近一个 WiFi 热点即可实现。

（2）实时预定。比如，海报或展览信息背后贴有特定芯片，利用含 NFC 协议的手机或

PDA，便能取得详细信息，或是立即联机使用信用卡进行票卷购买。而且，这些芯片不需要独立的能源。

（3）移动商务。飞利浦 Mifare 技术支持了世界上几个大型交通系统，以及在银行业为客户提供 Visa 卡等各种服务。索尼的 FeliCa 非接触智能卡技术产品在中国香港及深圳、新加坡、日本的市场占有率非常高，主要应用在交通及金融机构。

总而言之，NFC 技术正在改写无线网络连接的游戏规则，但 NFC 的目标并非是完全取代蓝牙、WiFi 等其他无线技术的，而是在不同场合、不同领域起到相互补充的作用。所以，如今后来居上的 NFC 发展态势相当迅速！

7. UWB

超宽带技术 UWB（Ultra Wideband）是一种无线载波通信技术，它不采用正弦载波，而是利用纳秒级的非正弦波窄脉冲传输数据，因此，其所占的频谱范围很宽。UWB 可在非常宽的带宽上传输信号，美国 FCC 对 UWB 的规定为：在 3.1～10.6GHz 频段中占用 500MHz 以上的带宽。由于 UWB 可以利用低功耗、低复杂度发射/接收机实现高速数据传输，故在近年来得到了迅速发展。它在非常宽的频谱范围内采用低功率脉冲传送数据，而不会对常规窄带无线通信系统造成大的干扰，并可充分利用频谱资源。基于 UWB 技术构建的高速率数据收发机有着广泛的用途。UWB 技术具有系统复杂度低，发射信号功率谱密度低，对信道衰落不敏感，低截获能力，定位精度高等优点，尤其适用于室内等密集场所的高速无线接入，非常适合建立一个高效的无线局域网或无线个域网（WPAN）。UWB 主要应用在小范围、高分辨率，能够穿透墙壁、地面和身体的雷达和图像系统中。除此之外，这种新技术适用于对速率要求非常高（大于 100Mbit/s）的 LAN 或 PAN。UWB 最具特色的应用是视频消费娱乐方面的无线个人局域网（PAN）。现有的无线通信方式，802.11b 和蓝牙的速率太慢，不适合传输视频数据；54Mbit/s 速率的 802.11a 标准可以处理视频数据，但费用昂贵。而 UWB 有可能在 10m 范围内，支持高达 110Mbit/s 的数据传输率，不需要压缩数据，可以快速、简单、经济地完成视频数据处理。具有一定的相容性和高速、低成本、低功耗的优点使得 UWB 较适合家庭无线消费市场的需求：UWB 尤其适合近距离内高速传送大量多媒体数据及可以穿透障碍物的突出优点，让很多商业公司将其看作很有前途的无线通信技术，应用于诸如将视频信号从机顶盒无线传送到数字电视等家庭场合。当然，UWB 未来的发展还要取决于各种无线方案的技术发展、成本、用户使用习惯和市场成熟度等多方面因素。

2.6 一场寂寞凭谁诉：物联网的通信诉求

物联网技术的出现，将信息互通的方式从 H2H（Human to Human）扩展至 M2M（Machine to Machine），是一种新的通过物物互联来实现感知世界的技术手段，开辟了信息化的新途径。近年来，电子技术和通信技术的发展产生了越来越多的通信手段和便携式个人通信设备。而随着物联网应用的不断扩展和普及，移动通信技术受到来自容量和带宽两方面的巨大挑战，频谱资源匮乏的矛盾十分突出。为了应对未来爆炸性的移动数据流量增长、海量的设备连接、不断涌现的各类新业务和应用场景，尽快发展和普及第五代移动通信系统变得十分迫切。同时，移动计算、高速互联网和图像等多样化需求要求移动通信网能够综合语音、数据等不同业务进行动态带宽分配，并有提供宽带无线信道的能力。

2.6.1 信号覆盖率的诉求

越来越多的移动设备、可穿戴设备、家用电器、监控摄像头、汽车等，以及我们常见的智能手环、智能音箱等丰富的物联网+智能化使用场景，都可以广泛地连接我们的生活，未来的发展前景十分广阔。

当下物联设备的连接，成为主流的大部分还是以上提到的以蜂窝和 LPWA 为代表的运营商连接，相比于近场通信性能更优。但不可避免的是会受到设备连接数量、尺寸大小、电池供应、地下信号无法覆盖或者不够稳定的影响。

提供高密度的信号覆盖能力，在任何地点、任何时间、任何状态下的设备，都能够建立有效的连接，实现数据的稳定传输是万物互联的第一步。

2.6.2 通信带宽的诉求

所谓带宽，是"频带宽度"的简称，原是通信和电子技术中的一个术语，指通信线路或设备所能传送信号的范围。而网络中的带宽是指在规定时间内从一端流到另一端的信息量，即数据传输率。物联网应用中，对带宽的需求呈现出多样化特征。

一方面，在诸如环境监测、智慧消防、智慧农业、智能门锁等诸多应用中，前端感知节点监测到的环境温湿度、压力、可燃气体浓度、设备运行状态、电子标签 ID 等数据，在传输的过程中通常有效数据只有几个字节或几十字节，一般不超过一百字节。因此，这些数据在传输的过程中并不需要过多的带宽便可满足要求，如2018年开始逐渐普及的NB-IoT技术，则正好适应这样的一些场景。低频、非实时、数据小是很多物联网所连接对象的特点，但这并非全部。低功耗和低成本、体积小也是物联网很重要的诉求。

另一方面，在车联网、工业控制、远程医疗等应用中，要求实时地传输语音、图像、视频等多媒体数据，对传输带宽提出更高要求。在这些应用场景中，数据传输量一般比较大，而且经常会存在峰值流量，现有的通信技术在传输速率上已经显得捉襟见肘，难以完全满足需求。

2.6.3　通信时延的诉求

时延是指一个报文或分组从一个网络的一端传送到另一端所需要的时间。它包括了发送时延、传播时延、处理时延、排队时延（时延=发送时延+传播时延+处理时延+排队时延）。一般来说，发送时延与传播时延是我们主要考虑的。对于报文长度较大的情况，发送时延是主要矛盾；报文长度较小的情况，传播时延是主要矛盾。物联网应用中，像智慧工厂、智能控制、车联网等，对通信时延有着十分苛刻的要求。

4G 技术所带来的，不仅让移动端的数据处理能力足够支撑多媒体的应用，还颠覆了很多行业的商业模式和行业生态，让很多行业巨头自危，生怕明天倒下的是自己。这算是移动通信技术有史以来造成最大影响的一次。4G 网络一般能达到 50ms 的延时，但这对车联网来说，还远远不能满足需要。

传统的燃油车，浑身上下最多 200 多个传感器，都是低速且需要实时传输数据的，所以汽车电子工程师在总线技术的基础上发明了 CANBUS 高速的本地控制总线，虽然带宽比较低，但是实时性比较好，可以很好地满足安全气囊、ABS 防抱死等应用。

对于无人驾驶汽车来说，燃油车的传感器就是小玩意，除了浑身密布的测距、测障、测速等传感器以外，无人驾驶还多了很多摄像头，因此数据量更大，但实时性的要求丝毫没有降低。于是汽车电子工程师在以太网协议的基础上发展出了 TSN（Time-Sensitive Network），能在数据量巨大的压力面前仍然保持微秒级的实时性，让图片、视频等海量、高频的数据及时传输到无人驾驶汽车的计算机中。这样，无人驾驶汽车就彻底变成了带着四个轮子的计算机。

同时，为了保障车辆、路面的安全，无人驾驶汽车还需要跟云端通信，以获取车流、车速、位置、事故、线路状态和规划等信息，也要和附近的车辆交互信息。这些需求，毫秒级都慢了，要让无人驾驶汽车真正上路，就得有微秒级的网络延迟。前些日子，华为在北京怀柔完成的 5G 真实网络环境业务验证中，空口的延时 0.5ms，这个数据已经代表了空口技术的极大突破，但是要真正实现端到端毫秒级延时，还需要核心网下沉和一系列技术突破。

3GPP 定义了若干个 1 毫秒到几毫秒的低时延场景，主要集中在自动驾驶上。自动驾驶中制动等反应时间，是一个系统响应时间，其中包括了给网络云端计算处理、车间协商处理的时间，也包括了车辆本身系统计算及制动处理时间。如果要做到 100km 制动距离不超过 30cm，那么系统整体响应时间不能超过 10 毫秒，而人类最好的 F1 车手的反应时间在 100 毫秒左右。从保障安全的角度，系统响应时间当然越低越好，其中对通信时延的要求会更高。未来，5G 网络能够在提供 99.999%稳定性的同时做到小于 1 毫秒的通信时延，则自动驾驶车辆的低时延场景更需要系统其他环节的配合来实现。

因此，在现阶段，端到端的低时延更取决于传感器、处理器、算法及机器传动的改进。而在超低时延的 5G 网络规模部署后，相信更先进的通信技术会给车企带来更多的创新，让车辆更加安全。

2.6.4 功耗与成本的诉求

与其他应用一样，对物联网应用来说，很多时候，成本是最关键的问题。因此，网络通信资费是一个很敏感的要素。对很多应用来说，使用与个人手提电话同等的通信资费服务并不合适。而且，同样重要的是，使用这些网络的低功耗设备需要比手机之类的标准 LTE 设备便宜得多。

功耗是另一个因素。相对而言，标准的 LTE 连接功耗很大，这对于仅仅靠一节小电池用上几年的设备而言可能是个问题。如果设备连接到带宽极其有限的网络（NB-IoT 将数据速率降至 120 kbit/s 或更低），连续使用的时间比连接到全功耗网络的设备久得多。

举例来说，现在的电表大部分已经通过 GPRS 方式来读取数据了，但是很多水表却还没有做到这点。这主要是因为水表的安装环境很难像电表一样获得供电，因此只能装电池，但电池肯定不能经常更换，需要保证 5 年的使用时间，这就对传感和通信部分提出了非常苛刻的低功耗要求。另外，在商业上，水表和电表不一样，一个家庭在夏天开空调的时候一个月收几百块钱的电费很正常，而水费则每个月都差不多就那么几十块钱。因此，水务公司往往没有电力公司那么愿意投钱，因为无钱可投。这也是水表的物联网化为什么一直迟滞于电表的原因。

显然，只有功耗、成本到达引爆水表物联网化的临界点，水表抄表工才能摆脱日复一日毫无意义的劳动。

2.6.5 接入容量的诉求

对于大多数人来说，任何有关物联网（IoT）的讨论都倾向于转向数据。这是因为设备和传感器正在产生许多专家所期望的数字黄金，这将促使企业在未来更高效和更容易盈利。但物联网的另一个方面则被较少提及，那就是"连接"。而数据在进行传输之前需要收发双方首先建立连接。

诺基亚贝尔实验室曾做过一项研究，它提出了这样一种关系："随着物联网的出现，运营商还必须满足大规模增加控制平面容量的需求，以应对数十亿设备产生的零星传输需求。物联网流量相对于数据流量产生相当大量的信令流量。例如，典型的物联网设备可能需要 2 500 个事务或连接来消耗 1MB 的数据。"研究表明，由于蜂窝物联网设备的日常网络连接到 2020 年将增长 16～135 倍，物联网设备接入量将达到 260 亿个，这使得物联网设备产生的连接数量将是人类产生的流量连接数量的三倍左右。

大多数物联网设备具有相似的行为模式，因为它们经常轮询和报告，并且有效载荷通常适合单个数据包。

参考文献

[1] 刘伟，张益铭. 物联网关键技术[J]. 数字技术与应用（6）：178-179.

[2] 刘强，崔莉，陈海明. 物联网关键技术与应用[J]. 计算机科学（6）：7-10+16.

[3] 何文静. 物联网关键技术与应用[J]. 信息与电脑（理论版）（20）：173-174+177.

[4] 赵海霞. 物联网关键技术分析与发展探讨[J]. 中国西部科技（14）：29-30+47.

[5] 王振. 智能电网与物联网关键技术研究[D]. 山东大学，2017.

[6] 梁德英. 物联网关键技术与应用研究[J]. 信息通信，2018（3）.

[7] 易芝玲，崔春风，韩双锋等. 5G 蜂窝物联网关键技术分析[J]. 北京邮电大学学报，41（05）：24-29.

[8] 张明刚. 关于 5G 移动通信网络关键技术探究[J]. 数字通信世界，2018（3）.

[9] 张维，夏宇星. 无线移动通信与物联网应用[J]. 中国新通信，2018，20（2）.

[10] 冯静. 面向移动通信终端的业务支撑平台探究[J]. 科学与信息化，2019（13）.

[11] 钱志鸿，王义君. 面向物联网的无线传感器网络综述[J]. 电子与信息学报，2013，35（1）.

[12] 李凤保，李凌. 无线传感器网络技术综述[J]. 仪器仪表学报，2005（s2）.

[13] 李世杰. RFID 技术综述及其应用现状[J]. 电子世界（24）：13.

[14] 陈新河. 无线射频识别（RFID）技术发展综述[J]. 信息技术与标准化（7）：22-26.

[15] 汤华清. 基于物联网技术的城市消防安全管理监测平台[J]. 消防科学与技术，2019（7）.

[16] 徐同德，姚定坤，郑凤柱等. 基于物联网技术的智慧家庭能源中心研究与应用[J]. 电子设计工程，2019，27（11）：38-42.

第 3 章 我生君未老：5G 翩然而至

3.1 引言

移动通信自 20 世纪 80 年代诞生以来，经过三十多年的爆发式增长，已成为连接人类社会的基础信息网络。移动通信的发展不仅深刻改变了人们的生活方式，而且已成为推动国民经济发展、提升社会信息化水平的重要引擎。随着 4G 进入规模商用阶段，面向 2020年及未来的第五代移动通信系统（5G）已成为全球研发热点。在全球业界的共同努力下，5G 愿景与关键能力需求已基本明确，2016 年已启动国际标准制定工作。目前基本明确 5G概念、技术路线与核心技术，这使得 5G 技术研发和标准化形成合力，并对凝聚全球业界力量，推动 5G 发展具有极其重要的意义。

2013 年 12 月，工信部在其官网上宣布向中国移动、中国电信、中国联通颁发 "LTE/第四代数字蜂窝移动通信业务（TD-LTE）" 经营许可，也就是 4G 牌照。至此，移动互联网进入了一个新的时代。4G 是在 3G 基础上发展起来的采用更加先进的通信协议的第四代移动通信网络。对于用户而言，2G、3G 和 4G 网络最大的区别在于传输速度不同，4G 网络作为最新一代通信技术，在传输速度上有着非常大的提升，理论上网速度是 3G 的 50 倍，因此，4G 网络可以具备非常流畅的速度，观看高清电影、大数据传输速度都非常快。

如今，4G 已经像 "水电" 一样成为我们生活中不可缺少的基本资源。微信、微博、视频等手机应用成为生活中的必须，我们无法想象离开手机的生活。由此，4G 使人类进入了移动互联网时代，而 5G 移动通信系统不是简单地以某个单一技术或某些业务能力定义的。5G 将是一系列无线技术的深度融合。它不但关注更高速率、更大带宽、更强能力的无线空口技术，而且更关注新的无线网络架构。5G 将是融合多业务、多技术、聚焦于业务应用和用户体验的新一代移动通信网络。

5G 是第五代通信技术，主要特点是波长为毫米级，超宽带，超高速度，超低延时。1G 实现了模拟语音通信，大哥大没有屏幕只能打电话；2G 实现了语音通信数字化，功能机有小屏幕可以发短信了；3G 实现了语音以外图片等的多媒体通信，屏幕变大，可以看图片了；4G 实现了局域高速上网，大屏智能机可以看短视频了，但在城市信号好，乡村信号差。1G～4G 都是着眼于人与人之间更方便、快捷地通信，而 5G 将实现随时随地万物互联。

3.2 移动通信的前世今生

3.2.1 移动通信的发展

在古代，人类以飞鸽传书、快马加鞭、烽火狼烟等方式传递信息，这些传递信息的方式不能保证信息能准确、及时地抵达接收方，故而效率低，而且受到地理环境和气象条件的极大限制。1844 年，美国人摩尔斯（Morse）发明了摩尔斯电码，并在电报机上传递了人类史上第一条电报，从此拉开了现代通信的序幕。人类传递信息的速度得到提升。1864 年，麦克斯韦从理论上证明了电磁波的存在。1876 年，赫兹用实验证实了电磁波的存在。1896 年，意大利人马可尼第一次用电磁波进行了长距离通信实验，人类开始以宇宙的极限速度——光速来传递信息，从此世界进入了无线电通信的新时代。

通信的种类按传输媒介可以分为：导线、电缆、光缆、波导、纳米材料等形式的有限通信与传输媒介看不见、摸不着（如电磁波）的无线通信。无线通信是利用电磁波进行通信的。电磁波的功能特性是由它的频率决定的。不同频率的电磁波有不同的属性和特点，从而有不同的用途，如表 3.1 所示。我们目前主要使用电波进行通信。当然，光波通信也在崛起，例如 LiFi。

表 3.1 不同频率的电磁波具有不同的属性及其用途

名　称	符　号	频　率	波　段	波　长	主　要　用　途
基低频	VLF	3～30kHz	超长波	1 000km～100km	海岸潜艇通信；远距离通信；超远距离导航
低频	LF	30～300kHz	长波	10km～1km	越洋通信；中距离通信；地下岩层通信；远距离导航

续表

名 称	符 号	频 率	波 段	波 长	主 要 用 途
中频	MF	0.3～3MHz	中波	1km～100m	船用通信；业余无线电通信；移动通信；中距离导航
高频	HF	3～30MHz	短波	100m～10m	远距离短波通信；国际定点通信；移动通信
基高频	VHF	30～300MHz	米波	10m～1m	电离层散射；流星余迹通信；人造电离层通信；对空间飞行体通信；移动通信
特高频	UHF	0.3～3GHz	分米波	1m～0.1m	小容量微波中继通信；对流层散射通信；中容量微波通信；移动通信
超高频	SHF	3～30GHz	厘米波	10cm～1cm	大容量微波中继通信；移动通信；卫星通信；国际海事卫星通信
极高频	EHF	30～300GHz	毫米波	10mm～1mm	再入大气层时的通信；波导通信

移动通信是指通信双方或至少有一方处于运动中，在运动中进行信息交换的通信方式。

无线通信的主要电波频率在 10^6～10^{10}Hz 之间，一直以来，我们主要是用中频-超高频进行手机通信的。目前，全球主流的 4G LTE 技术标准，属于特高频和超高频。随着 1G、2G、3G、4G 的发展，使用的电波频率越来越高。这主要是因为频率越高，能使用的频率资源越丰富。而频率资源越丰富，能实现的传输速率就越高。我国三大通信运营商的频谱资源如表 3.2 所示。

表 3.2　三大通信运营商的频谱资源

归属方	TDD（时分双工通信）		FDD（全双工通信）		合计
	频谱	频谱资源	频谱	频谱资源	
中国移动	1 880～1 900MHz	20M			130M
	2 320～2 370MHz	50M			
	2 575～2 635MHz	60M			
中国联通	2 300～2 320MHz	20M	1 955～1 980MHz	25M	90M
	2 555～2 575MHz	20M	2 145～2 170MHz	25M	
中国电信	2 370～2 390MHz	20M	1 955～1 785MHz	30M	100M
	2 635～2 655MHz	20M	1 850～1 880MHz	30M	

移动通信的主要应用系统有无绳电话、无线寻呼、陆地蜂窝移动通信、卫星移动通信、海事卫星移动通信等。陆地蜂窝移动通信是当今移动通信发展的主流和热点。现代生活离不开移动通信，从信息的生成、传输到接收，网络通信的背后蕴含着数不清的闪光智慧。从 1G 到 5G 的演进，时代的转换一幕接一幕，其背后关于通信标准的交互纷争也是激烈万分，最终汇出一部波澜壮阔的移动通信史。

最初，无线通信技术主要应用于国家级的航天与国防工业，带有军方色彩，作为移动通信的开创者，摩托罗拉的发展也是如此。创立于 1928 年的摩托罗拉在二战时协助美国研发无线通信工具。摩托罗拉作为模拟通信技术的佼佼者，在移动通信及电脑处理器领域都是市场先锋，在 1989 年被选为世界上最具前瞻力的公司之一。遗憾的是，由于未能随市场趋势转型，摩托罗拉最终惨淡收场。

由于 1G 模拟通信的通话质量和保密性差、信号不稳定，人们开始着手研发新型移动通信技术。20 世纪 80 年代后期，随着大规模集成电路、微处理器与数字信号的应用更加成熟，当时的移动运营商逐渐转向了数字通信技术，从此移动通信进入 2G 时代。而在当时，摩托罗拉垄断了 1G，这意味着第一代通信标准把持在美国手里。在数字通信刚起步阶段，欧洲各国意识到美国在移动通信领域的强大，若各自搞出一个不同的标准，很难在世界上占主导优势。于是，它们吸取了各自为政的失败教训，加强内部联盟，并于 1982 年成立"移动专家组"，负责通信标准的研究，直至后来 GSM（Global System for Mobile Communications）标准问世。值得一提的是 GSM 起初是 Group Special Mobile，即移动专家组的缩写。GSM 的技术核心是时分多址技术（TDMA），其特点是将一个信道平均分给八个通话者，一次只能一个人讲话，每个人轮流用 1/8 的信道时间。GSM 的缺陷是容量有限，当用户过载时，就必须建立更多的基站。不过，GSM 的优点也突出。易于部署，并且采用了全新的数字信号编码取代原来的模拟信号；支持国际漫游、提供 SIM 卡，方便用户在更换手机时仍能储存个人资料；能发送 160 字短信。1991 年，爱立信和诺基亚率先在欧洲大陆上架设了第一个 GSM 网络。短短十年内，全世界有 162 个国家建成了 GSM 网络，使用人数超过 1 亿，市场占有率高达 75%。与此同时，美国的高通推出了基于码分多址技术（CDMA）的通信系统。与 TDMA 不同的是，CDMA 采用加密技术，让所有人同时讲话也不会被其他人听到，容量大幅提升。从技术上来看，CDMA 系统的容量是 GSM 的 10 倍以上。然而高通没有实际的手机制造经验，基站的性能较低。关于 CDMA 的报道基本是雷声大，雨点小，许多人并不相信 CDMA 所谓的优势。在 2G 时代，CDMA 是失败者。美国在通信标准之争的失败影响了摩托罗拉手机的竞争力。在数字通信时代，由于错误估计模拟手机的寿命，1997 年，摩托罗拉走下神坛，被推出第一部数字手机的公司——诺基亚击垮。

高通虽然将 CDMA 推出商用，但其构建 CDMA 专利墙，这种做法挡住了竞争对手，也挡住了 CDMA 的迅速市场化。与此同时，韩国与高通签署有关 CDMA 技术转移协定。通过发展 CDMA，韩国的移动通信普及率迅速提高，而 SK 电信成为全球最大的 CDMA 运营商。韩国的成功首次向世界证明了 CDMA 正式商用的可能性，也让美国一些运营商及设备商对 CDMA 技术开始恢复信心。此时，在欧洲，爱立信、诺基亚等实力雄厚的厂商虽知

TDMA 难敌 CDMA 的优势，但谁也不愿意认可 CDMA 成为下一代移动通信标准。于是，欧洲和日本联合起来成立了 3GPP（3rd Generation Partnership Project）组织，负责制定全球第三代通信标准。为了避开高通的专利陷阱，3GPP 小心翼翼地参考 CDMA 技术，并开发 W-CDMA。同时，高通与韩国联合推出 CDMA2000。西门子推出的 TD-CDMA 在竞选 3G 标准时落败，进而转战中国，并与中国电信科学技术研究院合作推出 TD-SCDMA。自此 3G 标准为 W-CDMA、CDMA2000 和 TD-SCDMA。这三个标准分别对应中国联通、中国电信和中国移动。然而真正让 3G 普及的时间却是 2007 年。这是因为 2G 足以应对手机的通信（打电话/发短信）需求，而 2007 年，乔布斯推出第一台 iPhone 手机，从而推动了一个智能手机时代的发展。显然 2G 无法友好地支撑智能应用，而 3G 的设计初衷是"任何人可以随时随地利用移动电话或其他移动设备打电话、上网；除了传送语音之外，还可以传送数据、视频、电脑游戏……"。智能手机的推出正好推动了 3G 的普及。3G 的部署与网速的提升，早在 2005 年左右便已完工（若非欧洲因高额的 3G 拍照竞标费而破产重组，美国牌照延迟，早在 2000 年，3G 技术确立时就应该完成部署），同时移动上网、应用程序（App）和手机操作系统也早已开展。智能手机于 2005—2007 年间起步，2008—2012 年呈爆发性增长。然而诺基亚没有这个意识，向智能手机的转型不成功导致诺基亚被时代抛弃。智能手机的轰动，成功使 3G 用户暴增，进而迎来 4G 更高速上网时代。

1999 年，IEEE 分别推出 802.11b 和 802.11a 两种 WiFi 标准，分别使用 2.4GHz 和 5GHz 频段，彼此标准不相容。2003 年，IEEE 引入 OFDM（正交频分复用技术），推出 802.11g 作为 802.11b 的改进版，使传输速度从原先的 11Mbit/s 提升至 54Mbit/s。OFDM 与 MIMO 的结合解决了多径干扰问题，提升频谱效率，大幅增加系统吞吐量及传送距离。这两种技术的结合，使得 WiFi 取得了极大的成功。2005 年，Intel 和诺基亚、摩托罗拉共同宣布发展 802.16 标准（WiMax），进行移动终端设备、网络设备的互通性测试。WiMax 的问世打乱了以 CDMA 为核心的技术发展。考虑到 OFDM 相较于 CDMA 的优势（有效消除多径干扰，复杂度比 CDMA 小很多），3GPP 于 2008 年提出长期演进技术（Long Term Evolution，LTE）作为 3.9G 的技术标准。2011 年，3GPP 采纳 OFDM，并提出 LTE-Advanced 打算替换 W-CDMA。而高通看到 OFDM 的优势后，耗巨资收购研发 OFDM 技术的 Flarion 公司，并提出 UMB（Ultra-Mobile Broadband）计划，把 CDMA、OFDM 和 MIMO 整合进 UMB 标准中，想继续维持 CMDA 的优势。由于全球覆盖率最高的基站是 W-CDMA，看到高通的用意后，各大运营商无不纷纷采用 LTE-Advanced 作为第四代通信技术标准。UMB 没人支持，仅隔一年，高通停掉 UMB，并宣布加入 3GPP 的 LTE 阵营。2010 年，Intel 宣布放弃 WiMax，也加入 LTE 阵营。

与移动通信系统数据传输速率比较，第一代模拟式移动通信系统仅提供语音服务；第二代数字式移动通信系统传输速率也只有 9.6kbit/s，最高可达 32kbit/s，如 PHS；第三代移动通信系统数据传输速率可达到 2Mbit/s；而第四代移动通信系统传输速率可达到 20Mbit/s，甚至可以高达 100Mbit/s，这种速度相当于 2009 年最新手机的传输速度的 1 万倍左右，并且是第三代手机传输速度的 50 倍。

3.2.2　移动通信标准

随着科学技术的发展，对移动通信技术的重视愈发强烈，人们对移动通信的依赖程度也越来越高。在科技人员的不断努力下，移动通信标准经过了多次技术变革，已经从三十多年前的简单通信手段发展到如今的 4G 网络。目前，4G 满足人们的各种智能应用，为人们的生活带来了许多便利，同时给新的业务模式提供了可能。这三十多年来，移动通信标准从 1G 进化到了 4G，目前 5G 标准也呼之欲出了。

（1）1G 的发展。

现代移动通信以 1986 年第一代通信技术（1G）发明为标志，经过三十多年的爆发式增长，极大地改变了人们的生活方式，并成为推动社会发展的重要动力之一。衍生出的移动无线网络已经成为我们生活、学习、娱乐不可缺少的必备品，而移动无线通信技术本身也在不断地更新换代。那么，移动通信技术到底经历了哪几个发展阶段，每个阶段的特色是什么呢？

1986 年，第一代移动通信系统（1G）在美国芝加哥诞生，采用模拟信号传输，即将电磁波进行频率调制后，将语音信号转换到载波电磁波上，载有信息的电磁波发布到空间后，由接收设备接收，并从载波电磁波上还原语音信息，完成一次通话。1G 主要代表有：美国的先进的移动电话系统（AMPS）、英国的全球接入通信系统（TACS）和日本的电报电话系统（NMT）。由于各个国家的 1G 通信标准并不一致，使得第一代移动通信并不能"全球漫游"，这大大阻碍了 1G 的发展。同时，由于 1G 采用模拟信号传输，所以其容量非常有限，一般只能传输语音信号，且存在语音品质低、信号不稳定、涵盖范围不够全面、安全性差和易受干扰等问题。最能代表 1G 时代特征的，是美国摩托罗拉公司在 20 世纪 90 年代推出并风靡全球的大哥大，即移动手提式电话。大哥大的推出，依赖于第一代移动通信系统（1G）技术的成熟和应用。

说起第一代移动通信系统，就不能不提大名鼎鼎的贝尔实验室。1978 年年底，美国贝尔试验室研制成功了全球第一个移动蜂窝电话系统——先进移动电话系统（Advanced

Mobile Phone System，AMPS）。5 年后，这套系统在芝加哥正式投入商用，并迅速在全美推广，获得了巨大成功。同一时期，欧洲各国也不甘示弱，纷纷建立起自己的第一代移动通信系统。瑞典等北欧 4 国在 1980 年研制成功了 NMT-450 移动通信网并投入使用；联邦德国在 1984 年完成了 C 网络（C-Netz）；英国则于 1985 年开发出频段在 900MHz 的全接入通信系统（Total Access Communications System，TACS）。

在 1G 系统中，美国 AMPS 制式的移动通信系统在全球的应用最为广泛，它曾经在超过 72 个国家和地区运营，直到 1997 年还在一些地方使用。同时，也有近 30 个国家和地区采用英国 TACS 制式的 1G 系统。这两个移动通信系统是世界上最具影响力的 1G 系统。

中国的第一代模拟移动通信系统于 1987 年 11 月 18 日在广东第六届全运会上开通并正式商用，采用的是英国 TACS 制式。从中国电信 1987 年 11 月开始运营模拟移动电话业务到 2001 年 12 月底中国移动关闭模拟移动通信网，1G 系统在中国的应用长达 14 年，用户数最高曾达到 660 万。如今，1G 时代像砖头一样的手持终端——大哥大，已经成为很多人的回忆。

第一代移动通信系统主要采用的是模拟技术和频分多址（FDMA）技术。由于受到传输带宽的限制，不能进行移动通信的长途漫游，只能是一种区域性的移动通信系统。第一代移动通信有多种制式，我国主要采用的是 TACS。第一代移动通信有很多不足之处，如容量有限、制式太多、互不兼容、保密性差、通话质量不高、不能提供数据业务和不能提供自动漫游等。第一代移动通信系统主要用于提供模拟语音业务。此外，安全性和干扰也存在较大的问题。1G 系统的先天不足，使得它无法真正大规模普及和应用，价格更是非常昂贵，成为当时的一种奢侈品和财富的象征。与此同时，不同国家的各自为政也使得 1G 的技术标准各不相同，即只有"国家标准"，没有"国际标准"，国际漫游成为一个突出的问题。

（2）2G 的发展。

第二代移动通信系统是以数字技术为主体的移动经营网络。和 1G 不同的是，2G 采用的是数字调制技术。20 世纪 80 年代以来，世界各国加速开发数字移动通信技术，其中，采用 TDMA 多址方式的代表性制式有泛欧 GSM/DCS1800、美国 ADC 和日本 PDC。事实上，自 20 世纪 90 年代以来，以数字技术为主体的第二代移动通信系统得到了极大的发展，短短十年，其用户就超过了十亿。当今世界市场的第二代数字无线标准，包括 GSM、D-AMPS、PDC（日本数字蜂窝系统）和 IS-95CDMA 等，均是窄带系统。现有的移动通信网络主要以第二代 GSM 和 CDMA 为主，采用 GSM GPRS、CDMA 的 IS-95B 技术，数据提供能力可达 115.2kbit/s，全球移动通信系统（GSM）采用增强型数据速率（EDGE）技术，速率可达 384kbit/s。

1982 年，欧洲邮电大会（CEPT）成立了一个新的标准化组织 GSM（Group Special Mobile），其目的是制定欧洲 900MHz 数字 TDMA 蜂窝移动通信系统（GSM 系统）技术规范，从而使欧洲的移动电话用户能在欧洲境内自动漫游。通信网数字化发展和模拟蜂窝移动通信系统应用说明欧洲国家呈现多种制式分割的局面，不能实现更大范围覆盖和跨国联网。1986 年，泛欧 11 个国家为 GSM 提供了 8 个实验系统和大量的技术成果，并就 GSM 的主要技术规范达成共识。1988 年，欧洲电信标准协会（ETSI）成立。1990 年，GSM 第一期规范确定，系统试运行。英国政府发放许可证，建立个人通信网（PCN），将 GSM 标准推广应用到 1 800MHz 频段，改为 DCS1800 数字蜂窝系统，频宽为 2×75MHz。1991 年，GSM 系统在欧洲开通运行；DCS1800 规范确定，可以工作于微蜂窝，与现有系统重叠或部分重叠。1992 年，北美 ADC（IS-54）投入使用，日本 PDC 投入使用；FCC 批准了 CDMA（IS-95）系统标准，并继续进行现场实验；GSM 系统重新命名为全球移动通信系统（Global System for Mobile Communication）。1993 年，GSM 系统已覆盖泛欧及澳大利亚等地区，67 个国家已成为 GSM 成员。1994 年，CDMA 系统开始商用。1995 年，DCS1800 开始推广应用。

1994 年，中国原邮电部部长吴基传用诺基亚 2110 拨通了中国移动通信史上第一个 GSM 电话，中国开始进入 2G 时代。以 GSM 为主，IS-95、CDMA 为辅的第二代移动通信系统只用了十年的时间，就发展了近 2.8 亿用户，并超过固定电话用户数。

GSM（Global System for Mobile Communication，全球移动通信系统），是当前应用最为广泛的移动电话标准。较之以前的标准，其最大的不同是它的信令和语音信道都是数字式的。GSM 是一个当前由 3GPP 开发的开放标准。GSM 的技术核心是时分多址技术（TDMA），其特点是将一个信道平均分给八个通话者，一次只能一个人讲话，每个人轮流用 1/8 的信道时间。GSM 的缺陷是容量有限，当用户过载时，就必须建立更多的基站。不过，GSM 的优点也突出：易于部署，并且采用了全新的数字信号编码取代原来的模拟信号；还支持国际漫游，提供 SIM 卡，方便用户在更换手机时仍能储存个人资料；能发送 160 字长度的短信。移动通信技术与应用在 2G 时期有了惊人的进步。GSM 系统具有标准化程度高、接口开放的特点，强大的联网能力推动了国际漫游业务，用户识别卡的应用真正实现了个人移动性和终端移动性。现在已有 120 多个国家、250 多个运营者采用 GSM 系统，全球 GSM 用户数已超过 2.5 亿户。我国从 1995 年开始建设 GSM 网络，到 1999 年年底已覆盖全国 31 个省会城市、300 多个地市。到 2000 年 3 月，全国 GSM 用户数已突破 5 000 万，并实现了与近 60 个国家的国际漫游业务。

与第一代模拟蜂窝移动通信系统相比，第二代移动通信系统提供了更高的网络容量，改善了语音质量和保密性，并为用户提供无缝的国际漫游，具有保密性强、频谱利用率高、能提供丰富的业务、标准化程度高等特点。随着系统容量的增加，2G 时代的手机可以上网了，虽然数据传输的速度很慢（9.6～14.4kbit/s），但文字信息的传输由此开始了，这成为当今移动互联网发展的基础。

第二代移动通信系统主要采用的是数字时分多址（TDMA）技术和码分多址（CDMA）技术，主要业务是语音，其主要特性是提供数字化的语音业务及低速数据业务。它克服了模拟移动通信系统的弱点，语音质量、保密性能得到大的提高，并可进行省内、省际自动漫游。

不过由于第二代采用不同的制式，移动通信标准不统一，用户只能在同一制式覆盖的范围内进行漫游，因而无法进行全球漫游。由于第二代数字移动通信系统带宽有限，限制了数据业务的应用，也无法实现高速率的业务，如移动的多媒体业务。

（3）3G 的发展。

2G 时代，手机只能打电话和发送简单的文字信息，虽然这已经大大提升了效率，但是随着日益增长的图片和视频传输的需要，人们对于数据传输速度的要求日趋高涨，2G 时代的网速显然不能满足这一需求。于是，高速数据传输的蜂窝移动通信技术——3G 应运而生。相比于 2G，3G 依然采用数字数据传输，但通过开辟新的电磁波频谱，制定新的通信标准，使得 3G 的传输速度可达 384kbit/s，在室内稳定环境下甚至有 2Mbit/s 的水准，是 2G 时代的 140 倍。由于采用更宽的频带，传输的稳定性也大大提高。速度的大幅提升和稳定性的提高，使大数据的传送更普遍，移动通信有更多样化的应用，因此，3G 被视为开启移动通信新纪元的关键。3G 能够处理图像、音乐、视频流等多种媒体形式，提供包括网页浏览、电话会议、电子商务等多种信息服务。

与第一代模拟移动通信系统和第二代数字移动通信系统相比，第三代移动通信系统是覆盖全球的多媒体移动通信。它的主要特点之一是可实现全球漫游，使任意时间、任意地点、任意人之间的交流成为可能。也就是说，每个用户都有一个个人通信号码，带着手机，走到世界任何一个国家，人们都可以找到你，而反过来，你走到世界任何一个地方，都可以很方便地与国内用户或他国用户通信，与在国内通信时毫无差别。国际电信联盟（ITU）认定 3G 的三种通信技术分别是：欧洲的技术（WCDMA）、高通的技术（CDMA2000）和中国的技术（TD-SCDMA）。而中国 3G 牌照花落三家，分别是 TD-SCDMA（中国移动）、WCDMA（中国联通）和 CDMA 2000（中国电信）。

能够实现高速数据传输和宽带多媒体服务是第三代移动通信系统的另一个主要特

点。这就是说，用第三代手机除了可以进行普通的寻呼和通话外，还可以上网读报纸，查信息，下载文件和图片。由于带宽的提高，第三代移动通信系统还可以传输图像，提供可视电话业务。

短信业务是 3G 系统的业务平台提供的一种数据业务，它为移动终端提供收发一定大小的文本和数据的业务，并利用 SMSC（短信业务中心）为短信提供"存储转发"功能。

WAP 业务是移动数据业务和 Internet 融合的基本业务，用户通过手机和其他无线终端的浏览器查看从服务器收到的信息，使移动终端持有者可以像 Internet 用户一样，访问 Internet 内容和其他数据服务。具体可以分为 PULL 业务和 PUSH 业务两种类型。

2007 年，乔布斯发布 iPhone，智能手机的浪潮随即席卷全球。从某种意义上讲，终端功能的大幅提升也加快了移动通信系统的演进脚步。2008 年，支持 3G 网络的 iPhone 3G 发布，人们可以在手机上直接浏览电脑网页，收发邮件，进行视频通话，收看直播等，人类正式步入移动多媒体时代。

（4）4G 的发展。

随着互联网的普及和在线内容越来越流行，很多服务可以通过适当的技术提供给移动设备。4G 技术应运而生，其重点是增加数据和语音容量，并提高整体体验质量。4G 技术主要指 LTE 技术，该技术包括 TD-LTE 和 FDD-LTE 两种制式。FDD 主要用于大范围的覆盖，TD 主要用于数据业务（严格意义上来讲，LTE 只是 3.9G，尽管被宣传为 4G 无线标准，但它其实并未被 3GPP 认可为国际电信联盟（ITU）所描述的下一代无线通信标准 IMT-Advanced，因此，从严格意义上讲，其还未达到 4G 的标准。只有升级版的 LTE Advanced 才满足国际电信联盟对 4G 的要求）。

2013 年 12 月 4 日下午，工业和信息化部（以下简称"工信部"）向中国移动、中国电信、中国联通正式发放了第四代移动通信业务牌照（即 4G 牌照），中国移动、中国电信、中国联通三家均获得 TD-LTE 牌照，此举标志着中国电信产业正式进入了 4G 时代。有关部门对 TD-LTE 频谱规划使用做了详细说明：中国移动获得 130MHz 频谱资源，分别为 1 880～1 900MHz、2 320～2 370MHz、2 575～2 635MHz；中国联通获得 40MHz 频谱资源，分别为 2 300～2 320MHz、2 555～2 575MHz；中国电信获得 40MHz 频谱资源，分别为 2 370～2 390MHz、2 635～2 655MHz。

4G 采用 OFDM（正交频分复用技术），通过频分复用实现高速串行数据的并行传输，它具有较好的抗多径衰弱的能力，能够支持多用户接入。OFDM 将高速率数据通过串/并转换调制到相互正交的子载波上，并引入循环前缀，较好地解决了令人头疼的码间串扰问题。OFDM 的时频资源分配方式在频域子载波带宽上是固定的 15kHz（7.5kHz 仅用于 MBSFN），而子载波带宽确定之后，其时域 Symbol 的长度、CP 长度等基础参数也就基本确定了。

4G 是集 3G 与 WLAN 于一体，并能够快速、高质量地传输数据、音频、视频和图像等。4G 能够以 100Mbit/s 以上的速度下载，比家用宽带 ADSL（4 兆）快 25 倍，并能够满足几乎所有用户对于无线服务的要求。此外，4G 可以在 DSL 和有线电视调制解调器没有覆盖的地方部署，然后再扩展到整个地区。4G 拥有通信速度快、网络频谱宽、通信灵活、智能性能高、兼容性好、高质量通信、频率效率高和费用便宜等特点。4G 移动通信系统技术以正交频分多址技术（OFDM）最受瞩目，利用这种技术，人们可以实现如无线区域环路（WLL）、数字音讯广播（DAB）等方面的无线通信增值服务。考虑到与 3G 通信的过渡性，第四代移动通信系统不会仅仅只采用 OFDM 一种技术，CDMA 技术会在第四代移动通信系统中，与 OFDM 技术相互配合以便发挥出更大的作用，甚至未来的第四代移动通信系统也会有新的整合技术，如 OFDM/CDMA 产生，前文所提到的数字音讯广播，其实它真正运用的技术是 OFDM/CDMA 的整合技术，同样是利用两种技术的结合。

如今，4G 已经像"水电"一样成为我们生活中不可缺少的基本资源，使人类进入了移动互联网的时代。

（5）4G 面临的问题。

目前 4G 网络已经在覆盖和速率上做到了越来越完美的表现，诸如抖音、快手等短视频和斗鱼/虎牙等直播平台的爆发式应用，大数据云的数据上传和下载等已满足人们日常生活的大部分需求。然而在许多场景下，4G 并不能给我们带来很好的体验。例如，在演唱会（甚至是火车站）等超密集的环境下，手机上网体验会变得很差，间歇性断网会经常发生；在高铁（甚至是地铁）等高速运行的环境下，手机突然没有信号。在移动互联网时代，数据的传输变得越来越频繁，数据量也越来越大，显然 4G 不足以支撑移动互联网。下面简单介绍 4G 面临的问题。

① 数据流量的需求大幅增长。主要因为智能手机的快速普及与应用程序使用频率的大幅提高。从我们的使用习惯来说，2G 时代，每人每月的平均流量为 30MB，大家主要的使用场景基本上集中在 QQ 等有限软件的应用上；到了 3G，根据大数据监测统计的结果，每人每月的流量提升了 10 倍，达到 300MB，应用类型和范围有了更大扩展；而在目前的 4G，三大通信运营商的每个 4G 用户的每人每月流量大约在 3GB 左右,实际这只是流量的使用。从 3G 开始，还有 WiFi 等其他方式的弥补，目前三大运营商还大力推行不限流量套餐，但是都有超出使用范围后的限速措施。说到底，按专家的统计，目前每人每月流量至少需要

20GB 才能满足使用需求，如果全面放开，以目前的 4G 网络能力肯定是无法承受的，即便一定要承受，降速降质将成为必然。

② 终端接入数量及种类的大量增加。万物互联是社会发展的趋势所在。在目前的网络下，全球 70 多亿用户一人一部手机就已经完全饱和，但从物联网角度来说，每个人的连接需求可能就是上百、上千了，4G 无法应对庞大的需求量。而且随着物联网技术的发展，未来会出现大量区别于传统通信设备的无线终端设备与传感器，包括车联网、智能家居、智能监控摄像、智能电网等。

③ 应用日趋丰富。如今，由于人们的需求不断提高，催生了各种便捷服务于大众的应用。鉴于这些应用涉及生活与工作的方方面面，所以不同的应用对通信系统的可靠性和有效性要求也各不相同。目前，AI 已是各行各业的热点，特别是在手机行业，AI 被认为是下一个风口。AI 的广泛应用给人们生活带来了许多全新的体验，例如人脸识别、语音翻译、智能家居等。2017 年，Google 的 AlphaGo 的表现让人吃惊。实际在此之前，人类一直认为围棋是人类智慧的堡垒，机器再聪明也无法与人类下围棋，不过 AlphaGo 的出现，让人类对 AI 有了重新认识。而从网络应用来说，AI 要发挥最强的功效，并让人们拥有实时的体验，必须有足够低的时延，这方面 4G 难以满足。

④ 成本与环境保护。在未来，网络一定朝着低成本化的方向发展，即在保证服务质量的前提下，运营商部署及维护网络设备的成本达到最低，同时考虑二氧化碳排放量。

考虑到这些问题，ITU 早在 2012 年就启动了 5G 愿景及未来技术趋势和频谱等标准化前期研究工作。2015 年 6 月，ITU-R 5D 完成了 5G 愿景建议书，明确 5G 业务趋势、应用场景和流量趋势，提出 5G 系统的 8 个关键能力指标，并制定了总体计划。5G 的超高传输速率、超低时延和超大接入容量能支持许多垂直行业，并大大扩展了移动通信的应用范围。

3.2.3　多址接入技术

在移动通信系统中，如何有效地区分用户信号，避免干扰，实现更高的通信效率，是每一代移动通信网络都需要解决的问题。而解决多个用户同时接入网络时的有效区分问题就是多址技术。从 1G 到 5G，每一代通信网络的架构都不同，多址技术也发展出多种形式，具有代表性的如下。

1G 时代：FDMA（Frequency Division Multiple Access，频分多址接入）。

2G 时代：TDMA（Time Division Multiple Access，时分多址接入）。

3G 时代：CDMA（Code Division Multiple Access，码分多址接入）。

4G 时代：OFDMA（Orthogonal Frequency Division Multiple Access，正交频分多址接入）。

5G 时代：NOMA（Non-Orthogonal Multiple Access，非正交多址接入）。

在无线通信系统中，通过信道区分通信对象。每个信道容纳一个用户，多个同时进行通信的用户以不同信道的各自特征来区分，这就是多址。在无线接入网覆盖范围内，建立多个用户无线信道连接时所使用的方法，就是多址技术。多址技术解决的就是多个用户同时接入网络时，如何有效区分的问题。在无线接入网中，多个用户会同时通过同一个基站和其他用户进行通信，因此，必须对不同用户和基站之间传输的信号赋予不同的特征。这些特征使基站能够从众多用户手机发射的信号中，区分出哪一个用户的手机发出来的信号；一个用户的手机能够从基站发出的信号中，区分出哪一个是发给自己的信号。从 1G 到 4G，多址技术发展出多种形式，包括 FDMA、TDMA、CDMA、OFDMA 等。当接入用户增多时，这些技术为了让不同用户信号能被完整地区分出来，会保持信号之间的正交性或准正交性，因此，可以统称为正交多址技术。这里正交性是指信号之间的相关干扰为零。换言之，正交程度越高，互相混合的信号就越容易彼此完整地分离出来。下面介绍多址技术的演变过程。

（1）FDMA（Frequency Division Multiple Access，频分多址接入）：FDMA 为用户信号赋予不同的频率特征。FDMA 是将频谱资源划分成若干子频带，每个子频带对应一个信道，不同用户使用不同频率的信道进行通信。为了避免信号之间的互相干扰，各信道之间需要预留保护间隔，所以，FDMA 的频谱效率比较差，系统容量较小。但在采用模拟通信系统的 1G 时代，用户少（手机普及率低），需求低（只是打电话），因此，这种多址技术基本能够满足要求。

（2）TDMA（Time Division Multiple Access，时分多址接入）：TDMA 为用户信号赋予不同的时间特征。与 FDMA 相比，TDMA 不会对频谱资源进行划分，而是让所有用户都使用相同的频谱资源，但是使用的时间不同。TDMA 将时间划分成多个时隙，一个时隙对应一个信道，不同用户使用不同的时隙周期性轮流接入。相比 FDMA，由于没有划分子频带，TDMA 无须设置频谱保护间隔，频谱效率提高了，系统容量也有所增长，能够满足 2G 时代全民语音通信的基本要求。1G 跨入 2G 是从模拟信号时代进入数字信号时代。通俗来说，2G 语音质量更好，传输速度更快。

（3）CDMA（Code Division Multiple Access，码分多址接入）：CDMA 为用户信号赋予不同的编码特征。与 TDMA 相比，CDMA 允许多个用户在同一时间使用相同的频谱资源，但是需要对不同用户的原始信号使用不同的扩频码进行扩频，也就是将低速率的原始信号与高速率的扩频码相乘，一种码对应一个信道。通过扩频，让每个用户的信号都有一个独特的码型，与其他信号的码型不同，从而区分用户。扩频后，不同用户的信号可以在同一时间、同样频谱资源上一起发送。CDMA 进一步提升了频谱效率，也使移动通信系统从 2G 窄带系统（专为语音通信设计）演进到了 3G 宽带系统（除了基本语音通信，逐步迈入移动上网场景）。

（4）OFDMA（Orthogonal Frequency Division Multiple Access，正交频分多址接入）：OFDMA 为用户信号赋予不同的频率特征和时间特征。OFDMA 结合了 FDMA 和 TDMA 的优势，将频谱资源划分成若干不同的子频带，同时在时间上划分出不同的时隙，根据需求大小，不同用户在同一时隙占用一个或多个子频带。与 FDMA 相比，OFDMA 多了一个 O，这个 O 解决了 FDMA 中频谱保护间隔太宽的问题。OFDMA 的子频带的带宽和中心间隔相等，一个子频带的中点刚好是相邻子频带的零点，相邻子频带可以互相重叠。在保证子频带正交的前提下，最小化了保护间隔，大大提高了频谱效率。OFDMA 对频谱资源的利用方式比 CDMA 更灵活，而且更容易支持更大的带宽和 MIMO 等新技术，为我们开启了 4G 时代高清视频、大数据传输等业务的全新感受。

（5）NOMA（Non-Orthogonal Multiple Access，非正交多址接入）：作为 5G 时代业界提出的一种新型多址技术，与 1G 到 4G 的多址技术相比，NOMA 最大的特点就是不再需要信号之间的严格正交，允许存在一定干扰，以获取更大的系统容量。NOMA 对于时间和频谱资源的划分方式与 OFDMA 相似，是完全正交的。但 NOMA 允许不同用户在同一时间使用同一个信道，因此，NOMA 除了根据时间和频谱资源两个维度为用户信号赋予不同的特征外，还会在其他维度进行扩展，比如码域、功率域等，从而为更大数量级的用户信号赋予不同的特征。码域可以说是人为引入可控的干扰以支持更大的用户数；而功率域则是通过充分利用无线通信中天然存在的远近效应来获取更大的容量（远是边缘用户，近是中心用户）。之前 3G CDMA 系统费了很大力气去做快速功率控制以消除远近效应的影响，但到了 5G NOMA，则可以完全不用去做 3G 的功控（功率控制），反而是将天然存在的远近效应转化为"远近好处"。不同于 4G 时代的 OFDMA 一家独大，5G 时代，NOMA 标准的竞争异常激烈，目前已经有 10 多种方案。

5 种多址技术的形象表示如图 3.1 所示。

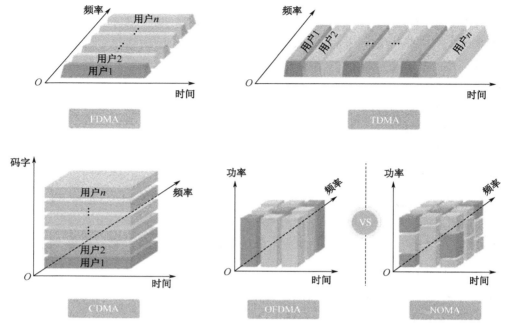

图 3.1　5 种多址技术的形象表示

3.3　5G 的问世

3.3.1　5G 的起源

自 20 世纪 80 年代以来，移动通信在信息通信舞台上一直扮演着重要角色。在三十多年间，从基于频分多址（FDMA）、时分多址（TDMA）、码分多址（CDMA）技术的 1G、2G、3G 发展到基于正交频分多址（OFDMA）技术的 4G，业务则从模拟语音、数字语音和低速数据、多媒体数据到移动宽带数据拓展，成为连接人类社会的基础信息网络。移动通信的发展不仅深刻改变了人们的生活方式，而且成为世界各国推动经济发展、提升社会信息化水平的重要引擎。随着信息通信技术的不断发展，用户对上网体验要求越来越高，经历了 3G 网上快速浏览后，很多用户无法忍受打开网页的 2G 网速。经历了 4G "高速网络冲浪"后，一些用户又无法忍受 3G 上网看视频屡遇卡壳的尴尬，加之云计算、人工智能、物联网、车联网、超高清视频、虚拟现实、无人驾驶、智能家居等增值业务飞速发展，移动智能终端接入数量和数据流量均呈现爆发式增长，现有的 4G 在容量、速率、服务、频谱、能耗等方面已经越来越难以满足人们的需求。如果仅是对人的娱乐需求而言，低带宽或许是可以容忍的，但对机器通信而言，无人机、无人车或机器人和云计算之间通信带宽只要跌落到一定程度，整个业务系统就会崩溃。为此，各主要国家、行业组织、相关企业和科研院所纷纷投入大量人力、物力和财力寻求比 4G 更为优越的下一代移动通信网络（5G）。

2016 年 11 月举办第三届世界互联网大会，美国高通公司带来的可以实现"万物互联"的 5G 技术原型入选 15 项"黑科技"——世界互联网领先成果。高通 5G 向千兆位移动网络和人工智能迈进。第五代移动电话行业通信标准，也称第五代移动通信技术（5G），也是 4G 之后的延伸。5G 网络的理论下行速率为 10Gbit/s。

我国 5G 技术研发试验已在 2016—2018 年进行，分为 5G 关键技术试验、5G 技术方案验证和 5G 系统验证三个阶段实施。2016 年 3 月，工信部副部长陈肇雄表示：5G 是新一代移动通信技术发展的主要方向，是未来新一代信息基础设施的重要组成部分。与 4G 相比，5G 不仅将进一步提升用户的网络体验，同时还将满足未来万物互联的应用需求。

从用户体验来看，5G 具有更高的速率、更宽的带宽，预计 5G 网速将比 4G 提高 10 倍左右，只需要几秒即可下载一部高清电影，能够满足消费者对虚拟现实、超高清视频等更高的网络体验需求。

从行业应用来看，5G 具有更高的可靠性，更低的时延（如图 3.2 所示），能够满足智能制造、自动驾驶等行业应用的特定需求，拓宽融合产业的发展空间，支撑经济社会的创新发展。

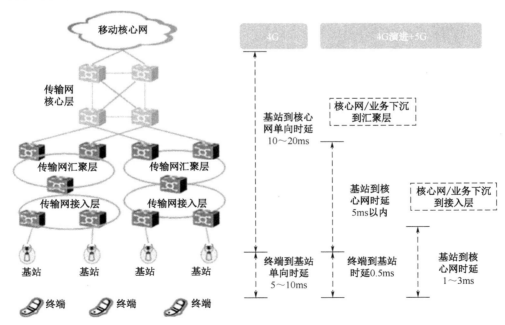

图 3.2　具有更低时延的 5G

3.3.2　5G 的发展

5G 不仅仅是"比 4G 多 1G"，而是在其基础上做更进一步、更深层次的创新和发展，其技术已走出实验室，悄然来到了人们身边，它将开辟移动通信发展新时代。国内外高新技术企业通过研发测试表明：在产业链上游的 5G 技术、系统设备等环节已经具备商用条件，并且蓄势待发。与此同时，芯片、系统厂商及下游终端应用企业也全面投入到 5G 的产业化进程中，并积极营造环境，为促进 5G 预商用（Pre-commercial Trials）创造条件。5G 将带动相关产业转型发展，拓展出新的应用领域，催生出新的商业模式，衍生出新的产业行业。

世界主要国家和地区都高度重视 5G 的发展，纷纷出台了战略规划，部署一些重大项目，发布一些频谱规划来推动 5G 的发展。2012 年，欧盟的 5G PPP 就已宣布用 5 000 万欧元促进 5G 移动通信技术的研发，并计划于 2020 年正式商用。2013 年，韩国三星公司联合 5G 论坛宣布：已经成功研发出有关 5G 的关键技术，并破解了 4G 关于传输速率低的难题，首次将传输速率提升至 1Gbit/s，并且最长传送距离提升至 2 千米，这比当时的 LTE 技术快了百倍。2015 年，日本的 5G MF 也宣布开始正式对 5G 的户外承载能力展开测试，日本运营商计划在 2021 年奥运会上提供 5G 商用服务。2013 年，英国电信运营商也对 5G 网络进行了 100 米内的传送数据测试，取得了预期结果。2015 年 9 月，美国移动运营商 Verizon 宣布其已成功做到了高达 3.7Gbit/s 的数据传输速率，经过 2016 年的测试及完善后，推出 5G 试商用，2017 年开始 5G 商业运营。以 WLAN 为代表的宽带无线接入技术也在向更大带宽、更高速率方向发展，下一代 WLAN（802.11ax）制定工作已经于 2014 年初启动，2019 年完成，它将与 5G 深度融合，并且衍生出诸多新的应用方向，包括支持物联网应用的 802.11ah，支持车联网的 802.11p，支持低时延、大带宽的 802.11ad 等，共同为用户提供服务。从 3G 的研发起，我国科研人员便着手考虑 5G 相关技术的研发工作，并于 2012 年启动。2013 年 6 月，由工信部、国家发改委、科技部联合推动、发起并组建的中国 IMT-2020（5G）推进组发布的"5G 愿景与需求"白皮书中，明确指出我国 5G 的研发重点主要分布在 5G 无线网络架构关键技术、5G 无线传输关键技术、5G 移动通信系统总体技术和 5G 移动通信技术评估与测试验证技术 4 个部分，具体的研究包括支持高速移动互联的新型网络架构、高密度新型分布式协作与自组织组网、异构系统无线资源联合调配等技术，目标为重点突破大规模协作所涉及的技术瓶颈，研究大规模协作配置情况下的无线传输、阵列天线及低功率、可配置射频等新型关键技术，以及 5G 业务应用与需求、商业发展模式、用户体验模式、网络演进和发展策略、频谱需求与空中接口技术需求等。2016 年 1 月，我国全面启动了 5G 技术研发试验，分为关键技术验证、技术方案验证和系统方案验证三个阶段推进实施。其中，第一步是从 2016 年到 2018 年年底，为 5G 产品研发试验，主要目标是开展 5G 预商用测试。5G 技术实验将遵循 ITU 在 2018 年 6 月发布的国际标准，并基于面向商用的硬件平台，在 3.4～3.6GHz 和 4.8～5.0GHz 两个频段上重点开展预商用设备的单站、组网性能、网络规划、新老网络互操作及系统、芯片、仪表等产业链上下游的互联互通测试，使整个产业具有商用的能力。在高频毫米波方面，2017 年 6 月 8 日，工信部拟为 5G 启动毫米波频谱：24.75～27.5GHz 和 37～42.5GHz 频段。由于高频毫米波掣肘于高频射频产业技术限制，不属于率先部署范畴，但其频谱非常充裕。目前高频段的资源开发已经是全球产业界的共识。

习近平总书记强调没有信息化就没有现代化。网络强、技术强、产业强是建设网络强国的重要基础。在历代通信技术的更迭中，不管是 2G、3G，还是 4G，产业链里的各个角色谁先占领了产业制高点，谁在后期的市场角逐中就多了几分胜算。5G 被认为是未来关键网络的基础设施，已成为新一代信息技术的发展方向和制高点。5G 时代最大的特点是传统通信行业与其他各行各业的深度融合，从过去的单一领域向跨领域的协同创新转变，围绕物联网、车联网等领域，共同推动基础通信能力和行业市场的发展。在 2017 年 9 月中国国际信息通信展览会上，以 5G 技术为支撑的垂直行业的应用令人啧啧称奇，系统设备已经达到一个接近于实用的状态（小型和低成本），领跑 5G 似乎成为此次参展的国内外企业的一致主题和宣言。令人振奋的是，从 3G 跟跑到 4G 并跑，再到如今 5G 领跑，中国以"弯道超车""变道超车"的方式，使 5G 多项技术指标领跑世界，中国信息通信产业从高原向高峰迈进的速度让世界瞠目和惊叹。在预商用准备进程中，华为公司主推的"信道编码方案"及多项关键技术被采纳为 5G 国际核心标准，在中国 5G 试验第二阶段的测试中率先集成了 5G 的关键空口技术，包括新波形技术、新型编码、新参数集、新帧结构、大规模天线阵列、新型多址等，同时还加入了欧洲 5G 架构研究联盟，主导 5G 网络切片从标准到技术、到商用等端到端产业链的构建。中国电信是 5G 网络架构、密集组网等多项 5G 关键技术研究牵头与主要贡献单位，在国际通信标准组织 3GPP 中主导了移动各大视频、多网融合等 6 项与 5G 相关的 3GPP 国际标准，下一步将在雄安、苏州、深圳、成都、兰州和上海六地首批开展 5G 现场试验，目标是积极推动网络技术与产业应用的紧密结合，加强垂直行业创新应用合作研发。中兴通讯携 5G 高、低频系列产品，全面参与中国 5G 试验的第二阶段测试，率先完成高频测试，成为唯一提供全系列设备、参与七大场景测试的厂家，并率先完成 mMTC 场景外场测试。此外，中兴通讯还携手中国移动和日本运营商验证了 5G

物联网 +5G

端到端能力，实现了 3.5GHz 频段下 100MHz 带宽单终端下行峰值速率达到 2Gbit/s 以上，小区峰值速率达到 5Gbit/s 以上的测试。如今，从政策扶持、市场需求、资金投入、技术进步及产业融合等方面来看，国内外企业在技术、系统和终端设备等环节，已经初步具备了 5G 预商用条件。

为了考虑与 4G 的兼容性，5G 分为两种演进组网方式：Non-Stand Alone（NSA，非独立组网）和 Stand Alone（SA，独立组网）。NSA 的实现方式是通过 4G 现有网络来辅助 5G 小范围建设的，并逐渐演进为完整的 5G 网络，SA 则是直接独立建设 5G 网络。NSA 利用现有的 4G 网络资源，节省开支，并能将 5G 更快地推向市场，然而，这样实现的 5G 功能和指标都是受限的，并且主要应对 eMBB 场景。SA 则避免与 4G 网络整合过程中的互操作问题，但是初期成本高，部署时间长。不过 5G 初期的运营商对 NSA 模式的兴趣显然是最大的，大家短时间能体验到的应该都会是以 NSA 形式实现的 5G 网络，即用户体验速率能有质的提升。

此外，5G 与其他通信技术协同发展，例如，5G 与光通信协同发展在促进高速光纤通信网发展的同时，也将促进 5G 无线网络的进一步发展；5G 与卫星导航技术融合发展，将极大地扩展导航的范围，提升导航的精度，使导航和通信相辅相成，互相促进，不但能从根本上提高应急救援的时效性，还能促进"一带一路"沿线国家和地区的经济增长。5G 未来的发展趋势如下。

（1）频谱利用率大大提升，高频段频谱资源被更多地利用。今天，"用一张网络满足所有需求"的夙愿仍将面临巨大的技术挑战，传统无线移动光通信频谱资源正日趋枯竭，开发毫米波、太赫兹及可见光等新的频谱资源迫在眉睫。目前，我国的频谱资源是采用一种固定方式分配给各个无线电部门的，这导致了资源利用的不均衡和低利用率，使得本来有限的移动通信频谱资源变得更加紧张。相对于 4G 网络，5G 的频谱利用率将会得到大大提升，并且高频段资源也会被适当应用，以此来克服频谱资源紧张这一严峻问题。

（2）更大限度地支持业务个性化，提供全方位的信息化服务。人们对移动通信的需求趋向于个性化和层次化。5G 网络目标之一是建设更为完备的网络体系架构，提高对各种新兴业务的支撑能力，以此为用户打造全新的通信生活。

（3）通信速率极大提升。信息化时代在高速发展，人们对获取信息的速率要求越来越高，这对通信网络的传输速率是很大的挑战。5G 网络的理论数据传输速率达到 4G 标准的百倍。与此同时，5G 网络在传输中还将呈现出低时延、高可靠、低功耗等特点。

（4）5G 网络将会在保证通信质量的同时，采用有效的绿色节能技术来降低网络损耗，把能耗控制在一定范围之内。在未来的通信过程中，运营商可以根据实时通信状况来调整资源分布，以此节约网络能源。

　　纵观国内外关于 5G 移动通信网络的研究和发展工作，2020 年遍布全球已势在必行，而谁能在未来的竞争市场中占得先机，谁就能影响未来的移动通信走向。创新是引领发展的第一动力，是建设现代化经济体系的战略支撑。在推进 5G 发展进程中，我国只有通过创新驱动来提高核心竞争力，才能赢得主动权，才谈得上为世界各国 5G 和后 5G 发展提供方案。未来几年，我国移动通信将转为兼顾 4G，以 5G 为重点，以运营商应用为龙头带动整个产业链的发展，"提速降费"将会在更大程度和更大范围迈进。

3.3.3　5G 的指标

　　目前，主流的移动通信标准是 4G LTE，其理论速率只有 150Mbit/s，用户体验速率约为 45Mbit/s，而业界希望 5G 可以做到 1Gbit/s 的体验速率。

　　世界正向移动化转型，每年有大量用户在消耗数据，尤其是视频、音乐流媒体的日益普及，使得现在的频段越来越拥挤，服务终端，特别是当同一地区的大量人群试图同时访问在线移动服务时，情况会变得更加糟糕。作为新一代移动通信系统，5G 的关键能力比前几代移动通信系统更加丰富，具体体现在传输速度更快、时延更短、容量更大、应用更广、能量更节省、更绿色、更可靠等方面。5G 的关键性能指标为峰值速率、用户体验速率、流量密度、时延、移动性、连接数密度、能效和频谱效率，这 8 个指标的具体描述参见表 3.3。

表 3.3　5G 的 8 个关键性能指标

项　目	指　标	定　义
峰值速率	10～50Gbit/s	单个用户可获得的最高数据速率
用户体验速率	0.1～1Gbit/s	处于覆盖范围内的单个用户有相应的业务要求时可获得的最小数据速率
流量密度	数十 Tbit/s/km^2	单位面积区域内的总流量
时延	1ms	数据包从网络相关节点传递至用户的时间间隔
移动性	500km/h	在不同用户移动速度下获得指定服务质量，以及在不同无线接入点无缝迁移的能力
连接数密度	10^6～10^7/km^2	单位面积内连接设备的总量
能效	相对 4G，提升 50～100 倍以上	与网络能量消耗对应的信息传输总量，以及设备的电池寿命
频谱效率	相对 4G 提升 5 倍以上	单位频谱资源提供的数据吞吐量

物联网 +5G

（1）数据速率：数据速率的衡量指标可以分为流量密度、边缘速率和峰值速率这三点。首先，流量密度是指通信系统能够同时支持的总数据速率；其次，边缘速率是指当用户处于系统边缘时，用户可能会遇到的最差的传输速率，也就是用户体验速率；最后，峰值速率是指理想条件下能达到的最大速率，可以理解为系统最大承载能力的表现。与 4G 相比，5G 的流量密度要求提高 1 000 倍以上，5G 的边缘速率要求提高 100 倍以上（即 100Mbit/s～1Gbit/s），而 5G 的峰值速率要求提高 100 倍以上。

（2）时延：现在 4G 系统的往返延时是 15ms。其中，1ms 用于基站给用户分配信道和接入方式产生的必要信令开销。随着科技的发展，之后兴起的一些设备需要更低的延时，比如移动云计算和可穿戴设备的联网。为此，需要新的架构和协议简化操作以减少延时。5G 系统的往返延时要求达到 1ms。

（3）网络接入密度：由于当前热点场景越来越多，即在一个特定区域内存在大量设备连接的需求，要求 5G 网络在单位面积区域具备更高带宽，进而能够同时接入更多的用户。随着设备到设备的通信技术发展，单一蜂窝应该能够支持超过 1 000 个低传输速率设备，同时还要能继续支持普通的高传输速率设备。同时，5G 网络要求达到 100%覆盖，并且应始终保持可用。

（4）能源消耗：5G 网络，通信所花费的能耗会越来越低。而用户的数据速率至少需要提高 100 倍，这就要求 5G 中传输每比特信息所花费的能耗需要降低至少 100 倍。而现在能量消耗的一大部分在于复杂的信令开销，例如网络边缘基站传回基站的回程信号。而在 5G 网络中，由于基站部署更加密集，这一开销会更多。因此，5G 必须提高能量的利用率。

在这 8 个关键性能指标中，最具代表性的是高达 1Gbit/s 的用户体验速率，同时，这个指标也是 5G 商用给用户带来的直接体验。用户使用 5G 手机，在数秒钟内即可下载一部高清电影，还可观看无须缓存等待的足球、篮球、网球、滑雪及赛车等直播节目，这将促使 VR 游戏、4K/8K 高清 3D 视频、高清远程监控等对宽带要求较高的智能应用进入大众的生活。5G 与 4G 主要性能指标对比如表 3.4 所示。

表 3.4　5G 与 4G 主要性能指标对比

指　　标	4G	5G
平均速率	25Mbit/s	100Mbit/s
峰值速率	300Mbit/s	20Gbit/s
延迟	10～50ms	1ms
用户可移动速度	<350km/h	>500km/h

对比 4G，峰值速率从 1Gbit/s 提升到 20Gbit/s，用户可以体验到的带宽从 10Mbit/s 提

升到 100Mbit/s，频谱利用效率提升 3 倍，可以支持 500km/h 的移动通信，网络延时从 10ms 提升到 1ms，连接设备数每平方千米从 10^5 个提升到 10^6 个，通信设备能量利用率提升了 100 倍，每秒每平方米数据吞吐量提升了 100 倍。

显然，5G 网络并不是简单地提升传输速率，也不是对现有网络的完全取代，而是充分借鉴、融合了现有的无线技术和互联网技术，并在此基础上开拓创新，以更好地满足消费者和产业界的多样化需求，能更好地实现人与人、人与物、物与物的互联互通，达到以一张网实现万物互联的愿景。

3.3.4 5G 的场景

与 4G 相比，5G 打开了广大用户进入吉比特时代的大门，其速率可达到 20Gbit/s，每平方千米可链接数超过 100 万个，链接延时仅 1ms，其速度和接入能力足以满足未来各类智能终端互联互通的需要，是未来万物互联的重要基础。5G 是 2G/3G/4G 通信网络技术进步的结果，是未来的移动互联网，是包括大多数通信系统和通信技术应用的综合平台。5G 作为全新的通信理念，在重塑我们的生活、学习、工作和娱乐的同时，将会改变和引领我们的生产生活方式及走向。5G 系统是一场信息通信技术革命，对产业的影响将超过以往 2G、3G 和 4G。5G 网络终端将比 2G、3G、4G 时代丰富得多，成为推动行业数字化的主要技术，有助于实现沉浸式体验、自动驾驶、远程机器人控制、服务现场中的增强现实及混合现实等。5G 时代更能充分体现通信行业需要与各行各业深度融合，从过去的单一领域向跨领域协同创新转变，围绕多种场景和多个领域，共同推动基础通信能力的成熟和发展。

ITU-R 已于 2015 年 6 月定义了未来 5G 的 3 大类应用场景，分别是增强型移动互联网业务 eMBB（Enhanced Mobile Broadband）、海量连接的物联网业务 mMTC（Massive Machine Type Communication）和超高可靠性与超低时延业务 URLLC（Ultra Reliable & Low Latency Communication），并从吞吐率、时延、连接密度和频谱效率提升等 8 个维度定义了对 5G 网络的能力要求。其中，eMBB 对应的是超高清视频等大流量移动宽带业务，例如面向虚拟现实（VR）、增强现实（AR）、在线 4K 视频等高带宽需求业务；mMTC 对应的是大规模物联网业务，主要面向智慧城市、智能交通等高连接密度需求的业务；URLLC 对应的是车联网、无人驾驶、无人机及工业自动化等需要低延时、高可靠性连接的业务。其主要场景与关键技术挑战如表 3.5 所示。下面简单介绍 5G 的三个应用场景。

表 3.5　5G 的主要应用场景与关键技术挑战

5G 应用场景	关键技术挑战
连续广域覆盖	• 100Mbit/s 用户体验速率
热点高容量	• 用户体验速率：1Gbit/s • 峰值速率：数十 Gbit/s • 流量密度：数十 TGbit/s·km^2
低功耗、大连接	• 连接数密度：10^6/km^2 • 超低功耗，超低成本
低时延、高可靠	• 空口时延：1ms • 端到端时延：ms 量级 • 可靠性：接近 100%

（1）eMBB 场景：特点是以人为中心的应用场景，集中表现为超高的传输数据速率，广覆盖下的移动性保证等。未来几年，用户数据流量将持续呈现爆发式增长（年均增长率47%），而业务形态也将以视频为主（78%）。在 5G 的支持下，用户可以轻松享受在线 2K/4K 视频及 VR/AR 视频，用户体验速率可提升至 1Gbit/s（4G 最高实现 10Mbit/s），峰值速度甚至达到 10Gbit/s。

（2）mMTC 场景：特点是海量连接。依靠 5G 强大的连接能力，促进垂直行业融合。万物互联下，我们依靠身边的各类传感器和终端构建智能化的生活。在这个场景下，数据的传输速率较低，而且时延要求不高，布局的终端成本更低，同时要求有持久续航和可靠性。

（3）URLLC 场景：特点是连接时延要达到 1ms 级别，而且要支持高速移动（500km/h）情况下的高可靠性（99.999%）连接。这一场景更多面向车联网、工业控制、远程医疗等特殊应用。

3.4　5G 的法宝

5G 的关键技术是保证系统能够提供全面、海量、随机、无序、低时延和低能耗的智能连接能力，使其能够成为万物互联和同异质网络支撑的基础性交互综合系统，可以支持包括音频、视频、高清在线游戏、触觉感知、基于在线状态、基于位置服务、电子商务和电子医疗等多样化业务，支持工业互联网的许多新业务、新应用和新需求，甚至包括工业互联网。业界认为：5G 应是一个宽带化、泛在化、智能化、融合化、低碳化的新一代通信网络，其关键技术多达十几项。5G 的关键性能指标及其对应的候选技术如图 3.6 所示。

表 3.6　5G 的关键性能指标及其对应的候选技术

关键性能指标	候选技术
频谱和能源效率	大规模 MIMO（Massive MIMO）
	全双工无线电
	灵活双工
	新波形
	非正交接入
新频谱	毫米波频段
	未许可频段
	部分千兆赫频段
网络架构	软件定义网络（SDN）
	网络虚拟化（NFV）
	超密度网络（UDN）
	云无线接入网/虚拟无线接入网
	机器型（M2M）通信
	移动边缘计算（MEC）

　　大规模 MIMO（Massive Multiple-Input Multiple-Output，Massive MIMO）是 MIMO 技术的扩展和延伸，其基本特征是在基站侧配置从几十至几千的大规模天线阵列，其中，基站天线的数量比每个信令资源的设备数量大得多，利用先进的波束赋形技术，提升基站覆盖范围，并同时服务多个用户，可以显著提高频谱效率和能源效率。全双工无线电是指同时收发信号，这样可以将数据传输速率提升 2 倍，但代价是数据信号会产生自干扰。由于 5G 以 C-RAN 为主，可以通过中心化调度减轻自干扰，同时可以利用波束赋形、吸收屏蔽（absorptive shielding）和交叉极化（cross-polarization）等技术完成收发之间的干扰，即灵活双工。非正交接入是指不同于 OFDM 的多址接入方式，其特点是不再需要信号之间的严格正交，允许存在一定干扰，以获取更大的系统容量，并且允许不同用户在同一时间使用同一个信道。新频谱主要是指 2～6GHz 频段、6GHz 以上（主要是 24～29GHz 和 37～43.5GHz）频段和 2GHz（比如 700MHz）以下频段。其中，2～6GHz 频段用作主频段，兼顾覆盖和数据传输。6GHz 以上频段是毫米波频段，用作超快数据传输，而 2GHz 以下频段用于广域覆盖和室内场景覆盖。软件定义网络（Software Defined Networking，SDN）是用软件来调度和管理网络的，它是动态的、可管理的、高性价比和适应性强的技术，适合于当今高宽带和动态应用，其特点是控制与转发分离、控制集中化和使用广泛定义的软件接口；网络功能虚拟化（Network Function Virtualization，NFV）的目标是将网络功能中专用硬件与软件实现分离，从而降低成本和功耗；超密度网络（Ultra Dense Network，UDN）是基于 5G 场景驱动的，通过超密集异构部署，旨在改善网络覆盖、大幅提升系统容量，

并对业务进行分流，使网络部署更灵活，频率复用更高效。移动边缘计算（Mobile Edge Computing，MEC）是把无线网络和互联网有效融合，并在无线网络侧增加计算、存储和处理等功能，营造一个高性能、低延时、高带宽的信息服务环境，一方面改善用户体验，节约带宽资源，另一方面则将计算能力下沉到移动边缘节点，为第三方应用集成移动边缘入口服务提供支持。

为满足高容量、大规模用户需求，解决低时延、低成本、易维护及扁平化等技术难题，5G 网络采用新型网络架构，并基于 SDN/NFV、云计算及 C-RAN（Cloud Radio Access Network）等先进技术，结合网络动态部署技术，准确感知各个相邻节点，完成选择网络、协调节点间距、实现网络业务等工序，为 QoE（Quality of Experience）和 QoS（Quality of Service）需求所带来的差异性提供优化举措，构建更加灵活、智能、高效、开放的以用户为中心的新型网络。

5G 网络架构包括接入云、控制云和转发云这三个域（如图 3.3 所示）。其中，接入云融合集中式和分布式两种无线接入网架构，支持多种无线制式的接入，以适应各种类型的回传链路，实现灵活组网和资源高效管理；控制云实现局部和全局的会话控制、移动性管理和服务质量保证，并构建面向业务的网络能力开放接口，从而满足业务的差异化需求，提升业务的部署效率；转发云基于通用的硬件平台，在控制云高效的网络控制和资源调度下，实现海量业务数据流的高可靠、低时延、均负载的高效传输。业界研究内容包括基于"三朵云"的新型 5G 网络架构、网络切片（Network Slicing）、C-RAN 架构及基于 C-RAN 的更紧密协作的基站簇、虚拟小区等。

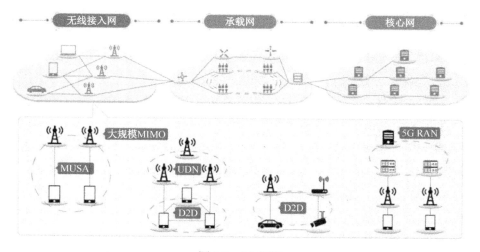

图 3.3　5G 架构

3.4.1 5G 架构

5G 除了带给普通用户最直观的网速提升外，还将满足超大带宽、超高容量、超密站点、超高可靠性和随时随地可接入等要求。在 5G 移动互联网中，物联网将成为重要的应用场景。物联网主要面向物与物、人与物的通信。5G 网络通信不仅涉及普通个人用户，也涵盖了大量不同类型的行业用户。为了渗透到更多的物联网业务中，5G 应具备更强的灵活性和可扩展性，以适应海量的设备连接和多样化的用户需求。为了应对这种多样化的业务需求及低时延、高可靠、高传输速率和高密度连接等方面的关键性能指标要求，5G 提出新的网络架构，并采用相应技术解决网络架构设计方面所涉及的逻辑功能实现、不同功能间的信息交互、设备平台实现、网络部署实现等问题，并且支持网络管理的自动化、网络资源的虚拟化和网络控制的集中化。

由于 5G 接入网中需要更多的天线数、更高的调制阶数及更强的干扰消除机制等，这使得 5G 网络能够支持高密度小区、支持网络容量吞吐和迁移、支持多网融合，进而实现对高密度和新空口的高频数据及新型移动互联网应用的适配。图 3.4 描述了 5G 网络架构的演进，重点突出了 5G 网络中革新的部分，即通过基站池化、核心网云化、网络设备控制面和管理面分离实现 NFV 和 SDN 技术在 5G 网络中的落地，推动 5G 网络架构的演进。

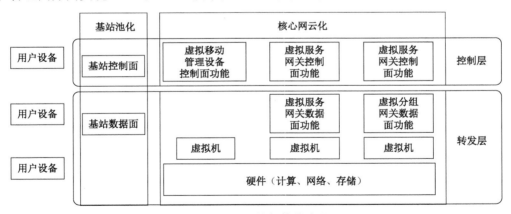

图 3.4　5G 网络架构的演进

1. RAN

在整个通信网络中，RAN（Radio Access Network，无线接入网）是最贴近用户的一环，是连接用户和核心网的桥梁。RAN 的信息配送服务类比于快递员，其处理的信息量非常多，

物联网 +5G

并且信息种类繁杂。从 2G 到 4G，每一代无线接入网的架构重构，都带来了网络性能巨大提升。4G 的网络架构跟 2G 和 3G 相比可谓剧变，其扁平化架构带来了时延的降低和部署的灵活性，4G 的无线接入网已经为用户提供了前所未有的使用体验，但随着无人驾驶、物联网、超高清视频等 5G 业务需求的出现，对无线接入网提出了更高频谱、更大带宽及更低时延的要求，5G 无线接入网也经历了从架构到技术的全新变革。5G 无线接入网的配送服务在 4G 的基础上做出了两大颠覆性的升级（如图 3.5 所示）。

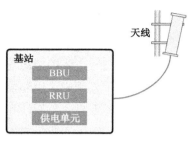

图 3.5 5G 无线接入网的配送服务

- 基带单元（BBU）重构为 CU（集中式单元）和 DU（分布式单元）。
- 朝着虚拟化的方向发展。

在 5G 无线接入网中，原 BBU（Base Band Unit，基带单元）的功能被重构成 2 个功能实体：CU（Centralized Unit，集中式单元）和 DU（Distributed Unit，分布式单元）。有了 CU 这个全知全能的中央节点存在，所有基站的信息一目了然，统筹管理全局资源更加方便、灵活。另外，借助虚拟化技术，可以在虚拟机上运行具备 CU 功能的软件，充当 CU 使用，大大降低了网络硬件部署成本。

5G 支持网络切片功能，运营商可以将物理网络切出多个虚拟网络，服务于不同的场景。5G 除了网速快，还有时延低，支持海量连接及支持高速移动中的终端设备等特点。不同场景下，对于网络的特性要求（网速、时延、连接数、能耗等）其实是不同的，有的甚至是矛盾的。例如，我们看高清演唱会直播，在乎的是画质。时效上，整体延后几秒，甚至十几秒，你是没感觉的。而远程驾驶时，在乎的是时延，时延超过 10ms，都会严重影响安全。因此，把网络拆开、细化，就是为了更灵活地应对场景需求。于是涉及 5G 的一个关键概念：切片。

切片，简单来说，就是把一张物理上的网络，按应用场景划分为 N 张逻辑网络。不同的逻辑网络，服务于不同场景。网络切片，可以优化网络资源分配，实现最小成本达到资源利用最大化，满足多元化要求。可以这么理解，因为需求多样化，所以要网络多样化。因为网络多样化，所以要切片。因为要切片，所以网元要能灵活移动。因为网元灵活移动，所以网元之间的连接也要灵活变化。于是在 5G 无线接入网中，基带单元的功能将被拆分重构，为各个场景打造专属的无线接入服务（例如，5G 无线接入网可以划分为智能手机切片、自动驾驶切片、增强型物联网切片和其他切片），如图 3.6 所示。

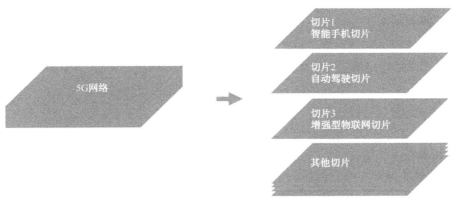

图 3.6　5G 无线接入网络及其切片

　　传统的基站是由 BBU（Base Band Unit，基带单元）、RRU（Remote Radio Unit，远端射频模块）和天线这三个模块组成的。其中，BBU 主要负责基带信号调制，RRU 主要负责射频处理，而天线负责发射或者接收电磁波。虽然 2G～4G 无线接入网的结构不断在升级，但这三个模块的功能分配基本没有变化。而 5G 无线接入网中，CU（Centralized Unit）是中央单元，负责处理高层协议和非实时服务，在接入网内部则能控制和协调多个小区；DU（Distributed Unit）是分布式接入点，负责处理物理层协议和实时服务。原本射频单元（RRU）和天线的功能合并在 AAU（Active Antenna Unit）中，如图 3.7 所示。这种改变带来的优势如下。

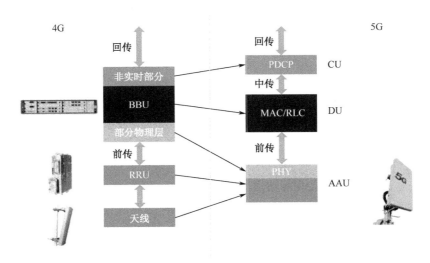

图 3.7　无线接入网的解拆

物联网 +5G

第一，降低网络传输负担。从具体功能来看，CU 分割出来后，与核心网用户面下沉的部分，一起实现移动边缘计算。这样网络的核心业务处理单元在地理位置上更靠近终端，能有效减少时延，也能减轻无线接入网和核心网之间的网络传输负担。原 BBU 中物理层的处理功能，有一部分移动到 AAU 中实现，前传接口只需要传输信息流数据，而不是天线数据，有效降低前传压力，同时减少了运营商的组网和施工复杂度。

第二，无线接入网的功能被拆分后，CU 和 DU 的部署位置可以灵活组合，以满足多样化场景的业务性能需求。

- eMBB 场景对于时延和连接量都有需求，CU 既要靠近用户，又要能控制到可观数量的 DU，可将其放在汇聚机房。
- URLLC 场景对时延要求比较高，CU 和 DU 可以都部署在靠近用户的位置，有利于减少数据传输的时延。
- mMTC 场景对连接数量要求较高，CU 可以部署在核心机房，远程操控多个 DU 实现高密度连接。

5G 时代，无线接入网的存在形态也发生了变化。1G 时代，一个 BBU 只能完成一个天线范围的通信处理。2G～4G 时代，一个 BBU 可以完成多个天线范围的通信处理，而 5G 采用更高频段进行通信，覆盖同样大小的区域则需要更多的基站，单纯靠增加 CU 和 DU 的数量来解决问题不太实际。为了解决这个问题，5G 无线接入网首先基于 C-RAN（Centralized/Cloud RAN）架构，这种集中化的架构可以极大地减少基站机房数量，减少配套设备（特别是空调）的能耗，进而维护成本降低，带来巨大成本削减的同时，还减少二氧化碳的排放量，可谓是一举两得；其次，借助虚拟化技术升级无线接入网的形态。虚拟化技术实现在相同的物理服务器上运行多个不同的操作系统，它们既共享底层的物理硬件，同时又被隔离在不同的虚拟机上。简单来说，原本 CU 是专门的硬件设备，非常昂贵，现在只要在虚拟机上运行具备 CU 功能的软件，就可以当 CU 用了。虚拟化技术带来的优势如下。

第一，提高资源的利用效率。基于 C-RAN（Centralized/Cloud RAN）架构，5G 无线接入网可以通过虚拟化技术聚合大量底层资源，这些资源将根据业务需求、用户分布等实际情况进行动态实时分配。如果业务需求大，则虚拟 CU 分配的资源多，处理能力强；如果业务需求小，虚拟 CU 分配的资源减少，多余的资源被及时释放，供其他虚拟化网络功能使用。值得一提的是，C-RAN 架构是中国移动提出并推动的。

第二，符合整个网络虚拟化的进程。未来不仅仅是无线接入网朝着虚拟化的方向演进，整个 5G 移动网都将虚拟出多个虚拟网络，实现资源的共享与隔离，让端到端的网络切片走向现实，为运营商提供更低成本的解决方案，如图 3.8 所示。

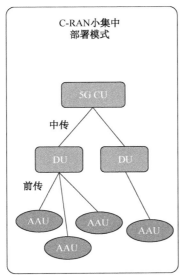
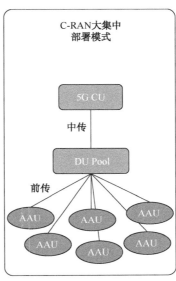

图 3.8　C-RAN 大小、两种集中的部署模式

　　5G 时代，无线接入网的配送服务进行一场从架构到存在形态的升级。架构的升级（基带单元重构），降低了配送过程的负担，同时能够更好地适应差异化业务场景；存在形态的升级（虚拟化），大大提高了资源利用效率。

2. 5G 承载网

　　承载网是专门负责承载数据传输的网络。如果说核心网是人的大脑，接入网是四肢的话，则承载网是连接大脑和四肢的神经网络，负责传递信息和指令。承载网、接入网和核心网相互协作，最终构成了移动通信网络，如图 3.9 所示。移动通信网络本来就是一个管道，而承载网是"管道中的管道"。承载网看似简单，实际上内部结构非常复杂。从 1G 到 4G，承载网经历了从低带宽到高带宽，从小规模到大规模的巨大变化。在 5G 时代，通信网络的指标发生了大幅的变化，有的指标标准甚至提升了十几倍。想要达到要求，只靠无线空中接口部分的改进是办不到的，包括承载网在内的整个端到端的网络架构，都必须自我革命。

　　值得一提的是，承载网并不只是连接接入网和核心网的，它还包括接入网内部连接的部分和核心网内部连接的部分。5G 接入网网元之间，即 AAU、DU 和 CU 之间，是 5G 承载网负责连接的。根据不同的连接位置，分别叫前传、中传和回传。如图 3.10 所示，AAU

和 DU 之间是前传，DU 和 CU 之间是中传，而 CU 和核心网之间是回传。

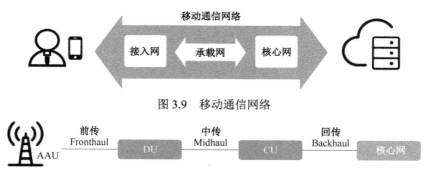

图 3.9　移动通信网络

图 3.10　5G 前传、中传和回传

前传的承载包括许多连接方式，例如光纤直连、无源 WDM/WDM-PON、有源设备（OTN/SPN/TSN）和微波等。其中，光纤直连是指每个 AUU 和 DU 均采用光纤点到点的直连组网，这种连接方式简单粗暴，光纤资源占用很多，而且很费钱，适用于光纤资源比较丰富的区域。光纤直连适合 5G 建设早期。随着 5G 建设的深入，基站和载频数量会急剧增加，这种太耗资源的连接方式肯定无法支持。无源 WDM（波分复用，Wavelength Division Multiplexing）方式是指将彩光模块安装到 AAU 和 DU 上，通过无源设备完成 WDM 功能，利用一对或者一根光纤提供多个 AAU 到 DU 的连接。采用无源 WDM 方式，虽然节约了光纤资源，但存在着运维困难，不易管理，故障定位较难等问题。有源 WDM/OTN 方式是指在 AAU 站点和 DU 机房中配置响应的 WDM/OTN 设备，多个前传信号通过 WDM 技术共享光纤资源。这种方案相比无源 WDM 方案，组网更加灵活（支持点对点和组环网），同时光纤资源消耗并没有增加。微波连接方式是指通过微波进行数据传输，非常适合位置偏远、视距空旷、光纤无法到位的情况。四种前传连接方式的优缺点如表 3.7 所示。

表 3.7　四种前传连接方式的优缺点

	光 纤 直 连	无源 WDM/WDM-PON	有源设备 OTN/SPN/TSN）	微　　波
拓扑结构	点到点	点到点	全拓扑：环带链/环形/链形/星形	点到点
AAU 出彩光	否	是	否	否
CPRI/eCPRI 拉远	否	是	否	否
网络保护	否	否	是	否
性能监控	否	否	是	否
远端管理	否	否	是	否
光纤资源	消耗多	消耗少	消耗少	无
网络成本	低	中	高	高

由于带宽和成本等因素，中传和回传肯定不能用光纤直连或用无源 WDM 之类的，用微波也不现实。5G 中，回传承载方案主要集中在对 PTN、OTN、IPRAN 等现有技术框架的改造上。从宏观上来说，5G 承载网的本质就是在 4G 承载网现有的技术框架上，通过"加装升级"的方式，引入高科技实现承载能力的全面提升。目前中国移动采用 SPN 方案。SPN（Slicing Packet Network），即切片分组网，它是中国移动自主创新的一种技术体系。中国移动的 4G 承载网是基于分组传送网（Packet Transport Network，PTN）的。而 SPN 基于以太网传输架构，继承 PTN 传输方案的功能特性，并在此基础上进行增强和创新。中国电信则在 5G 承载领域主推 M-OTN（Mobile-optimized OTN）方案，该方案基于 OTN，是面向移动承载优化的 OTN 技术的。OTN 以光传输为基础，具有大带宽、低时延等特性，可以无缝地衔接 5G 承载需求。作为中国电信的看家技术，OTN 技术经过多年发展，稳定可靠，并且有成熟的体系化标准支撑。对中国电信来说，可以在已经规模化部署的 OTN 网络上实现平滑升级，既省钱，又高效。中国联通则以 IPRAN 技术为基础。IPRAN 是业界主流的移动回传业务承载技术，在国内运营商的网络上被大规模应用，在 3G 和 4G 时代发挥了卓越的作用，运营商也积累了丰富的经验。由于现有 IPRAN 技术不足以满足 5G 要求，中国联通研发了 IPRAN2.0，即增强 IPRAN。IPRAN2.0 在端口接入能力、交换容量方面有了明显的提升。此外，在隧道技术、切片承载技术、智能维护技术方面也有很大的改进和创新。

3. 5G 核心网

5G 核心网位于网络数据交换的中央，主要负责终端用户的移动性管理、会话管理和数据传输。相较于 2G、3G 时代，4G 核心网 EPC（Evolved Packet Core）将网络控制与承载分离，呈扁平化结构。这种做法能够快速地传输语音、图像和视频信息，为用户提供非常好的服务。4G 核心网主要包含 MME、SGW、PGW 和 HSS 网元（如图 3.11 所示）。其中，MME（Mobility Management Entity）为核心网元，主要负责移动性管理和控制，包含用户的鉴权、寻呼、位置更新和切换等。SGW（Serving Gateway）主要负责手机上下文会话的管理和数据包的路由和转发，相当于数据中转站。PGW（Packet data network Gateway）主要负责连接到外部网络，还承担手机的会话管理和承载控制，以及 IP 地址分配、计费支持等功能；HSS（Home Subscriber Server）是一个重要数据库，包含与用户相关的信息和订阅相关的信息，其功能包括移动性管理、呼叫和会话建立的支持、用户认证和访问授权等。

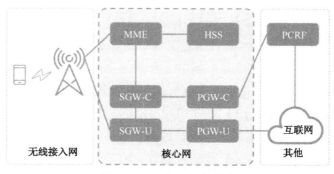

图 3.11　4G 核心网的组成

　　随着网络技术的发展及人们对业务应用的渴求，EPC 网络的不足也日渐显现。由于控制面和用户面并没有完全分开，例如 SGW 和 PGW 不但要处理转发用户面数据，还要负责进行会话管理和承载控制等控制面功能，这张整体式网元结构导致业务改动复杂、可靠性方案实现复杂，控制面和用户面消息交织导致效率难以优化，部署运维难度大等问题。为了解决这些问题，5G 核心网向分离式的架构演进。一是网络功能的分离，借鉴 NFV 技术，以软件化、模块化和服务化的方式来构建网络；二是控制面和用户面的分离，让用户面功能摆脱"中心化"的约束，使其既可灵活部署于核心网，也可部署于接入网。4G 中的网元被拆分为多个网络功能 NF（Network Function），每个 NF 是独立自治的，无论是新增、升级的，还是改造都不影响其他 NF。在控制面中，有负责移动性和会话管理的 NF（AMF 和 SMF）、负责用户数据管理的 NF（UDM 和 AUSF）、负责后台数据存储功能的 NF，以及与网络平台相关的 NF（例如 NEF、NRF 和 NSSF）。在用户面主要是用于路由和转发的 UPF（User Plane Function）。其中，AMF（Access and Mobility Management Function）负责用户的移动性和接入管理，SMF（Session Management Function）负责用户会话管理功能，而UDM（Unified Data Management）负责包括用户标识、用户签约数据、鉴权数据等前端数据的统一处理，AUSF（Authentication Server Function）则配合 UDM 负责用户鉴权数据相关的处理。NEF（Network Exposure Function）负责对外开放网络数据，NRF（NF Repository Function）负责对 NF 进行登记和管理。NSSF（Network Slice Selection Function）用来管理网络切片相关的信息。控制面的 NF 摒弃传统的点对点通信方式，采用基于服务化架构的SBI 串行总线接口协议，传输层则统一采用 HTTP/2 协议，应用层携带不同的服务消息。5G核心网架构图如图 3.12 所示。

　　NF 提供服务化接口，以对外提供服务，并允许其他授权的 NF 访问或调用自身的服务。由于底层传输方式相同，所有的服务化接口可以在统一总线上进行传输，即总线通信方式。

NF 与其他组件的交互分为基于服务化接口的交互和基于传统点对点通信的交互。基于服务化接口的交互主要是控制面 NF 之间的交互；而基于传统点对点通信的交互是指 NF 与无线侧，以及与外部网络连接时的交互。

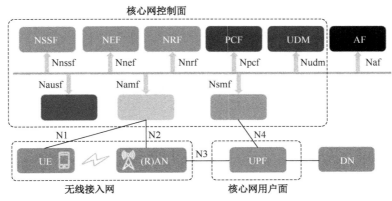

图 3.12　5G 核心网架构图

　　5G 核心网的移动管理、会话管理及数据传输等核心功能依然存在，而这种新的分离式架构方便网络部署，让整个网络更加灵活、开放、易扩展。这里的灵活是指只要按规范，随时可以投入和撤出某项网络功能，网络不受影响，这为 NFV/SDN 提供了可能；而开放是指对 4G 网络的开放和兼容，不仅方便接入 EPC，对非 3GPP 标准的网络也可以接入。通过这种核心网架构，5G 给整个社会带来更多优质的服务。5G 核心网架构中各网元的功能如表 3.8 所示。

表 3.8　5G 核心网架构中各网元的功能

5G 网络功能	中文名称	类似 4G EPC 网元
AMF	接入和移动性管理	MME 中 NAS 接入控制功能
SMF	会话管理	MME、SGW-C、PGW-C 的会话管理功能
UPF	用户平面功能	SGW-U+PGW-U 用户平面功能
UDM	统一数据管理	HSS、SPR 等
PCF	策略控制功能	PCRF
AUSF	认证服务器功能	HSS 中鉴权功能
NEF	网络能力开放	SCEF
NSSF	网络切片选择功能	5G 新增，用于网络切片选择
NRF	网络注册功能	5G 新增，类似增强 DNS 功能

物联网 +5G

3.4.2 5G 的空口技术

空口是指空中接口，是相对于有线通信中的"线路接口"概念而言的。有线通信中，"线路接口"定义了物理尺寸和一系列的电信号或者光信号规范，无线通信技术中，"空中接口"定义了终端设备与网络设备之间的电波链接的技术规范，使无线通信像有线通信一样可靠。从 1G 到 4G，每一代标准拥有新的空口技术以支撑终端设备的接入。每一代移动通信的空口技术都相当于王冠上的明珠。3G 时代的空口核心技术是 CDMA（码分多址），4G 时代的空口核心技术是 OFDM（正交频分复用）。与 4G 不同的是，5G 虽以用户的体验速率为主，但 5G 支持的垂直业务将变得多样和不确定。5G 支持的应用将空前繁荣，不同应用对空口技术要求也是复杂多样的。一个统一的空口必须解决所有问题，灵活适配各种业务。不管是自动驾驶要求的 1ms 时延，3D 全息影像要求的吉比特每秒的带宽，还是每平方千米几十万的物联网传感器连接数，通通都能满足。例如，端到端 1ms 时延的车联网业务，要求极短的时域 Symbol 和 TTI，这就需要频域较宽的子载波带宽；在物联网的多连接场景中，单传感器传送数据量极低，对系统整体连接数要求很高，这就需要在频域上配置比较窄的子载波带宽。在时域上，Symbol 的长度及 TTI 都可以足够长，几乎不需要考虑码间串扰问题，也就不需要再引入 CP，同时异步操作还可以解决终端省电的问题。设计满足各类差异很大的业务所要求的空口技术是一个非常难的技术问题。

（1）5G 除了进一步增强移动互联网之外，还需要使万物互联。5G 时代的业务将非常复杂，无论是远程实时操控要求的毫秒级时延，VR/AR 和超高清视频要求的吉比特每秒级带宽，或是每平方千米上百万连接数要求的广覆盖、低功耗物联网，对空口的设计要求差别巨大。目前来看，5G 必须引入革命性的新空口以满足多样性的业务需求，这在业界已达成共识。

（2）5G 不再只聚焦于移动互联网业务上，而是拥抱垂直行业并成为其效率提升的助推器。但是相比移动互联网业务，垂直行业的需求千差万别。同时，每个行业所能贡献的收入也远远低于移动互联网业务，这是一个典型的长尾市场。这种长尾性决定了在空口设计时，不可能为每一类行业需求定制一个空口，而是需要在统一的空口框架下，使用不同的参数配置（Numerology）来适配长尾化的垂直行业需求，也就是空口切片的概念。

（3）未来的 4～5 年内会有太多的不确定性，新的无法被预测的业务可能随着某一次技术革新而疯狂生长。因此，既要考虑业务的驱动，又要兼顾技术的适当超前，以应对未来业务的不确定性。

为了应对未来 5G 业务的多样性、长尾性和不确定性，需要考虑统一的新空口，以极大的灵活性适配各类业务。此外，追求更高的频谱效率始终是空口设计追求的目标，其对于降低运营商网络部署的成本及整个产业链的成熟和繁荣都至关重要。5G 主要有三大空口物理层技术：新波形技术是实现统一空口的基础波形，结合灵活的基础参数以实现空口切片；非正交多址接入技术和新编码技术在统一的波形基础上，进一步提升了连接数、可靠性和频谱效率，满足了 ITU 对 5G 的能力要求。

（4）新波形。基础波形的设计是实现统一空口的基础，同时兼顾灵活性和频谱的利用效率。目前，OFDM 技术在无线通信中已经应用广泛（OFDM 的时/频域资源分配方式如图 3.13 所示），由于采用了循环前缀 CP（Cyclic Prefix），CP-OFDM 系统能很好地解决多径时延问题，并且将频率选择性的信道分解成一套平行的平坦信道，这很好地简化了信道估计方法，并有较高的信道估计精度。然而，CP-OFDM 系统性能对相邻子带间的频偏和时偏比较敏感，因而容易导致子带间的干扰。目前，LTE 系统在频域上使用了保护间隔，但这样降低了频谱效率，因此需要采用一些新波形技术来抑制带外泄露。在 3GPP 会议上，各公司提出来的主要新波形候选技术包括：加窗正交频分复用移位的滤波器组多载波、滤波器组的正交频分复用、通用滤波多载波、滤波的正交频分复用和广义频分复用。这些多载波技术能为不同业务提供不同的子载波带宽和 CP 配置，以满足不同业务的时频资源需求。此时不同带宽的子载波之间不再具备正交特性，可能需要引入保护带宽，进而会带来额外开销。作为新波形候选技术的一种，F-OFDM 通过优化滤波器的设计，把不同子载波之间的保护频带最低做到一个子载波带宽，进而大大提升了频谱的利用效率。F-OFDM 的特点是每个子带上都有独立的子载波间隔、CP 长度和 TTI 配置，在临近的子带之间有很小的保护带开销，每种子带根据实际业务场景需求配置不同的波形参数，子带通过 Filter 进行滤波，从而实现子带波形的耦合。F-OFDM 是实现 5G 空口切片的基础技术之一，实现了在频域和时域的资源灵活复用。F-OFDM 的时/频资源分配方式如图 3.14 所示。

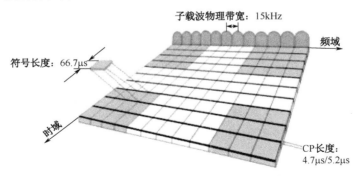

图 3.13　OFDM 的时/频域资源分配方式

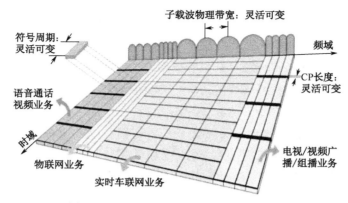

图 3.14　F-OFDM 的时/频域资源分配方式

（5）新型多址接入技术。多址接入技术通过发送信号在空/时/频/码域的叠加传输来实现多种场景下系统频谱效率和接入能力的显著提升，还可实现免调度传输，显著降低信令开销，缩短接入时延，节省终端功耗。多址接入技术决定了空口资源的分配方式，也是进一步提升连接数和频谱效率的关键。作为 5G 时代业界提出的一种新型多址接入技术，与 1G 到 4G 的多址接入技术相比，NOMA（Non-orthogonal Multiple Access，非正交多址接入）最大的特点就是不再需要信号之间的严格正交，允许存在一定干扰，以获取更大的系统容量。NOMA 对于时间和频谱资源的划分方式与 OFDMA 相似，是完全正交的。但 NOMA 允许不同用户在同一时间使用同一个信道，因此，NOMA 除了根据时间和频谱资源两个维度为用户信号赋予不同的特征外，还会在其他维度进行扩展，比如码域、功率域等，从而为更大数量级的用户信号赋予不同的特征。码域可以说是人为引入可控的干扰以支持更大的用户数，码域非正交多址通过在码域扩频和非正交叠加后，数据层的不同用户数据在相同的时/频/空资源发送，而接收端通过解扩或干扰删除分离各个用户的信息。功率域则是通过充分利用无线通信中天然存在的远近效应来获取更大的容量（远是边缘用户，近是中心用户）。功率域非正交多址通过在发送端将多个用户的信号在功率域直接叠加，接收端采用串行干扰删除区分不同用户的信号。通过发射机和接收机的联合设计，可使多层数据流在相同的时/频/空域资源里传输。跟 CDMA 和 OFDMA 相比，NOMA 子信道之间采用正交传输，没有明显的远近效应问题，多址干扰（MAI）问题也没那么严重。由于不依赖用户反馈的 CSI 信息，在采用 AMC 和功率复用技术后，应对各种多变的链路状态更加自如。同一子信道可以有多个用户共享，跟 4G 相比，在保证传输速度的同时，提高了频谱效率。不同于 4G 时代的 OFDMA 一家独大，5G 时代 NOMA 标准的竞争异常激烈，目前已经有十多种方案，如表 3.9 所示。

表 3.9　5G 时代的 NOMA 标准

扩 展 维 度		名　　　　　称	
基于编码调制	交织子载波索引调制 OFDMA	ISIM-OFDMA	interleaved subcarrier-index modulation OFDMA
	迭代多用户检测的比特交织编码调制	MU-BICMID	Multi-user bit-interleaved coded modulation with iterative decoding
CDMA+OFDM	多用户共享接入	MUSA	Multi-User Shared Access
	资源扩展多址接入	RSMA	Resource Spread Multiple Access
	稀疏码多址接入	SCMA	Sparse Code Multiple Access
向功率域扩展	非正交多址接入	NOMA	Non-Orthogonal Multiple Access
向多维度扩展	图分多址接入	PDMA	Pattern Division Multiple Access

SCMA（Sparse Code Multiple Access）是华为提出的一种新型多址接入技术。在 LTE 时代，空分复用的 MIMO 技术就已经被提出来了，而 SCMA 是着眼于码域的技术。SCMA 的第一个关键技术是低密度扩频，即将单个子载波的用户数据扩频到多个子载波上，然后多个用户数据共享这些子载波。如果密度过高，即子载波承载过多的用户数据，那么用户数据之间的干扰太严重，导致解调彻底无法实现。通过低密度扩频，每个子载波上有多个用户数据，如何区分这些数据，并将其精准解调就需要新的技术。SCMA 的第二个关键技术是多维调制技术，其调制的是波形的相位和幅度，使得这些数据能在相位和幅度上有所偏差，进而减少干扰。由于每个用户数据使用系统分配的稀疏码域进行多维调制，而系统又知道每个用户数据的码本，这样就可以在不正交的情况下，把不同用户数据解调出来。SCMA 在使用相同频谱的情况下，通过引入稀疏码域的非正交，大大提升了频谱效率，通过使用数量更多的载波组并调整稀疏度（多个子载波中单用户承载数据的子载波数），频谱效率可提升 3 倍，甚至更高。由于 SCMA 允许用户存在一定冲突，结合免调度技术可以大幅降低数据传输时延，以满足 1ms 的空口时延要求。SCMA 的两个关键技术示意图如图 3.15 所示。

（6）新编码技术。为了将来在有限的通信资源基础上实现更高层次的吞吐量、高频谱利用率及高服务、高运转速度的无线传输，5G 迫切需要实现编码空间调制，即在传统的二维映射基础上延伸至三维映射中去，并以天线实际的物理位置定位为依据来携带部分发送信息，以此提高频谱效率。

在介绍新编码技术之前，首先简单介绍香农极限（广义香农极限）。在允许一定误码率的前提下，通过编码尽可能地降低信噪比的要求，这个最低要求就是香农极限。编码效率越高，则频谱效率也越高。香农第二定理只是说明这类编码的存在性，并没有给出这类编码的构造。在过去的半个多世纪内，编码学家们提出了多种纠错码技术，例如 RS 码、卷积码、Turbo 码和 LDPC 码等，并在各种通信系统中进行了广泛应用，但是这些编码方案都未能达到香农极限，直至 Polar 码横空出世。2007 年，土耳其比尔肯大学教授 Erdal Arikan 首次提出信道极化的概念，基于该理论，他给出了人类已知的第一种能够被严格证明达到香农极限的信道编码方法，并命名为 Polar 码，这在编码技术史上具有划时代的意义。通过信道编码学者的不断努力，当前 Polar 码所能达到的纠错性能超过目前广泛使用的 Turbo 码和 LDPC 码。设码字的每个位置对应一个二进制对称输入的离散无记忆信道，则信道极化是指当码长持续增加时，一部分信道将趋于完美信道，而另一部分信道则趋向于纯噪声信道。

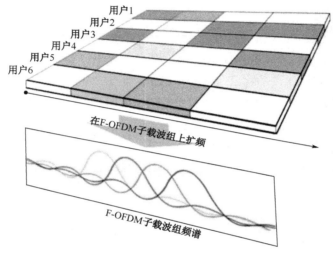

图 3.15　SCMA 的两个关键技术示意图

作为 5G 信道编码标准二门候选技术的低密度奇偶校验码（Low Density Parity Check Code，LDPC）和极化（Polar）码，各有其特点。LDPC 初期是基于二元域的，现已扩展到多元域，并且取得了显著成果，已被 802.11ac 作为信道编码标准。而 Polar 码在使用改进后的 SCL（Successive Cancelation List）译码算法时能以较低的复杂度接近极大似然译码的性能。Polar 码首先在相同的误码率前提下具有更高的编码效率，进而提升频谱效率；其次得益于很好的汉明距离和 SCL 算法设计，可靠性大大提升，并且译码复杂度大大降低。这对功耗十分敏感的物联网传感器特别友好，同时对 5G 超高可靠性需求的业务应用（例如，远程实时操控和无人驾驶等）能真正实现 99.999% 的可靠性，解决垂直行业可靠性的难题。不过使用多元 LDPC 的系统具有更好的频带利用率，并且在中短码上的表现也比 Polar 码更为出众。值得一提的是，Polar 码的译码算法改进是由华为公司提出的，并且将 Polar 码提出作为 5G 编码技术的候选标准之一。目前，Polar 码被 3GPP 确定为 eMBB 场景控制信道的上下行唯一编码方案，而数据信道的上行和下行短码方案则归属高通的 LDPC 码。

为了方便理解这三个空口技术，下面做一个简单的类比。将系统的时频资源理解成一节车厢，接入系统的终端设备理解为需要上车的乘客，则空口技术理解为让一节车厢承载尽可能多的乘客的一系列细则。采用 OFDM 技术对车厢装修的话，火车上只能提供固定大小的硬座（子载波间隔），进而不管是胖子瘦子，还是有钱没钱的乘客，都只能坐一样大小的硬座。这显然不够人性化，也不科学，无法满足需求。因而我们希望座位和空间都能够根据乘客的高矮胖瘦灵活定制，这种自适应的机制能充分合理地利用车厢的空间，进而载更多的乘客。F-OFDM 正是基于这一思路而研发的，即子载波的分配不是固定的，而是根据需求来划分的。

如前所述，F-OFDM 已经实现了火车座位（子载波）根据乘客（业务需求）进行了自适应，进一步提升频谱效率就需要在有限的座位上塞进更多乘客。一个直观的想法是一个座位挤多个人。例如 4 个同类型的并排座位，可以承载 6 个人，这样就轻松地将连接数提升了 1.5 倍。这种类比似乎简单，但是考虑到信号之间的干扰，信号解码的过程会很复杂，进而实现起来并不简单。这就涉及 SCMA 的第一个关键技术，称为低密度扩频，将单个子载波的用户数据扩频到 4 个子载波上，然后 6 个用户共享这 4 个子载波。之所以叫低密度扩频，是因为用户数据只占用了其中 2 个子载波，另外 2 个子载波是空的，这就相当于 6 个乘客坐 4 个座位，每个乘客最多只能占 2 个座位。这也是 SCMA 中 Sparse（稀疏）的由来。为何一定要稀疏呢？如果不稀疏就是在全载波上扩频，那同一个子载波上就有 6 个用户的数据，数据冲突太厉害，多用户解调就彻底无法实现了。

但是 4 个座位塞了 6 个用户之后，乘客之间就不严格正交了（每个乘客占了 2 个座位，无法再通过座位号（子载波）来区分乘客），单一子载波上还是有 3 个用户数据冲突了，多用户解调还是存在困难的。此时就用到了 SCMA 第二个关键技术，称为多维调制。通过多维调制技术，多用户解调和抗干扰性能大大增强了。每个用户的数据都使用系统分配的稀疏码本进行了多维调制，而系统又知道每个用户的码本，这样就可以在不正交的情况下，把不同用户最终解调出来。这就相当于虽然无法再用座位号来区分乘客，但是可以给这些乘客贴上不同颜色的标签，结合座位号还是能够将乘客区分出来的。

3.4.3　5G 的关键技术

过去的二十年，以手机为代表的无线移动通信技术得到了飞速发展和广泛应用，移动通信标准从 1G 发展到 2G、3G，到现在广泛使用的 4G。当前 5G 移动通信的发展速度越来越快，其借助网络控制技术的使用改变了过去的传输方式，加快了网络信息传输的速度，使得双频双向的通信目标顺利实现，将等待信息的时间大大减少。从表 3.10 中可以看出，每一代移动通信标准都有属于自己的技术和特点，作为新一代移动通信标准，5G 在 4G 的基础上，不仅将已有的关键技术发扬光大，而且拥有服务于业务的新关键技术。下面将重点介绍这些关键技术。

表 3.10　2G、3G、4G 的技术方法和性能特点

	技 术 名 称	技 术 方 法	性 能 特 点	其　他
2G	GSM	FDD 双工，FDMA 多址	支持 64kbit/s 的数据速率，容量增加两倍	加密程度较弱，容易被监听，不支持宽带业务
3G	CDMA 2000 WCDMA TD-SCDMA	CDMA 2000/WCDMA 采用直接序列扩频码分多址；TD-SCDMA 采用 TDD/FDMA/TDMA/CDMA 相结合的技术	传输速率高，速率能按需分配，支持多媒体业务	终端智能化，有效性、可靠性同 2G 相比有显著提高
4G	LTE-Advanced 802.16m	采用 OFDM，软件无线电技术，智能天线技术和 MIMO 技术	通信速度是 3G 的数十倍、数百倍，可实现多种终端的通信，可同时无线发送和接收多个信息	高传输率和高安全性及较低的误码率

1．大规模 MIMO 技术

大规模 MIMO（Massive Multiple-Input Multiple-Output，Massive MIMO），是 MIMO 技术的扩展和延伸，其基本特征是在基站侧配置从几十至几千的大规模天线阵列。其中，基站天线的数量比每个信令资源的设备数量大得多，利用空分多址（SDMA）的原理，同时服务多个用户，可以显著提高频谱效率和能源效率。大规模 MIMO（mMIMO）可以实现 16/32/64 通道，提高终端接收信号强度，避免信号干扰；并且可同时同频服务更多用户，提高网络容量，更好地覆盖远近端小区。mMIMO 技术经历了从二维到三维，从无源到有源，从高阶多输入多输出到大规模阵列的发展，能把频谱利用率提高数十倍甚至更高，对满足 5G 系统容量与速率需求起到重要的支撑作用。有源天线阵列的引入，使基站侧的协作天线数量多达 128 根，可将原 2D 天线阵列拓展成 3D 阵列，形成 3D-MIMO 技术，通过每个低成本、低功耗天线模块的半自治功能，支持多用户波束智能赋型，减少用户间干扰，进一步改善无线信号覆盖性能。

mMIMO 技术早在 4G 时代就已经被广泛应用了，只不过传统 4G MIMO 最多为 8 天线通道，而在 5G mMIMO 可以实现 16/32/64 通道。从 4G 到 5G，为什么基站侧天线数目规模越来越大呢？这是根据如图 3.16 所示的弗里斯传输公式（功率传输方程）而设定的。

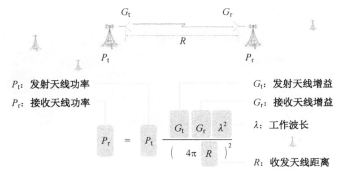

图 3.16 弗里斯传输公式

为了提高接收天线功率 P_r，可选的做法是增大发射功率 P_t，或者提高天线的增益 G_t 和 G_r，或者缩短移动通信设备与基站之间的距离 R，或者增加波长 λ。但实际上，由于功放技术的极限限制及国家无线管委会的规定，我们不能无限地增大发射功率 P_t。根据材料和物理规律，现阶段不可能直接无限提高天线的增益 G_t 和 G_r。如果缩短移动设备与基站之间的距离 R，则意味着要多建基站，对运营商来说成本太高。由于 5G 使用的是高频段，增加波长是不可行的；而且频率越高，信号越趋近于直线传播，绕射能力越差，进而在传播介质中的衰减也越大。使用高频段传输的最大问题是传输距离大幅缩短，覆盖能力大幅减弱，于是覆盖同一个区域需要的 5G 基站数量将大大超过 4G。由于通信频率越来越高，波长越来越短，天线也跟着变短，基站和智能终端可以部署多根天线，因此，MIMO 技术自然而然地被应用起来。由于 5G 频率高，波长短，因而基站发射信号是向四周辐射的。如何将散开的信号束缚在一起，使得信号能尽可能地利用起来，这需要一个称为波束赋形的技术。

波束赋形是根据特定场景自适应地调整天线阵列辐射图的一种技术。传统的单天线通信方式是基站与手机间单天线到单天线的电磁波传播，在没有物理调节的情况下，其天线辐射方位是固定的，导致同时同频可服务的用户数量受限。而在波束赋形技术中，基站侧拥有多根天线，可以自动调节各个天线发射信号的相位，使其在移动设备端接收点形成电磁波的有效叠加，产生更强的信号增益来克服损耗，从而达到提高接收信号强度的目的。通信系统中，天线的数目越多、规模越大，波束赋形能够发挥的作用也就越明显。进入 5G 时代后，随着天线阵列从一维扩展到二维，波束赋形也发展成了立体多面手，能够同时控制天线方向图在水平方向和垂直方向的形状，演进为 3D 波束赋形（3D Beamforming）。3D 波束赋形使基站针对用户在空间的不同分布，将信号更加精准地指向目标用户。打个简单的比方，传统的单天线通信就像电灯泡，照亮整个房间。而波束赋形就像手电筒，光亮可以智能地汇集到目标位置上，并且还可以根据目标的数目来构造手电筒的数目。而 3D 波束赋形可以使手电筒的光束跟随目标移动，保证在任何时候目标都能被照得亮亮的。波束赋形这种空间复用技术，由全向的信号覆盖变为精准指向性服务，波束之间不会干扰，在相同的空间中提供更多的通信链路，极大地提高了基站的服务容量，如图 3.17 所示。

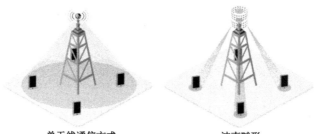

单天线通信方式　　　　　　　　波束赋形

图 3.17　单天线通信方式与波束赋形的比较

大规模天线阵列负责在发送端和接收端将越来越多的天线聚合进越来越密集的数组，而 3D 波束赋形负责将每个信号引导到终端接收器的最佳路径上，提高信号强度，避免信号干扰。基于波束赋形技术的大规模 MIMO 就是通过给天线波束"整形"的方式来提高发射天线增益 G_t，从而达到提高接收信号强度 P_r 的目的。mMIMO 技术的优势有如下 4 点。

（1）精确的 3D 波束赋形，提升终端接收信号强度。不同的波束都有各自非常小的聚焦区域，用户始终处于小区内的最佳信号区域。

（2）同时同频服务更多用户，提高网络容量。由于在覆盖空间中，对不同用户可形成独立的窄波束覆盖，使得天线系统能够同时传输不同用户的数据，从而可以数十倍地提升系统吞吐量，提高网络容量。

（3）有效减少小区间的干扰。由于天线波束非常窄，并且能精确地为用户提供覆盖，可以大大减少对邻区的干扰。

（4）更好地覆盖远、近端小区。波束在水平和垂直方向上的自由度可以带来连续覆盖上的灵活度和性能优势，更好地覆盖小区边缘和小区天线下近点。

在重点区域多用户场景下，由于信号范围内用户过多，导致干扰过大，进而打电话上网等都变得十分困难。在 5G 时代，为了有更好的用户体验，mMIMO 的精准波束赋形和独立波束覆盖就显得特别重要。特别是在高楼覆盖场景下，由于传统的基站垂直覆盖范围通常很窄，可能需要部署多个天线才能满足需求。而 mMIMO 的 3D 波束赋形可以有效提升水平覆盖及垂直覆盖能力，与原来只能靠室内专网覆盖相比，可以同时覆盖高/低楼层，最大限度地解决高层楼宇的覆盖问题，如图 3.18 所示。

图 3.18　波速赋形可以覆盖高/低楼层

总之，mMIMO 不仅是 4G 网络的增强技术，更是 5G 网络实现容量和频谱效率提升的核心技术。

2．频谱扩展和高频传输技术

频谱扩展技术是当今先进的无线通信技术，包括认知无线电、毫米波、可见光通信等技术。其中，认知无线电是伴随移动通信领域快速发展的无线电通信频谱利用率的新技术，具有认知功能的无线通信能有效地利用时间和空间上的空闲频谱资源来提供无线通信业务，全动态地利用"频谱空穴"，并在此资源基础上利用空间、时间适时调整功率、频率、调制及其他动态参数，获取最佳的频带利用效果。毫米波通信则采用毫米波进行通信，能够非常有效地缓解频谱资源紧张的状态，也可以提升通信容量。由于 5G 有超密集异构网络，故毫米波具有波束集中、方向性好、受干扰影响小及波束窄等特点，具有很强的抗干扰能力，并可以提高通信的可靠性。可见光通信具有广泛性、高速率性、宽频谱、低成本、高保密性和实用性等特点，是在物联网、移动通信等领域获得广泛认同的新技术，其应用渗透到航空、军事、地铁及通信等领域，并在未来 5G 通信中占有一席之地。

前几代移动通信网络频段是在 3GHz 以内的微波频段。随着用户激增，频谱资源紧张的矛盾日益突出。但在毫米波频段，带宽高达 284.6GHz，是微波带宽的 12 倍。元器件的尺寸也会小很多，技术也日渐成熟，能更好地实现高速短距离通信，满足 5G 传输速率和容量需求，因而毫米波通信被认为是 5G 网络物理层设计的关键技术之一。低、中、高频段的应用能力如图 3.19 所示。

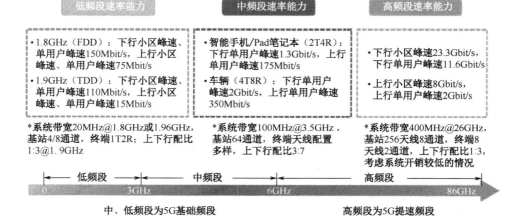

图 3.19　低、中、高频段的应用能力

毫米波是指波长在 1～10mm 的电磁波，通常对应于 30～300GHz 的无线电频谱。毫米波由于其频率高，波长短，具有如下特点。

① 频谱宽，配合各种多址复用技术可以提升信道容量，适合高速多媒体传输业务。

② 可靠性高，较高的频率使其受干扰少，能较好地抵挡恶劣天气的影响，并提供稳定的传输信道。

③ 方向性好，毫米波受空气中各种悬浮颗粒物的吸收较大，使得传输波束较窄，增大了窃听难度，适合短距离点对点通信。

④ 波长极短，所需的天线尺寸很小，易于在较小的空间内集成大规模天线阵。

这些特性导致毫米波在自由空间中的传播具有很大的路径损耗，并且反射之后的能量急剧衰减。除此之外，毫米波不容易穿过建筑物或者障碍物，并且可以被叶子和雨水吸收。在毫米波通信系统中，信号的空间选择性和分散性被毫米波的高自由空间损耗和弱反射能力限制，又由于配置了大规模天线阵，很难保证各天线之间的独立性，因此，在毫米波系统中，天线的数量要远远高于传播路径的数量。

早在 2015 年，美国联邦通信委员会已率先规划了 28GHz、37GHz、39GHz 和 64～71GHz 频段为美国 5G 毫米波推荐频段。这四个频段适合长距离通信。不像 6GHz 以下频段因其较好的信道传播特性，可作为 5G 的优选频段，6~100GHz 高频段具有更加丰富的空闲频谱资源，可作为 5G 的辅助频段。业界探讨的频段包含较高的频段，如 10GHz、28GHz、32GHz、43GHz、46～50GHz、56～76GHz 及 81～86GHz。尽管这些频段目前尚处于提议阶段，但已引起足够重视。信道测量与建模、低频和高频统一设计、高频接入回传一体化和毫米波前端天线一体化等是该项技术面临的主要挑战。

目前，5G 频谱分为两个区域 FR1 和 FR2。其中，FR1 的频率范围是 450MHz～6GHz，也叫 Sub6G；FR2 的频率范围是 24～52GHz，这段频谱的电磁波波长大部分是毫米级别的，因此，也叫毫米波，如图 3.20 所示。

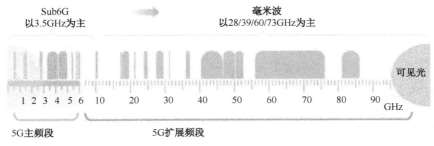

图 3.20　5G 的主频段和扩展频段

FR1 的优点是频率低，绕射能力强，覆盖效果好，是当前 5G 的主用频谱，而 FR2 的优点是超大带宽，频谱干净，干扰较小，作为 5G 后续的扩展频率。FR1 主要作为基础覆盖频段，最大支持 100Mbit/s 的带宽。其中，低于 3GHz 的部分，包括现网在用的 2G、3G、4G 频谱，在建网初期可以利用旧站址的部分资源实现 5G 网络的快速部署。FR2 主要作为容量补充频段，最大支持 400Mbit/s 的带宽，未来很多高速应用都会基于此段频谱实现，5G 高达 20Gbit/s 的峰值速率也是基于 FR2 的超大带宽的。

3．超密集组网技术

随着各种智能终端的普及，数据流量将出现井喷式的增长。未来，数据业务将主要分布在室内和热点地区。可以预见，5G 网络和 4G 网络一样，主要覆盖陆地上人口密集地区。IMT-2020 归纳了典型的超密集网络场景，即密集住宅区、密集商务区、公寓、购物中心及交通枢纽、大型活动场馆和地铁。5G 时代将是移动数据流量高速增长、海量设备连接及各种各样新型业务大量涌现的时代。在热点高、容量密集的局部区域，爆炸式的数据量需求令 4G 基站力不从心，进而因容量不足导致数据处理延迟或接收数据失败。5G 超密集网络（Utra-Dense Network，UDN）技术是一种通过密集部署基站群来解决无线系统容量的组网方案。基站部署间距进一步缩小，基站数量大规模增多，基站与基站之间如同联盟般协作，提升空间利用率和频率复用效率，从而实现局部热点区域的系统容量百倍量级提升。超密集网络能够改善网络覆盖，大幅度提升系统容量，并且对业务进行分流，具有更灵活的网络部署和更高效的频率复用。超密集网络成为实现 5G 的 1 000 倍流量需求的主要手段之一。多种无线接入技术、D2D 和 VDN 如图 3.21 所示。

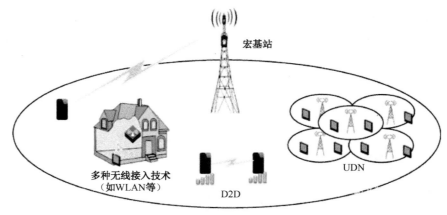

图 3.21　多种无线接入技术、D2D 和 UDN

在热点高、容量密集场景下，无线环境复杂，并且干扰多变，基站的超密集组网可以在一定程度上提高系统的频谱效率，并通过资源调度可以快速进行无线资源调配，提高系统无线资源利用率和频谱效率，但同时也带来了许多问题。首先是系统干扰问题，在复杂、异构、密集场景下，高密度的无线接入站点共存可能带来严重的系统干扰问题，甚至导致系统频谱效率恶化。其次是移动信令负荷加剧，随着无线接入站点间距进一步减小，小区间切换将更加频繁，会使信令消耗量大幅度激增，用户业务服务质量下降。最后是系统成本与能耗，为了有效应对热点区域内高系统吞吐量和用户体验速率要求，需要引入大量密集无线接入节点、丰富的频率资源及新型接入技术，同时需要兼顾系统部署运营成本和能源消耗，尽量使其维持在与传统移动网络相当的水平。

超密集网络技术的应用场景如表 3.11 所示。

表 3.11　超密集网络技术的应用场景

主要应用场景	室内外属性	
	站 点 位 置	覆盖用户位置
办公室	室内	室内
密集住宅	室外	室内、室外
密集街区	室内、室外	室内、室外
校园	室内、室外	室内、室外
大型集会	室外	室外
体育场	室内、室外	室内、室外
地铁	室内	室内

为了解决特定区域内持续发生高流量业务的热点高容量场景带来的挑战，即如何在网络资源有限的情况下提高网络吞吐量和传输效率，保证良好的用户体验速率，5G 超密集网

络一般的做法如下。

首先，接入网采用微基站进行热点容量补充，同时结合大规模天线、高频通信等无线技术，提高无线侧的吞吐量。其中，在宏-微覆盖场景下，通过覆盖与容量的分离，实现接入网根据业务发展需求及分布特性灵活部署微基站。同时，宏基站充当微基站间的接入集中控制模块，负责无线资源协调、小范围移动性管理等功能。除此之外，对于微-微超密集覆盖的场景，微基站间的干扰协调、资源协同、缓存等需要进行分簇化集中控制。此时，接入集中控制模块可以由分簇中某一个微基站负责或者单独部署在数据中心，负责提供无线资源协调、小范围移动性能管理等功能。

其次，为了尽快对大流量的数据进行处理和响应，需要将用户面网关、业务使能模块、内容缓存/边缘计算等转发相关功能尽量下沉到靠近用户的网络边缘。例如，在接入网基站旁设置本地用户面网关，实现本地分流。同时，通过在基站上设置内容缓存/边缘计算能力，利用智能的算法将用户所需内容快速分发给用户，同时减少基站向后的流量和传输压力。更进一步地将诸如视频编解码、头压缩等业务使能模块下沉部署到接入网侧，以便尽早对流量进行处理，减小传输压力。

综上所述，5G 超密集组网网络架构一方面通过控制承载分离，实现未来网络对于覆盖和容量的单独优化，实现根据业务需求灵活扩展控制面和数据面资源；另一方面通过将基站部分无线控制功能抽离进行分簇化集中式控制，实现簇内小区间干扰协调、无线资源协同、移动性管理等，提升了网络容量，为用户提供极致的业务体验。除此之外，网管功能下沉、本地缓存、移动边缘计算等增强技术，同样对实现本地分流、内容快速分发、减少基站骨干传输压力等有很大帮助。与此同时，5G 组网采用模块化功能设计，并引入 SDN/NFV 技术，在同一基站平台上同时承载多个不同类型的无线接入方案，实现无线接入网（Radio Access Network，RAN）内部各功能实体动态无缝连接，并能完成接入网逻辑实体的实时动态的功能迁移和资源伸缩，最终实现接入网和核心网功能单元动态连接，配置端到端的业务链，实现灵活组网。

4. NFV/SDN 技术

随着智能硬件的爆发，大量的应用接入 4G 网络，人们的流量需求如同海啸般汹涌而至，未来的 4G 网络空口速率将是现在的 10 倍。传统的通信网络里，每一类服务对应基于专用集成电路的带有专用处理器的专用服务器。网络里的设备很多，但是，这些专用设备仅对应专用的服务，不管有没有需求，它都在占用资源。为了节省资源，减轻网络负担，人们想到了 NFV（即网络功能虚拟化）技术。一般常用的虚拟化技术包括操作系统中内存的虚拟化和虚拟专用网技术（VPN）两类。内存虚拟化是指在实际运行时，用户需要的内存空间远远大于物理机器的内存大小，利用内存的虚拟化技术，用户可以将一部分硬盘虚拟化为内存，而这对用户是透明的；而 VPN 是指在公共网络中虚拟化一条安全、稳定的"隧道"，用户感觉像是使用私有网络一样。

NFV 是指基于大型共享的成品（Off-The-Shelf，OTS）服务器，通过软件定义的方式，探索网络实体的虚拟化使用。在 NFV 中使用的虚拟机（Virtual Machine，VM）技术是虚拟化技术的一种。基于软件定义的虚拟机，部署成本低，而且可以快速适应网络需求变化。虚拟机就像是将所有能想到的东西都放在一台物理服务器（Physical Server）上，有了云计算和虚拟化，那些冗余的服务器都可以部署在独立的物理服务器上，不但可以并行处理，满足网络峰值需求，还可以根据网络需求随时释放资源，方便部署，有利于故障管理，快速升级，满足市场需求。NFV 技术颠覆了传统专用平台的封闭思想，同时引入了灵活的弹性资源管理理念。其架构包括三个部分：VNF（虚拟网络层，Virtualized Network Function）、NFVI（网络功能虚拟化基础设施，NFV Infrastructure）和 MANO（NFV 管理与编排，Management and Orchestration）。其中，虚拟网络层是共享同一物理 OTS 服务器的 VNF 集，对应的是各个网元功能的软件实现，例如 EPC 网元、IMS 网元等逻辑实现；NFVI 可以理解为资源池，它需要将物理计算、存储、交换资源通过虚拟化转换为虚拟的计算、存储、交换资源池；而 NFV MANO 类似于目前的 OSS/BSS 系统，负责"公平"地分配物理资源，同时还负责冗余管理、错误管理和弹性调整等。

软件定义网络（SDN）是一种新型网络创新架构，是实现网络虚拟化的一种方式，其本质是通过网络设备控制面和转发面的分离实现网络流量的灵活控制。SDN 起源于 2016 年斯坦福大学由 Nick McKeonwn 教授领导的网络安全与管理的项目，后来 Google 将 SDN 用于 DCI 场景，将带宽利用率提升到 95%，于是 SDN 扬名于互联网。SDN 负责分离控制面和数据面，将网络控制面整合于一体。这样，网络控制面对网络资源和状态就有一个宏观视野，便于统筹规划、调度配置和管理运维等。路由协议交换、路由表生成等路由功能均在统一的控制面完成。此外，SDN 提供标准化的接口，使得网络功能共享复用，而且令网络具有可编程特性，即用户通过控制器编程接口，对网络功能进行定制化开发，自动化配置、部署和管控。

传统架构将控制平面和数据平面紧耦合，打包在一个盒子里，造成升级困难，管理复杂。而 SDN 架构打破这种竖井式架构，将控制平面和数据平面分离，各司其职，分开部署，分开研发。其中，数据平面只负责报文的转发，而转发规则由控制平面决策。这样打破了传统网络结构封闭的状态，众多有创新能力的厂商有机会参与其中，用通用设备替代商业专有设备。将控制和转发分离，才能实现集中式控制，而集中式控制能实现高效的管理和优化。

实现控制平面与数据平面分离的协议叫 OpenFlow，OpenFlow 是 SDN 的一个网络协议，是在斯坦福大学 Nick 教授的一篇论文中首先被提出的，是 SDN 要求的数控分离提供的实现方式之一。OpenFlow 将网络拓扑镜像到控制面，然后控制面初始化网络拓扑，初始化完成后，控制面实时更新网络拓扑，并向每个转发节点发送转发表。用户数据根据转发表在网络内传送。由于控制面统领全局，它可以快速地为每一个转发节点创建新的路由表，这样用户数据就可以传送到新网络。OpenFlow 的数控分离方式如图 3.22 所示。

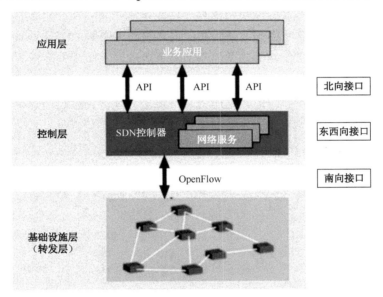

图 3.22 OpenFlow 的数控分离方式

NFV 负责各种网元的虚拟化，而 SDN 负责网络本身的虚拟化（例如网络节点和节点之间的相互联接）。NFV 使得传统的物理网络设备以虚拟网络功能（Virtualized Network Function，VNF）的方式部署在通用硬件的虚拟机上，灵活实现网络资源的弹性伸缩，加快网络的部署，提升网络的运维管理效率。而 SDN 技术的使用将会提升控制面集成度，增强转发面效率。对于网络设备的控制面，将采用集中控制、分布控制或者两者结合的控制方式。而对于网络设备的转发面，基站与路由交换等基础设施将具备可编程的能力，使得网络应用层可以与各种应用场景灵活适配，增强网络的开放性和兼容性。

5. D2D 技术

在目前的移动通信网络中，包括控制信令和数据包在内的信号都是通过基站进行中转的。一直以来，我们希望能够只占用少部分或者不占用基站资源直接进行通信，目前也有一些终端设备采用直接通信的方式。比如，通过蓝牙进行近距离数据交互、苹果手机之间通过 airdrop 进行隔空投送。但是目前这些技术的总体传输速率低，覆盖距离近，无法满足 5G 时代万物互联、大规模数据传输的应用场景，而 D2D 的出现则有望解决这个问题。设备到设备（Device-to-Device，D2D），即邻近终端设备之间直接进行通信的技术，可以完成终端设备的直接通信，从而能降低基站负载，以此提供比基站转发更高速率、更低功耗的短距离传输服务，改善现有网络的通信质量，提高频谱利用率。D2D 通过使用丰富的频谱资源、高频谱效率和近距离低功率提供的高空间重用因子，实现大容量、低成本通信。在通信网络中，一旦 D2D 通信链路建立起来，传输语音或数据消息就无须基站的干预，这样可减轻通信系统中基站及核心网的数据压力，大幅提升频谱资源利用效率和吞吐量，增大网络容量，保证通信网络更为灵活、智能、高效地运行，而且避免了基站与终端间的长距离传输，能更好地实现功耗的有效降低，极大地提高 5G 网络接入方式和网络连接性能。目前 D2D 的方案由广播、组播、单播，未来还将研发其增强技术，包括基于 D2D 的中继技术、多天线技术、联合编码技术、发送功率控制技术、资源分配技术等。一般通信与 D2D 通信的示意图如图 3.23 所示。

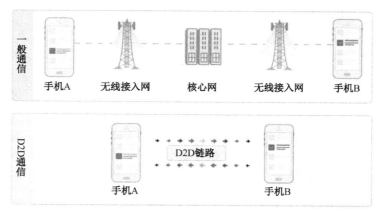

图 3.23 一般通信与 D2D 通信的示意图

D2D 通信既可以满足手机用户之间的通信，也支持大规模的机器通信业务，比如车载通信。具有 D2D 功能的智能终端可在 D2D 通信模式与一般通信模式之间进行切换。比如，手机终端在通信高峰期根据通信距离与通信质量智能选择使用 D2D 通信模式，还是一般通信模式。D2D 的直接覆盖距离可以达到 100 米左右。另外，具有 D2D 功能的终端设备也可以充当网络中继转发消息，进一步扩展网络通信范围。比如，不在网络覆盖范围内的手机用户可以通过 D2D 多跳传输接入网络。作为短距离无线通信技术的 D2D 和蓝牙相比有什么区别呢？为什么 D2D 可以满足 5G 的要求呢？

① 蓝牙的工作频段为 2.4GHz，通信覆盖范围只有 10 米左右，并且数据传输速率很慢，通常小于 1Mbit/s。而 D2D 使用通信运营商授权频段，干扰可控，直接通信覆盖范围可达 100 米，信道质量更高，传输速率更快，更能够满足 5G 的超低时延通信特点。

② 蓝牙需要用户手动配对，D2D 则可以通过终端设备智能识别，无须用户动手配置连接对象或网络。

③ D2D 既可以在基站控制下进行连接及资源分配，也可以在无网络基础设施的时候进行信息交互，应用场景更加广泛。

按照基站的参与程度不同，D2D 可以分为 3 种应用场景：蜂窝网络覆盖下的 D2D 通信、部分蜂窝网络覆盖下的 D2D 通信和完全没有蜂窝网络覆盖下的 D2D 通信。

① 蜂窝网络覆盖下的 D2D 通信。从 D2D 设备发现，会话建立，到通信资源的分配都是在基站的严密管控之下完成的。待使用 D2D 功能的目标设备向基站发送"发现信号"，请求配对，然后基站收到需要发现 D2D 通信设备的请求配对消息后，建立逻辑连接，控制 D2D 设备的资源分配，即让该目标设备附近的 D2D 设备接收该"发现信号"，然后分配信道资源（通常是复用蜂窝网络的信道资源），此时，两个 D2D 设备可以获得高质量的通信。此外，基站可以通过控制具体复用哪一条信道资源及 D2D 通信设备的发送功率，将 D2D 通信对一般通信用户的干扰控制在最低范围。蜂窝网络覆盖下的 D2D 通信如图 3.24 所示。

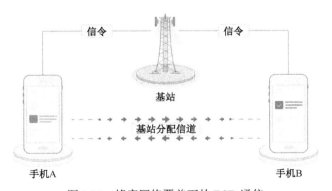

图 3.24　蜂窝网络覆盖下的 D2D 通信

② 部分蜂窝网络覆盖下的 D2D 通信。这种是属于基站辅助控制下的 D2D 通信。基站旨在开始阶段参与设备发现和会话建立，负责引导设备双方建立连接，后续不再进行资源调度，由 D2D 设备根据内置算法自行选择信道资源。这种 D2D 通信模式的网络复杂度比第一类 D2D 通信有大幅降低。但是，由于自行选择信道资源带来的干扰不可控问题，一般通信用户和 D2D 用户的通信质量都会受到一定影响。部分蜂窝网络覆盖下的 D2D 通信如图 3.25 所示。

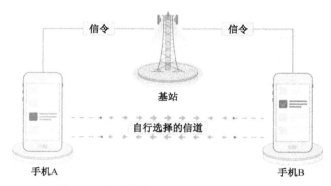

图 3.25　部分蜂窝网络覆盖下的 D2D 通信

③ 完全没有蜂窝网络覆盖下的 D2D 通信。用户设备直接进行 D2D 通信，该场景对应于蜂窝网络瘫痪的时候。这种情况下，D2D 设备的发现及会话建立都是由 D2D 设备自主完成的，不需要基站的参与，因此，D2D 设备的复杂度比前两类更高。由于 D2D 终端设备具有充当中继节点自动转发消息的功能，失去蜂窝网络覆盖的 D2D 设备可以通过中间 D2D 设备传递消息，也就是多跳，最终连接到远方的基站，从而接入网络。

D2D 的 3 种应用场景如表 3.12 所示。

表 3.12　D2D 的 3 种应用场景

应 用 场 景	基站参与度	特　　点
蜂窝网络覆盖下的 D2D 通信	坐拥资源调度和干扰管理大权	干扰可控，通信质量高，但是网络复杂度高
部分蜂窝网络覆盖下的 D2D 通信	引导 D2D 设备建立连接，不插手资源调度	网络复杂度大幅降低，但是通信体验稍差
完全没有蜂窝网络覆盖下的 D2D 通信	不直接参与	自由度高，可用于蜂窝网络瘫痪场景，但是终端设备的复杂度高

我们正在进入万物互联的 5G 时代。根据业界预测，2020 年，全球范围内将会存在大约 500 亿部终端设备接入通信网络，其中的大部分是具有物联网特征的机器通信终端。

这些机器终端恰好具有邻近通信的特征，届时以基站为中心的传统业务模式可能无法及时响应海量数据的传输需求，而 D2D 作为一种补充通信模式将为 5G 时代的移动终端的海量接入及大规模数据传输开辟新的途径。

6. 移动边缘计算

边缘计算（Edge Computing）是一种分布式计算，将数据资料的处理、应用程序的运行，甚至一些功能服务的实现，由网络中心下放到网络边缘的节点上。2013 年，IBM 与 Nokia Siemens 网络，共同推出了一款计算平台，可在无线基站内部运行应用程序，向移动用户提供业务。于是移动边缘计算（Mobile Edge Computing）的概念被提出来了。2014 年，欧洲电信标准化协会（European Telecommunications Standards Institute，ETSI）成立移动边缘计算规范工作组（Mobile Edge Computing Industry Specification Group），正式宣布推动移动边缘计算标准化。2016 年，ETSI 把 MEC 的概念扩展为多接入边缘计算（Multi-Access Edge Computing），将边缘计算从电信蜂窝网络进一步延伸至其他无线接入网络（如 WiFi）。MEC 可以看作一个运行在移动网络边缘的、运行特定任务的云服务器。移动边缘计算方式如图3.26所示。

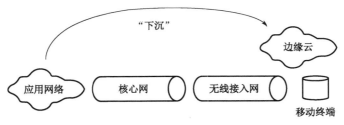

图 3.26　移动边缘计算方式

5G 的超大带宽、极低时延业务接入对于网络提出了新的需求。eMBB 场景下的超大流量需要内容的本地化。低时延业务则要求核心网部署到网络边缘。由于 5G 时代设备数量会大量增加，网络边缘侧会产生庞大的数据量。如果这些数据都为了满足未来人们对于网络的不同需求，5G 必须将网络功能和业务处理功能下移到靠近接入网的边缘，以减少中间层级。如果在网络边缘侧产生的海量数据都由核心管理平台来处理，则在敏捷性、实时性、安全和隐私等方面都会出现问题。移动边缘计算（Mobile Edge Computing，MEC）技术恰好能很好地解决这些"痛点"问题。移动边缘计算可以就近处理海量数据，大量设备可以实现高效协同工作。此外，为了控制成本，运营商必然选择一张承载网+网络切片/边缘计算技术，实现在较少的资本投入下较丰富的网络功能。引入边缘计算后将大量业务在网络边缘终结，进而大大减轻承载网的带宽瓶颈、时延抖动等性能瓶颈。

在传统网络结构中，信息的处理主要位于核心网的数据中心机房内，所有信息必须从网络边缘传输到核心网进行处理之后再返回网络边缘。在 5G 时代，传输网架构中引入边缘计算技术，在靠近接入侧的边缘机房部署网关、服务器等设备，增加计算能力，将低时延业务、局域性数据、低价值量数据等数据在边缘机房进行处理和传输，不需要通过传输网返回核心网，进而降低业务时延，减少对传输网的带宽压力以降低传输成本，提高内容分发效率以提升用户体验，如图 3.27 所示。

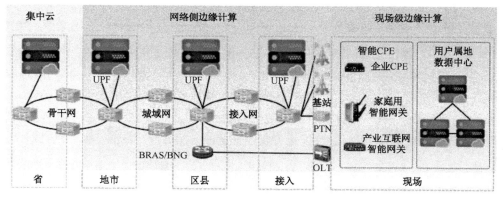

图 3.27　5G 时代传输网架构中的边缘计算技术

移动边缘计算具有高安全性、低时延，以及带宽成本低等优点。由于边缘计算中的数据仅在源数据设备和边缘设备之间交换，不再全部上传至云计算平台，这种做法防范了数据泄露的风险。在时延方面，据估计，如果业务经由部署在接入点的 MEC 完成处理和转发，则时延有望可控制在 1ms 之内，若业务在接入网的中心处理网元上完成处理和转发，则时延为 2～5ms。对于时延要求高的场景，边缘计算由于靠近数据源，故能达到快速处理数据并做出决策的目的。在带宽方面，未来的物联网需要大量的传感器无线接入到 5G 中，将这些传感器的信息发送到云计算中心会花费很长时间和过高的成本，如果采用边缘计算处理，将减少大量带宽成本。

MEC 平台提供了计算资源、存储容量和网络连线，并且可以获取用户业务流和无线网络状态信息。MEC 平台主要包含 MEC 托管基础设施层、MEC 应用平台层及 MEC 应用层。其中，MEC 托管基础设施层基于通用服务器，采用网络功能虚拟化的方式，为 MEC 应用平台提供底层硬件的计算和存储等物理资源。MEC 应用平台层则由 MEC 的虚拟化管理和应用平台功能组件组成。MEC 的虚拟化管理以基础设施作为服务，为应用层提供一个灵活、高效且多个应用独立运行的平台环境。MEC 应用层则基于网络功能虚拟化 VM 应用架构，将 MEC 应用平台的功能组件进一步组合封装成虚拟的应用（本地分流、无线缓存、增强现实、业务优化、定位等应用）。

移动边缘计算的主要应用场景所需的技术指标是高带宽和低延时，同时在本地具有一定的计算能力，因此，移动边缘计算特别适合视频缓存与优化、增强现实及监控数据分析等应用场景。在播放 4K/8K 超高清视频和 VR 等对带宽要求很高的数据源时，移动边缘计算可以将内容缓存到靠近无线侧的 MEC 服务器上，然后根据用户请求合理分配内容。

3.5　天生我才必有用：5G 的适用场景

自 4G 以来，业务流量增长迅速，各大行业不断挖掘新的网络应用，通信网络面临极大的扩容压力，而 5G 网络的超高速率、超大连接和超低时延这三大性能可以使现有网络突破容量瓶颈，有利于各行各业培育新的业务。对应这三大性能，5G 网络可以划分为以下应用场景：增强移动宽带（eMBB），高可靠、低时延通信（URLLC）和海量机器类通信（mMTC）。2019 年，包括中国移动在内的国内运营商已聚焦 eMBB 业务实现一定规模的试商用，2020 年后将陆续推出商用 URLLC 类、mMTC 类业务等，如图 3.28 所示。

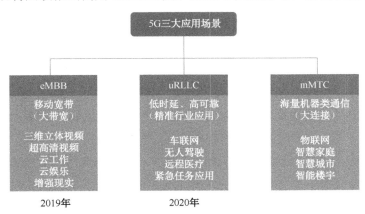

图 3.28　5G 的三大应用场景

1. 增强现实

增强现实是将虚拟信息叠加到真实世界的实时画面中而产生的各种与艺术和科学有关的技术。虽然虚拟现实能够创造一个完全封闭的、自给自足的 3D 虚拟世界，让用户完全沉浸其中，但增强现实则可以增强我们对周围环境的认识与感知。在现实世界中嵌入虚拟元素，需要强大的处理器、敏锐的摄像头、一系列先进的传感器和强大的智能软件支持。简单来说，发挥增强现实的潜力，需要处理大量的数据。这些数据需要实时呈现，第一时间产生令人信服又响应流畅的 AR 体验，因此，任何硬件上的性能不足都可能破坏增强现实体验。而实时处理海量数据意味着需要性能强大的移动设备做本地数据处理，这大大限制了 AR 体验的有效范围。作为下一代移动网络，5G 可以大幅提高网络的容量，并且降低延迟。5G 将随时随地和全球朋友的虚拟现实交流变为可能，你可以和家人、同事进行高保真视频通话。不仅如此，5G 还可提供还原场景的 VR 教育。在学校上课时，老师可以和学生连接同一个网络，让学生通过 VR 观看和体验老师准备好的内容，例如，可以让学生通过 VR 进行化学实验，既可以体验实验过程，又没有实际的危险。在公司培训时，可以通过 VR 模拟一些高成本或危险系数高的场景，例如驾驶模拟、器械操作等。2018 年，上海交大公开展示了其标准化电子考场系统、云录播教室和在线督导系统。其中，云录播教室开放校内课程的点播和直播，并将优质的教育资源录制传输到资源相对匮乏的地区。5G 可以让学生随时随地、无卡顿地观看到课程，特别是直播课程。

2. 智慧医疗

5G 可使"远在天涯的医生，近在咫尺的诊疗"成为可能。医生通过远程视频进行诊断和手术设备操控，即使患者不在身边，都可以得到及时诊疗。在 2019 年 3 月，中国移动、华为和中国人民解放军总医院三方共同努力，成功完成了全国首例基于 5G 的远程帕金森病"脑起搏器"植入手术。中国人民解放军总医院海南医院的神经外科主任医师凌至培通过中国移动搭建的 5G 网络，远程操控手术 3 个小时，成功为一名 68 岁的帕金森患者植入"脑起搏器"。这场手术的成功，也宣告 5G 在远程医疗实践上的极大突破。5G 在医疗健康不同的应用场景，其性能特性发挥作用有所不同，主要应用在远程监测、远程会诊和指导、远程操控类。在远程监测、远程会诊和指导方面，可以充分利用 5G 的高带宽实现生命体征数据、影像诊断结果、生化血液分析结果、电子病历等资料的高速传输。在 5G 网络下，可提高移动查房、移动护理的效率，医生可以随时进行电子病历的输入、查询和修改，也可随时翻阅 X 光片等较大的医疗文件。医生还可以进行远程医疗，降低各地区医疗资源的差距。远程医疗依赖于稳定、低时延的网络，例如，心脏除颤每推迟 1 分钟，存活率会降低 7%～10%。5G 提供的低时延（1ms），超高可靠性正好满足了这方面需求。未来，凭借大宽带、高速率、低时延和海量链接等特点，5G 技术将在远程会诊、远程手术指导、120 急救及远程机器人手术等方面带来突破性的改变，为"看病难"等社会问题提供更加智能的解决方案，在医疗场景中能够把握更多的"生命时间"。

3．车联网

车联网不仅将车和车连接在一起，它还把车与行人、车与路、车与基础设施及车与云等连接在一起。时延在车联网里意味着生死。例如，高速公路的时速是 120km/h，如果刹车晚了 1 秒，则会增加 40 米以上的制动距离。目前为车联网量身定做的 LTE-V 标准中一项不如意的指标就是时延，很大程度上造成车联网在现阶段不能普及。因此，如果要支持远程驾驶或自动驾驶，这个网络的时延必须是个位数的毫秒级（ms）。除了时延很低之外，5G 还拥有很高的带宽，支持庞大数量的连接，还支持高速移动。这些特点非常适合车联网的要求。可以说，没有 5G，车联网就不是真正的车联网。当汽车安装了传感器和 5G 通信模块之后，5G 的高带宽和低时延不仅提升了车联网数据采集的及时性，而且保持汽车与控制中心、汽车与汽车之间的高速数据传输及快速响应，自动驾驶的智能化反应可以提前获知前方道路的拥堵情况，路过的汽车都以相互通信的方式来精确操控，把刹车误差控制在 20 厘米以内，以避免可能发生的碰撞。在 5G 车联网技术推动下，驾驶者的双手被解放，可以在车上阅读或休息，这将给广大驾乘人员带来新的体验，也将给汽车行业增添新的活力、激发新的动力，还将给汽车行业带来革命性的变革。未来更聪明、更安全、更环保的智能出行的愿景并不遥远。彼时人人都能开车，车辆如深海中的鱼群快速游动，彼此却又永不相撞，实现零事故、零拥堵、低排放的智能互联驾驶，构建人、车和社会的互联生态圈。

4．智能电网

智能电网作为新一代电力系统，具有高度信息化、自动化和互动化等特征，其应用数字信息技术和自动控制技术，实现从发电到用电所有环节信息的双向交流，系统地优化电力的生产、输送和使用。目前，集用电信息采集、三网融合、智能家居、光伏发电四项业务于一身的智能电网技术应用，展示了智能用电的巨大市场前景。进入 5G 时代，未来智能电网将充分利用 5G 技术超高带宽、超低时延及超大规模连接的新型特点，以及网络切片、能力开放两大创新功能，满足电网业务的安全性、可靠性和灵活性需求，实现差异化服务保障，进一步提升电网企业对自身业务的自主可控能力，实现行业专网服务。未来的智能电网将是一个自愈、安全、经济、清洁，能够提供适应数字时代的优质电力网络。

在传统电网时代，人们根据自己家的电表所记录的当月所花的电费按时交费。在智能电网时代，用户可以让自己参与电的运行和管理。对于电力公司而言，可以通过统计用户的用电信息，了解到什么时候用电多，什么时候用电少，从而调节用户的用电时间，削峰填谷，降低电网压力。对于用户而言，电力消费会变得像手机消费一样，自主选择方案购买电能，在用电高峰期，电比较贵的时候少用电，在用电低谷期，电比较便宜的时候就多用电。通过物联网，用户也可以通过手机远程控制自己的用电设备，例如可以在回家的路上用手机打开电饭锅开关，提前开始煮饭，回家正好可以吃。用户还可以通过手机 App 了解自己各个电器的用电情况。通过大数据与云计算的结合，智能电网可以更快、更精准地搜集数据，技术人员可以实时观察全网电能流动的状态，获取设备故障高发区的数据，及时调整，使电网变得更加智能化。除了风力发电和水力发电，现在各种新能源也在不断发展之中，以往新能源发电很难接入传统电网，而智能电网会改变这一现状，各种不同容量的发电设备都可以实现互联，用户不仅可以在自己家安装发电设备，还可以对外销售，将电卖给电力公司。随着普通用户可以自己产电、储电，电动汽车也将得到普及。

5．智能制造

从广义上来说，智能制造是指具有信息感知获取、智能判断决策、自动执行等功能的先进制造过程及系统与模式的总称。具体来看，智能制造是在制造过程中的各个环节与信息技术（例如大数据、云计算、人工智能和物联网等技术）融合的体现。一般来说，智能制造具有以下特征：以智能工厂为载体，以关键制造环节的智能化为核心，以端到端数据流为基础，以通信网络为基础支撑。通过自组织的柔性制造系统，实现高效的个性化生产的目标。在智能制造过程中，云平台和工厂生产设施的实时通信、海量传感器和人工智能平台的信息交互，以及和人机界面的高效交互，对通信网络有多样化的需求，以及极为苛刻的性能要求，并且需要引入高可靠的无线通信技术。例如，在制造工厂中，自动化控制作为最基础的应用，其核心是闭环控制系统。在该系统的控制周期内每个传感器进行连续测量，测量数据传输给控制器以设定执行器。典型的闭环控制过程周期低至毫秒级别，所以系统通信的时延需要达到毫秒级别，甚至更低，才能保证控制系统实现精确控制，同时对可靠性也有极高的要求。如果在生产过程中由于时延过长，或者控制信息在数据传送时发生错误可能导致生产停机，会造成巨大的财务损失。5G 可提供极低时延、高可靠，海量连接的网络，使得闭环控制应用通过无线网络连接成为可能。基于华为 5G 的实测能力：空口时延可达 0.4ms，单小区下行速率达到 20Gbit/s，小区最大可支持 1 000 万+的连接数。由此可见，移动通信网络中仅有 5G 网络满足闭环控制对网络的要求。5G 网络可为高度模块化和柔性的生产系统提供多样化高质量的通信保障。由于在低时延、工厂应用的高密度海量连接、可靠性及网络移动性管理等方面具有明显的优势，5G 网络是智能制造的关键使能者。

2019 年 3 月 30 日，全球首个行政区域 5G 网络在上海建成并开始试用。上海成为中国首个 5G 视频试用城市，目前，虹口区已建成 5G 基站 228 个，未来几年内会建成超过 1 万个基站。目前，5G 实现的场景有智慧医疗、智慧教育、智慧楼宇和虹口足球场。上海市第一人民医院与中国移动上海公司合作，共同打造了首个具有示范性意义的全国 5G 智慧医疗。上海移动和医院建立 5G 急救联动系统、5G 远程医疗和指导平台，5G 赋能的医院急救，能够更为科学、及时、准确地为患者治疗。智慧教育则是上海交通大学展示的标准化电子考场系统、云录播教室和在线督导系统。其中，云录播教室开放校内课程的点播和直播，并将优质的教育资源录制传输到资源相对匮乏的地区。5G 可以让学生随时随地无卡顿地观看课程，特别是直播课程。在北京望京等地区的 16 座写字楼首批启动 5G 智慧楼宇的建设，除了拥有超高的网络速率之外，还为 AI 视频监控、VR 看房及智能停车等带来了实现的可能。智慧楼宇的建设使得人们的生活更加便捷、高效。虹口足球场是第一个拥有 5G 信号的体育场。中国联通以 5G 为基础，与 8K 技术、广播结合直播，定义实时场景，观众可以更好地观看体育赛事、音乐会等活动，让观众身临其境。

3.6　小结

2G 实现从 1G 的模拟时代走向数字时代，3G 实现从 2G 语音时代走向数据时代，4G 实现 IP 化，数据速率大幅提升。5G 带来的最大改变是实现从人与人之间的通信走向人与物、物与物之间的通信，实现万物互联，推动社会发展。在速率方面：5G 将 4G 的 100Mbit/s 升级为 10Gbit/s，比 4G 约快 100 倍，流畅、无卡顿地观看 3D 影片或 4K 电影将成为现实。在容量与能耗方面，为了物联网（IoT）、智慧家庭等应用，5G 网络将能容纳更多设备连接，同时维持低功耗的续航能力。在低时延方面，5G 的 1ms 超低时延满足工业 4.0 智慧工厂、车联网和远程医疗等应用。5G 是商业模式的转型，也是生态系统的融合。正如 NGMN 所定义的，5G 是一个端到端的生态系统，它将打造一个全移动和全连接的社会。5G 主要包括三方面：生态、客户和商业模式。它交付始终如一的服务体验，通过现有的和新的用例，以及可持续发展的商业模式，为客户和合作伙伴创造价值。5G 的诞生，将进一步改变我们的生活和社会，推动一场新的信息革命。

参考文献

[1] Agiwal M, Roy A, Saxena N. Next generation 5G wireless networks: A comprehensive survey[J]. IEEE Communications Surveys & Tutorials, 2016, 18(3): 1617-1655.

[2] H. Holma, A. Toskala, J. Reunanen. LTE Small Cell Optimization: 3GPP Evolution to Release 13. Hoboken[M]. NJ, USA: Wiley, 2015.

[3] J. G. Andrews, et al.. "What will 5G be?". IEEE J. Sel. Areas Commun., 2014, 32(6): 1065-1082.

[4] GSMA Intelligence. Understanding 5G: Perspectives on future technological advancements in mobile. White paper, 2014.

[5] NTT Docomo. 5G radio access: Requirements,concepts technologies. White paper, 2015.

[6] Ericsson. 5G radio access. Whitepaper, 2015.

[7] Qualcomm Technologies, Inc.. Qualcomm's 5G vision. White paper, 2014.

[8] Huawei. 5G a technology vision, Whitepaper, 2013.

[9] IEEE spectrum 3GPP Release 15 Overview.

[10] IMT-202O 推进组. 5G 无线技术试验进展及后续计划.

[11] IMT-2020 推进组. 2018 IMT-2020 峰会演讲材料.

第 **4** 章 恨不相逢早：
当物联网遇见 5G

4.1 移动通信在物联网中的应用

物联网是利用网络连接物品，通过信号采集装置、红外感应装置、图像识别装置、定位系统及扫描系统收集物品的各项信息，与互联网相连，对物品信息进行远距离传输，并对物品进行远距离控制。物联网技术之所以被界定为未来发展的主要经济点，从而被人们普遍看好，就在于其连接的广泛性和移动性。而通信技术便是实现物物相连的桥梁和纽带。物联网通信技术包含了传感器网络通信技术和电信传输网络技术。其中，传感器网络通信技术主要有 RFID、Bluetooth、NFC、UWB、ZigBee 等通信技术，电信传输网络通信技术主要是指现在广泛使用的 2G、3G、4G 等蜂窝移动通信技术。上述各种通信技术为物联网提供了丰富的连接手段，其中，移动通信技术凭借其独特的移动性满足物联网的实际发展需求。移动通信技术是一种全网覆盖类的无缝连接网络，能够为物联网连接提供较强的数据通信能力，构建一个良好的应用平台，充分挖掘物联网的使用价值，在物联网组网过程中得到了广泛应用。

4.1.1 移动通信在物联网中应用的主要方式

移动通信系统一般由移动终端、传输网络和后台网络管理三部分构成。而移动通信在物联网中的应用也可以从以下三个方面进行讨论。

1. 移动通信终端在物联网中的应用

移动通信终端是移动通信系统中接收信息数据的设备。在移动通信网络覆盖范围内，移动通信终端作为信息接入的终端设备，可以随网络信息节点移动，实现信息节点和网络之间随时、随地通信。而物联网的感知层包含了各式各样感知和收集信息资源的终端设备。对比移动通信终端和物联网感知终端设备的功能和工作方式可知，移动通信终端完全可以作为一类特殊的物联网终端应用到感知层中，或者是作为通信部件嵌入到物联网信息节点终端，以打破传统物联网通信网络对于时间与空间的限制。

随着社会的发展和经济水平的提高，人们在追求更高生活质量的同时，对移动终端有了更高的需求。物联网在广泛用于人们生产和生活时，必然需要提高终端设备的移动性。因此，充分发挥移动通信终端在物联网中的应用价值，能够提高物联网设备的移动性，满足人们对物联网发展需求，推动物联网的长久发展。例如，可以在住宅物联网安防系统中应用移动通信技术，把智能手机作为移动终端连接物联网，这样就能够使居民随时监控住宅安防系统，给人们的生命和财产安全提供保障。

虽然移动通信网络和物联网的结构类似、功能相近，可以将移动通信终端广泛应用到物联网之中，但是移动通信系统主要是为人和人之间的通信设计的，与物联网的物和物之间通信的目的有所不同。因此，移动通信终端不能直接作为物联网终端使用，需要根据物联网的使用特点加以改进。现在的移动通信终端只有语音或数据的通信功能，还不具有信息的感知和物品的控制功能。可以通过在移动通信终端中增加相应的传感器和控制元件，或者为现有的传感器和控制器增加移动通信功能，实现移动通信终端和物联网信息终端的融合。

2. 移动通信传输网络在物联网中的应用

移动通信系统的传输网络主要实现各移动节点的相互联接和信息的远程传输。物联网中的信息传输网络也是完成类似的功能。因此，完全可以将现有的移动通信系统的信息传输网络作为物联网的信息传输网络使用，即可以将物联网承载在现有的移动通信网络之上，通过移动通信技术的运用提高物联网信息传输的便捷性、安全性和广泛性。

通过对移动通信网络的应用，物联网能够有效地连接各网络信息节点，不受时间与空间的限制而实现信息数据的交换。例如智能家居中的网络家电，可以通过移动通信网络构建家庭内部网络，并通过移动通信网络实现与外部网络的连接，再通过手机等移动终端实现远程网络控制，便于远距离实现信息传输，实现家居控制。

3. 移动通信网络管理平台在物联网中的应用

移动通信网络的网络管理维护平台主要用来检测移动通信设备性能，对设备运行状态及维护对策进行分析，以确保移动通信系统可以稳定、高速、高效运行。为了保证信息的安全、可靠传输，物联网同样需要相应的管理维护平台以完成物联网相关的管理维护功能。因此，完全可以将移动通信网络管理维护的相关思想、架构应用到物联网的网络管理和维护中。

移动通信网络管理平台在物联网中主要负责对网络设备的性能检测和维护管理，保证信息的储存和处理可靠性。同时，物联网还可以通过管理平台，对主网络层面进行维护，保证物联网正常运营。另外，通过移动通信平台，物联网能够对系统中的移动通信技术进行系统化管理，确保移动通信网络可以安稳运行，强化物联网运行效果。传统的物联网管理技术很难满足物联网庞大的数据信息处理需求。移动通信网络管理平台的应用，能够突破信息交换的时空限制，通过智能化识别实现信息的收集和跟踪管理，从而提高物联网的信息处理能力，满足信息化安全发展需求。

与移动通信终端的情况类似，现在的移动通信网络管理平台在用户管理、信息传输管理和业务管理等方面还不能直接应用于物联网，而必须根据物联网的特点加以改进。首先是用户对象不同。物联网中用户不仅包括人，还包括形态各异的物品。物品发送信息和接收信息的方式与传统的自然人用户收发信息的方式完全不一样。因此必须对现有的用户管理方式进行改进，如采用新的用户标识手段增加用户容量，并区分物品用户和人员用户的不同，以提高整个网络的运行效率。其次是性能要求不同。跟自然人用户相比，物品用户不具备信息鉴别、处理和分析能力，一旦网络中出现了不稳定或者不安全的因素，导致信息传输中断或者错误，物品都无法做出合理的应急处理。另外，错误的或者恶意的网络信息还有可能对物品产生误导和损坏。因此，物联网对信息传输的安全性和可靠性要求都非常高。这就要求必须改进现有移动通信网络中信息传输的管理方式来提高其安全性和可靠性，适应物联网的性能需求。最后，必须为物联网用户不断开发新的业务，并对新的物联网业务进行高效的管理。

4.1.2 移动通信在物联网中的应用现状

移动通信技术可以从移动终端、移动传输网络和移动通信网络管理平台三个方面应用到物联网中。但是，这种深度融合的应用关系并不是天生就存在的，而是随着移动通信技术的演进和物联网应用的推广，在各自的技术更迭和发展需求的双向作用下，逐渐建立和巩固起来的。

广义上的移动通信包括所有移动体间通过无线电波进行实时连接的通信，如蜂窝系统、集群系统、卫星通信系统等。其中，蜂窝系统是覆盖范围最广的陆地公用移动通信系统，我们谈论的 1G 到 5G 都属于蜂窝系统。本章讨论的移动通信主要指蜂窝移动通信。移动通信起源于 1976 年，美国摩托罗拉公司的工程师马丁·库帕首次将无线电应用于移动电话。其最初的设计目标是为解决人与人之间的实时通信问题。互联网起源于 1969 年，其解决的也是人与人之间的信息通信和交换问题，这一点与移动通信一致。而物联网起源于 1999 年，是对互联网的延伸，将互联网的通信对象从人和人延伸到人和物，以及物和物。从最初的设计目的和通信对象来看，移动通信与物联网之间还存在一段差距。事实上，移动通信技术在物联网中的应用经历了独立发展、广泛应用、应用初探和深度融合四个阶段。这个发展轨迹可以从移动通信技术演进的各历史阶段中窥见端倪。

1. 第一代移动通信系统与物联网擦身而过

第一代移动通信系统（1rd Generation Mobile System，1G）是诞生于 20 世纪 80 年代，完成于 20 世纪 90 年代初的移动电话标准，采用 FDMA 制式的模拟蜂窝系统，仅限传输语音。各个国家或地区都推出了 1G 标准，就是这样一种标准，包括应用于 Nordic 国家（北欧国家）、东欧及俄罗斯的 Nordic 移动电话（NMT），美国的高级移动电话系统（AMPS），英国的总访问通信系统（TACS），日本的 JTAGS，西德的 C-Netz，法国的 Radiocom 2000 和意大利的 RTMI。我国在 20 世纪 80 年代末，引入了 TACS 技术，建成和开通了中国第一个公用移动通信网。

1G 最大的贡献就是发展了通信技术的可移动性，摆脱了以往的通信必须借助于有形的信号通道等弊端，实现了技术上的颠覆性革新，是其他通信方式不能够取代的。但是作为移动通信时代的开始，1G 有很多不足之处。一方面，由于各国采用不同的制式、不同的频带和信道带宽，1G 不支持用户漫游，只能是一个区域性的移动通信系统。另一方面，由于电池技术不够发达，模拟调制技术需要很多的天线及集成电路，1G 手机不仅体积大，而且还很重，被戏称为"大哥大"，或者"砖头"。同时，1G 还有一个问题，就是保密性差，语音信号通过未加密的无线电波直接传播，任何人都可以使用现成的设备收听对话。此外，在使用过程中，模拟蜂窝移动通信系统暴露出很多问题，诸如容量有限、通话质量差、频谱效率低、业务种类单一、呼叫中断率高等。

从时间上来看，1G 主要应用于 20 世纪 80 年代，而物联网正式被提出来是在 20 世纪 90 年代末，所以，1G 与物联网基本上算是擦身而过，没有结合的机会。从功能上来看，1G 仅针对人和人之间的语音通信而设计的，不支持物和物之间的通信。因此，1G 并未赶上物联网时代，不存在物联网应用的问题。

2. 第二代移动通信系统在物联网中广泛应用

第二代移动通信系统（2rd Generation Mobile System，2G）是诞生于 20 世纪 90 年代的数字蜂窝系统，采用的是数字时分多址（TDMA）技术和码分多址（CDMA）技术。主要业务是语音，其主要特性是提供数字化的语音业务及低速数据业务。TDMA 的代表是欧洲电信标准协会在 1996 年提出的 GSM 系统，CDMA 的代表是美国的 IS-95 系统。其中，GSM 标准体制较为完善，技术相对成熟，全球应用范围也比较广。

2G 完成了模拟技术向数字技术的转变，完成了单一语音业务向多媒体业务的突破，并克服了 1G 的诸多弱点。2G 把频率和时间结合使用，并以此来寻址，提高了频谱的利用率，从而提供了更大的容量。采用增强型语音编解码技术和自适应语音编码（AMR）技术，提高了抗干扰和抗衰落的能力，极大地改进了系统通话质量。通过引入 GPRS/EDGE 技术，使 GSM 与计算机通信/Internet 有机结合，数据传送速率可达 115～384kbit/s，从而使 GSM 功能得到不断增强，初步具备了支持多媒体业务的能力。除此之外，2G 还支持长途漫游，通信保密性也得到了很大程度的提高。

相比 1G 技术，2G 技术已经进步了很多，同时在应用中也不断通过引进新技术自我完善。但是随着移动用户规模的扩大，网络业务形式的增多，2G 的劣势也逐步显现。由于第二代采用不同的制式，移动通信标准不统一，用户只能在同一制式覆盖的范围内进行漫游，因而无法进行全球漫游。另外，由于第二代数字移动通信系统带宽有限，限制了数据业务的应用，也无法实现高速率的业务，例如移动的多媒体业务。

对于个人的移动通信需求来讲，2G 的窄宽带、低速度和无法全球漫游可能是很严重的缺陷，但是对于部分物联网应用却不构成威胁。相反，对于一些数据传输量很小的物联网应用场景来说，2G 是非常合适的无线连接方式，因为窄宽带和低速率意味着低能耗和低成本。

事实上，从 1994 年年底，广东开通首个 GSM 网络开始，2G 网络走过了 20 多年，尤其是中国移动对 2G 网络的建设和运营，使其成为精品网络。这张精品网络不仅提供无处不在的通话服务，在物联网业务方面也具有诸多优势，如网络覆盖、产业链成熟、资费低等。因此，大量用户选用 2G 作为物联网网络。据估计，国内运营商 2G 网络承载的物联网连接数以每月 2 000 万的新增数量在增长，物联网用户的增速很可能会超过手机用户的流失数，2G 网络具有很强的吸引力。公开数据显示，截至 2017 年年底，中国移动的物联网连接数为 2.29 亿个，中国联通的物联网连接数超过 7 000 万个，这些连接中大多数是通过 2G 网络实现的。

3. 第三代移动通信系统在物联网中的试探性应用

第三代移动通信系统（3rd Generation Mobile System，3G）是诞生于 21 世纪初，支持高速数据传输的数字蜂窝系统，也称 IMT2000，其寻址方式采用的是码分多址（CDMA）技术。3G 最基本的特征是智能信号处理技术，智能信号处理单元将成为基本功能模块，支持语音和多媒体数据通信，可以提供各种宽带信息业务，如高速数据、慢速图像与电视图像等。其中，WCDMA 的传输速率在用户静止时最大为 2Mbit/s，在用户高速移动时最大支持 144kbit/s，所占频带宽度 5MHz 左右。3G 标准包括三大分支，即 WCDMA、CDMA2000 和 TD-SCDMA。其中，TD-SCDMA 是由中国提出的 3G 标准，它采用异步 TDD 模式使得频率资源的利用率得到很大的提高，再加上智能天线的使用，进一步提高了性能。

3G 系统的目标是全球化和综合化。与 2G 相比，3G 在传输声音和数据的速度上有很大的提升，它能够在全球范围内更好地实现无线漫游，并处理图像、音乐、视频流等多种媒体形式，提供包括网页浏览、电话会议、电子商务等多种信息服务，并能够容纳更多的新业务。不同于 1G 和 2G 服务于语音通话的宗旨，3G 定位于多媒体 IP 业务，传输容量更大，灵活性更高，形成了家族式的世界单一标准，并引入新的商业模式。在 3G 发展的前期阶段，由于面临标准不稳定、产品不成熟、资金不充足、服务不专业等困难，3G 的发展并不顺利，但在 2005 年后，3G 在移动通信领域才开始走向大规模应用。

物联网说到底还是一种网络，物联网产业的发展一定是结合各个行业、各个方面的应用来做的。工业、农业、环保、安全等各行业应用是物联网发展的重要驱动力，并且，物联网的发展必然需要各部门之间、地区之间、行业之间的联动。物联网在国内的发展可以分为 3 个阶段，即自然发展阶段、生态意识阶段和生态系统阶段。从 1999 年到 2009 年期间，物联网在中国还只是停留在学者圈里的一个概念，属于自然发展阶段。2009 年，温家宝总理在视察中科院无锡物联网产业研究所时，提出了"感知中国"，物联网才正式走进大众视野。从 2009 年到 2015 年期间，物联网被正式列为国家五大新兴战略性产业之一，写入"政府工作报告"，受到了社会极大的关注，在各行各业建立起了生态意识。而从 2015 年至今，终端设备商、系统集成商、服务运营商等各行业都开始投入并发展物联网产业，于是物联网才真正从生态意识建立阶段过渡到了生态系统建设阶段。

我国的 3G 牌照是在 2009 年发放的，而 4G 牌照是在 2013 年发放的。因此，在 3G 时代，物联网基本上都处在生态意识阶段，并没有实质上的应用发展，所以在通信连接层面也不会产生更高的需求。大家普遍关注的还只是类似于智能家居、智能城市等传统应用，而这些物联网应用数据的传输速度和带宽要求都很低，2G 的技术指标完全可以满足当时的连接需求。可见，3G 网络作为新一代的移动通信系统，能够为物联网提供一个信息传送的平台，但是其高速数据的特色并没有在物联网中发挥出来，即物联网领域并没有丰富的 3G 应用。

所以，3G 在物联网中并没有得到充分的应用，而物联网对于 3G 的价值则在于用物联网理念引导客户，结合技术产生创新性需求，最终找到满足用户需求的应用。

4．第四代移动通信系统在物联网中的深度应用

第四代移动通信系统（4rd Generation Mobile System，4G）是诞生于 2010 年左右的移动电话行动通信标准，采用的是 OFDM 技术。OFDM 技术是把频带划分成相互正交的子带，然后把信号调制到这些子带上，使得这些信号在时间上也是正交的，在接收端采用相反的技术进行接收。该技术使得频带利用率得到显著提高，系统的抗干扰能力得到显著增强，同时，系统的抗频率选择性衰落能力也得到显著提高。

4G 移动通信技术包括了两种不同的制式，主要有 TD-LTE 和 FDD-LTE。与 3G 相比，4G 的优势主要体现在：数据传输速率更高，延迟降低，广域覆盖和向下兼容等。总体来看，4G 主要有五个特点。

（1）网络数据传输质量更高。4G 融合了 WLAN 和 3G 移动通信技术，在进行数据、图像和视频传输时，质量会更高，效果会更好。

（2）网络数据传输速度更快。3G 网络传输速度通常会达到 2Mbit/s 左右，而在一些特定的环境下，其速度更慢。但使用 4G 移动通信技术后，传输的速度最高可以达到 100Mbit/s，即便是在 3G 信号质量明显较差的地区，4G 的网络传输速度也能够达到预期的标准。

（3）信号覆盖面积更广。WiFi 技术在生活中应用比较广泛，但接入对于距离的限制相对较高，超出了制定的范围后就没办法使用。而 4G 很好地弥补了这个缺陷。4G 移动通信技术通过基站来对大范围区域进行信号的传输，不仅传输的距离远，而且极少出现死角的现象。

（4）通信更加灵活。4G 移动通信系统整合了信息系统、广播娱乐及个人通信等，让人们能够获得更多的工作生活所需。4G 手机已经不仅仅只是提供语音通话的移动电话机了，语音数据的传输只是 4G 移动电话的众多功能之一。而且 4G 终端的形式不再拘泥于手机模

式，将更加多元化，比如手表、手环、眼镜等都可能成为 4G 终端。

（5）智能性更高。4G 手机等 4G 终端设备在设计和操作上具有更多的智能化功能，比如环境感知、语音对话及人像识别等。因此，4G 通信系统具备快速高效、全球漫游、接口开放、能跟多种网络互联、终端多样化等特点，有着以往通信技术不可比拟的优势。

2013 年年底，工信部向三大运营商发放了 TD-LTE 制式 4G 网络的运营牌照。2015 年 2 月 27 日，向中国电信、中国联通颁发了第二张 4G 业务牌照，即 FDD-LTE 牌照。由此，我国全面进入 4G 规模商用时代。而恰好就是在 2015 年，物联网走出生态意识阶段，正式步入生态系统阶段，迎来了物联网应用的爆发期。除了智能家居、智能城市等传统物联网应用之外，还出现了无人驾驶、车联网、智慧城市等对带宽和速度要求都比较高的物联网新应用。而这些需求就是 4G 相对于 2G 和 3G 的优势，所以 4G 在物联网中得到了充分的应用，同时也借着物联网的普及得到了更广泛的推广。随着 4G 基站的不断铺建和设备智能化需求的提高，4G 在智能手机以外设备的普及程度越来越高，其中，物联网设备数量占比超过 50%，是所有联网设备中最具增长潜力的一部分。

如前所述，移动通信网络系统为人们提供了随时、随地进行信息联网传输的方便手段，而物联网则为人们描绘了万物互联、智能交流的美好前景。将移动通信技术应用于物联网中的感知层、传输层和平台处理层，实现移动通信网络和物联网的有机融合，既能极大地促进物联网的普及应用，也能为移动通信网络拓宽应用范围。二者的融合既是关联技术的整合，也是双方发展的需要。纵观整个移动通信发展史，1G 与物联网擦肩而过，2G 在物联网中广泛应用，3G 探索性应用，4G 在物联网中深入应用。受物联网发展阶段的影响，各移动通信阶段在物联网中的应用并不是严格递进式深入的，但整体趋势上与物联网的结合还是越来越紧密的。截至 2018 年 6 月，国内蜂窝物联网设备大部分由 2G 网络承载，国外主要由 3G 和 4G 网络承载。全球 42% 的蜂窝物联网连接由 2G 网络承载，超过 30% 的连接由 4G 承载。

4.2 物联网的移动通信困境

物联网从诞生的那一刻起，就给人们描绘了一幅万物互联的美好图景。从 2G 的文本时代，到 3G 的图片时代，再到 4G 的视频时代，随着移动通信技术的不断进步，物联网的这幅美好图景也在逐步完善。事实上，无论是 2G、3G，还是 4G，其设计的宗旨都是服务于人与人之间的通信的，而不是人和物，或者是物和物之间的通信的。但是由于物联网和移动通信网均是信息传输网络的共性身份，移动通信技术天生可以应用于物联网，并为物联网的发展起着重要的推动作用。在物联网和移动通信相伴发展的 20 年间，人们早就看到了二者融合发展的必要性和重要性。

实际上，现在的移动运营商已经将移动通信技术和系统应用到物联网中，并利用现有的移动通信网络开展形式多样的物联网业务。比如移动支付、移动物流、车辆/货物智能管理系统、车载信息网络、穿戴设备、智能家居等，都是将移动通信技术应用到物联网中实现的。而移动通信技术也因为在物联网中的深入应用，早已融入我们的日常生活中：早上，在智能手机上浏览新闻、查收邮件；中午，在外卖平台上买午餐、订水果；晚上，使用 iPad 观看来自地球另一端的 NBA 比赛直播。这一系列看似简单、司空见惯的日常操作，其实都是由一套完备的、强大的移动网络通信技术支撑的。可以说，如果没有移动网络通信的各项协议和技术，就没有我们今天多姿多彩的物联网生活。

然而，这样多姿多彩的生活是否已经达到了万物互联的美好愿景了呢？我们说，远没有。虽然现在已经有了一些移动技术和物联网的融合应用，人们的生活也因为移动物联网的出现变得方便和快捷了，但是这样的改变大都局限于简单、被动的场景，没有普及到人们的日常生活中的方方面面。随着人们对工业、医疗、安全等领域智能化生产要求的提高，对车联网、虚拟现实、智慧城市、无人机网络等应用场景的迫切期待，对类似一些广覆盖、高速度、低时延的物联网应用提出需求时，当前物联网中移动通信技术的困境就逐步显现了出来。物联网技术的具体应用场景都是繁杂的，需要多方协同合作，任何环节产生细小误差，都有可能对实验结果造成巨大影响。虽然 4G 技术已经成为移动数据通信的里程碑，但是移动通信网络在应用于物联网时还是面临以下问题。

1. 标准不统一

虽然从理论上讲，3G 手机用户在全球范围都可以进行移动通信，但是由于没有统一的国际标准，各种移动通信系统彼此互不兼容，给手机用户带来诸多不便。因此，人们对第四代移动通信系统寄予厚望，希望 4G 能够解决通信制式等需要全球统一的标准化问题。然而，由于一些政治经济原因，世界各大通信厂商还是没有统一标准。当前，移动通信尽管实现了全球通用，但是 4G 通信技术并没有统一的国际标准，各种移动通信系统依然是处于彼此互不兼容的状态，这给个人通信带来了很多不便。那么当服务对象扩展到物联网中的"万物"时，情况就会更加糟糕。因为在物联网中，接入网络的设备终端本身从外观、性能到接口等都是千差万别的。如果传输网络制式标准依然不统一的话，那么对于万物互联的实现无疑是雪上加霜。

因此，未来用于物联网的移动通信技术在标准制定时，需要考虑多网络、多系统、多设备的大融合，实现技术上、功能上、体验上的无缝链接。只有这样，才能降低设备的入网门槛，将万物纳入同一张网中。

2. 允许接入的设备数量不够多

尽管目前物联网尚未大规模应用，但业界普遍认为，物联网中接入的设备预计会超过千亿个。在物联网应用过程中，涉及终端会越来越多，要求移动通信技术具有更多用户的连接能力，能够保证信息传输与接收满足系统需求。

今天的 4G 网络主要是为了容纳和增强移动数据服务的。基于 IP 的基础架构的转变，增强了不同设备上应用程序的高速数据传输。4G 技术相比于 3G 和 2G，可以说是提供了"更粗的管道"，并有助于优化高带宽服务的客户体验。对于 4G 网络，数据传输伴随着建立无线电链路的控制分组的交换。当数据传输很大时，就像它们用于视频文件一样，用于控制数据开销的内容数据的比例非常高，这意味着所得到的链接非常有效。然而，在物联网环境中，这种方法面临两个主要挑战。首先，许多物联网应用中的预期传输非常低。每次传输可能只有几百字节的数据，但设备是海量的。智能电表就是一个很好的例子。在这些情况下，用于控制数据开销的内容数据的比例就会非常低。当这个数字在构成物联网的数十亿链接设备中成倍增加时，所得到的链接有效率就会很低。4G 技术的这种特殊性质导致其高宽带的优势并不能优化物联网环境，故难以容纳数十亿设备。

在物联网快速发展的过程中，接入终端会迅猛增长，朝着万物互联的方向发展，当前的 3G、4G 技术根本不能提供有效支撑。所以，未来移动通信技术的终端设备接入能力必须足够高才能满足这种海量接入的发展需求。

3. 数据传输速度不够快

2G 网络使用的是第二代无线蜂窝电话通信协议，是以无线通信数字化为代表的，适合进行窄带数据通信，传输速度很慢。3G 网络协议是在 2G 协议的基础之上经过改进而得到的。3G 网络使用的是第三代无线蜂窝电话通信协议，其主要是在 2G 的基础上发展了高带宽的数据通信，并提高了语音通话的安全性，传输速度相对较快。4G 网络使用了第四代无线蜂窝电话通信协议，是集 3G 与 WLAN 于一体，并能够传输高质量视频图像，以及图像传输质量与高清晰度电视不相上下的技术产品。4G 系统能够以峰值 100Mbit/s 的速度下载，比拨号上网快 2 000 倍，上传的速度也能达到最快 20Mbit/s，并能够满足目前几乎所有用户对于无线服务的要求。

随着物联网应用场景的出现，情况就变得不那么乐观了。无论是个人消费领域流行的智能穿戴设备，还是国家安全设施建设项目，如交通方面的机动车智能自动驾驶、安全方面的实时人脸识别匹配，以及其他和"智能"有关的应用项目，都需要一个更加迅速、更加可靠的移动通信网络为其提供支撑。目前，4G 的数据传输速度是远远达不到物联网中高速应用场景的要求。

4．回传时延不够低

基于物联网和 4G 应用，城市生态发生了很多变化，市民们开始享受移动办公、远程协同工作、远程医疗、远程教育带来的便利。人们通过智能手机就能随时看电视、听音乐、上课、参观博物馆、参加聚会，甚至就医，走在路上随时可以和朋友分享自己看到的一切。

但是，还有一些人们描绘了很久，也期盼了很久的场景，却迟迟不能普及到生活中去，只能停留在研究和实验阶段，如机动车无人驾驶、远程人机对话、在线医疗手术、在线 VR 等实时性要求极高的应用场景。原因很简单，就是目前作为物联网通信渠道的移动通信技术时延太高了，做不到实时。

3G 的时延约 100 毫秒，4G 的时延为 20～30 毫秒，这完全超出了汽车自动驾驶、远程手术等这类应用对时延的容忍度。如果只是为了满足下一部电影或者是体验高清视频这类高质量服务的需求，那么时延高一点也没有关系，应用可以落地进行，无非就是用户体验好坏的问题。但是像自动驾驶、远程手术等应用，对时延误差就会相当敏感，几乎是零容忍的，因为一旦出现误差就可能对用户造成生命危险。另外，3G 和 4G 网络系统都是针对传统的语音服务设计的，难以实现对物体的实际控制，因此移动终端无法与物联网进行有效对接。

未来的移动通信技术必须在时延问题上有很大的改进，才能将很多特殊的物联网应用场景像普通的 4G 无线服务那样搬到现实生活中。

5．安全性和可靠性差

物联网在传输信息过程中，必须具备更高的安全性和可靠性。在对物联网进行布置应用时，实现传输网络的应用也非常重要。为了保证物联网运行安全、高效，就需要保证数据信息传递的安全性。根据当前物联网中移动通信技术的应用，4G 网络能够满足信息数据传输的基本需求，从而协助物联网的有序监管与控制。

但是随着物联网的发展，其应用场景是包罗万象的，某些应用场景下的设备连接需要比一般连接具备更高级别的安全性。比如，医院中的医疗设备，网络必须非常安全，因为它可能传输敏感和私人的患者健康数据。相比之下，智能城市中的温度传感器网络需要较低的安全性，因为温度数据既不是机密数据，也不是涉及个人隐私的专有数据，仅仅只对统计机构有用。因此，从实际应用场景的安全等级来看，网络传输需要适应各种安全级别的需求和协议，而且随着安全级别的提高，也不应产生响应延迟、可靠性差或速度慢等问题。同时，网络传输还要适应与应用场景配套的终端设备和应用程序的安全级别。而 4G 网络的设计主要考虑了移动宽带的安全性，即只针对网络本身的安全做了一些保护，并没有针对应用场景、终端设备和服务程序的安全级别进行适配。这一点对于许多物联网用例而言是不合适的。

随着电子技术和信息技术的发展，物联网的接入设备不断增加，网络协议也会受到一定的干扰，从而导致物联网的设计更加复杂。复杂的物联网体系必然会对物联网通信技术提出更高的要求。4G 虽然几乎满足了我们对于移动互联网的所有需求，但是在万物互联的场景下，机器类通信、大规模通信、关键性任务的通信对网络的速率、稳定性、时延等提出了更高的要求，如自动驾驶、AR、VR、触觉互联网等新应用都对新的移动通信技术有着迫切的需求。从行业服务方面考虑，时代对企业和互联网有了更高要求，不仅需要信息具有时效性和移动性，而且需要通过物联网实现信息传递的智能性，从而达到万物智联。因此，物联网平台和移动通信技术只有携手并进、相辅相成，才能更好地推动整个社会的智能发展。

4.3　5G 为物联网而生

第五代移动通信系统（5rd Generation Mobile System，5G）是由国际电信联盟组织（ITU）制定的第五代移动电话行动通信标准，正式名字为 IMT-2020。传统的 2G、3G、4G 主要是面向人的业务的，所以我们看到每一代都是对速率的增强。5G 与 2G、3G、4G 系统不同，它是对现有无线接入技术（包括 2G、3G、4G 和 WiFi）的演进，以及一些新增的补充性无线接入技术集成后解决方案的总称。5G 的能力指标是雷达图的形式，5G 将不再单纯地强调峰值传输速率，而是综合考虑峰值速率、用户体验速率、频谱效率等技术指标。未来通信最关键的三个需求维度是时延、吞吐量及连接数，而 5G 在这三方面可以达到的预期分别是，1ms 的 E2E 时延、10Gbit/s 的小区吞吐量，以及每平方千米 100 万个连接。因此，5G 将是一个真正意义上的融合网络，并按照全球统一的标准提供人与人、人与物、物与物之间高速、安全、自由的连接。

5G 代表着移动技术的演进和革命，能实现迄今为止发布的多项高级别目标。从用户体验看，5G 具有更高的速率、更宽的带宽，预计 5G 网速将比 4G 提高 10 倍左右，只需要几秒即可下载一部高清电影，能够满足消费者对虚拟现实、超高清视频等更高的网络体验的需求。从行业应用看，5G 具有更高的可靠性，更低的时延，能够满足智能制造、自动驾驶等行业应用的特定需求，拓宽融合产业的发展空间，支持经济社会的创新发展。从发展趋势看，继 2017 年年底完成非独立组网标准、2018 年年中完成独立组网标准后，5G 已经在 2018 年完成了第一阶段全功能标准化工作，进入了产业全面冲刺新阶段，有望在 2020 年全面进入商用阶段。

4.3.1 5G 是移动通信技术的演进

通信技术自古就有，通信是人们衣食住行等方面的沟通工具。随着社会的发展和人口的流动，人们逐渐进入了一个信息化的社会，需要随时随地、及时可靠、不受时空限制地进行信息的传递和交流，以适应现代化快节奏的生活和工作。于是，移动通信技术应运而生，并大力发展起来，让人们的生产生活发生了翻天覆地的变化。

移动通信指的是两个或多个移动体之间的通信，或者一方移动、另一方固定的通信。这里所讲的移动体可以指人，也可以指汽车、火车等正处于移动状态中的物体。简单来说，就是指通信双方必须至少有一方正处于运动中的通信技术。移动通信可以说从无线电发明之日就产生了。1897 年，马可尼所完成的无线通信实验就是在固定站与一艘拖船之间进行的。移动通信综合利用了有线、无线的传输方式，为人们提供了一种快速、便捷的通信手段。随着电子技术的发展，特别是半导体、集成电路和计算机技术的发展，蜂窝移动通信得到了迅速的发展，每隔十年就会更新换代一次。蜂窝移动通信技术起源于 20 世纪 80 年代，经过 40 年的发展，已经经历了 1G、2G、3G、4G 四个时代，目前正迈进 5G 时代。

第一代移动通信系统是模拟性质的移动通信系统，在 20 世纪初开始了商业运营试验。该系统使用了蜂窝结构，克服了移动通信技术在大领域的信号覆盖率低的问题，支持移动终端的漫游和越区切换，实现了在移动环境下用户可以进行不间断地通信的愿望。第一代移动通信系统最大的贡献就是，摆脱了以往有形信号通道的束缚，首次实现了通信技术的可移动性。虽然第一代移动通信系统只能提供简单的语音通信服务，但是这种移动通信方式具有革命性和颠覆性，是其他任何通信方式都不能够取代的。第一代系统在商业上取得了巨大的成功，但是其弊端也日渐显露出来，如频谱利用率低、业务种类有限、无高速数据业务、保密性差、设备体积大且成本高。

为了解决第一代移动通信系统存在的技术缺陷，数字移动通信技术应运而生，并且发展了起来，这就是以 GSM 和 IS-95 为代表的第二代移动通信系统。该系统为用户提供了更高的频谱效率及更方便的漫游功能，以传输语音和低速数据业务为目的，又被称为窄带数字通信系统。从 1996 年开始，为了解决中速数据传输问题，出现了 2.5 代的移动通信系统，如 GPRS 和 IS-95B。总体来说，当时移动通信主要提供的服务仍然是针对个人通信的语音服务，以及低速率数据服务。

与之前的 1G 和 2G 相比，第三代移动通信拥有更宽的带宽，其传输速度最低为 384kbit/s，最高为 2Mbit/s，带宽可达 5MHz 以上。第三代移动通信不仅能传输语音，还能传输数据，从而提供快捷、方便的无线应用，如无线接入 Internet。另外，与 2G 的窄带低速率相比，3G 能够实现高速数据传输和宽带多媒体服务，满足多媒体业务的要求，从而为用户提供更经济、更丰富的无线通信服务。

第四代移动通信系统提供更大的频宽需求和更高的传输速度，满足了第三代移动通信尚不能达到的高速数据和高分辨率多媒体服务的需要。4G 集 3G 与 WLAN 于一体，能够传输高质量视频图像，能够以 100Mbit/s 的速度下载，比拨号上网快 2 000 倍，上传的速度也能达到 20Mbit/s，并能够满足几乎所有用户对于无线服务的要求。

纵观 1G 到 4G 的发展史，从语音服务到低速多媒体服务，再到高速多媒体服务，移动通信技术的更新换代都是在个人通信需求的推动下发展更新的。移动通信技术最初的设计目的就是提供个人语音服务。尽管在后期随着互联网和多媒体技术的发展，移动通信借助智能手机的强大功能衍生出了各种多媒体业务，但是总体来说还是没有脱离个人通信这个范畴。换句话说，从 1G 到 4G 的技术演进中，以个人通信为主的服务宗旨一直被保留了下来。那么，作为 4G 技术的演进，5G 技术也是理所当然地继承了这一特点。

5G 技术是继 4G 之后的第五代移动通信技术。4G 技术虽然有传输速度快、频谱宽、通信灵活、更加智能等优点，但是，也有通信标准不统一、制式难以兼容、技术难以实现、容量受到限制、设施更新困难、市场推广困难等缺点。5G 技术因为使用了毫米波、小基站、大规模天线技术、全双工和波束成形技术，具有高性能、低延迟、高容量的优点。因为可用频谱带宽大，5G 通信速率峰值可以达到几十 Gbit/s。因此，5G 依然是对移动通信技术的一次演进，在网络覆盖、宽带服务、传输速度这些传统指标上都有了跨越式的更新。相比 4G，5G 将在一些类似于高清视频、虚拟现实/增强现实等高速率、大带宽的移动宽带业务中带给人们更高质量的通信体验。

目前，移动通信依然是一个以个人通信为主的通信系统：任何时间、任何地方都能与任何人进行任何类型的信息交换。围绕这个本质特性，未来的移动通信技术会朝着下面三个方向发展。一是实现网络覆盖的无缝化。将来，移动通信技术可以让用户在任何时间、任何地点都能够进行网络连接等操作，这对于人类而言是极具诱惑力的一种生活方式，而这一技术也正在逐渐完善。二是宽带化。低速的网络渐渐地被用户摒弃，只有不断发展更加高速的、具有大容量的技术才能够更快地发展移动通信技术。三是通信方面各项技术的融合，比如在技术方面、运营方面、网络利用等方面。

从移动通信的服务对象、技术演进的轨迹和技术发展方向分析来看，5G 技术是 4G 之后的延伸产物，依然是移动通信技术的演进。

4.3.2　5G 是物联网定制的移动通信技术

我们知道移动通信技术起源于 20 世纪 80 年代，其主要任务是解决个人通信业务，服务对象主要是人。物联网，归根结底就是以互联网为基础构建的新一代网络体系，小至各种家电产品，大至居住的房屋、出行的交通工具，都开始联网，并进行通信。后期当物联网出现之后，移动通信技术作为一种通信技术引入物联网中，与其他无线通信技术一起构成了物联网的连接传输层，承担着信息通信的任务，其服务对象从人拓展到了物。在物联网被提出的这 20 年间，根据各时期移动通信技术的自身特点和应用需求的不同，2G、3G、4G 都已经在物联网中有了不同范围和程度的应用。但是物联网只是移动通信技术的一个兼职领域，从 2G 到 4G，每一代技术都是针对个人通信需求设计开发的，没有特别针对物联网的需求去改进设计，这一点也是它们与 5G 的根本区别所在。

相比 2G、3G、4G，5G 不仅仅是移动通信技术的演进，更是为物联网应用而定制的移动通信技术。一方面，5G 延续传统移动通信技术的演进目标，以更高的传输速度和更宽的带宽解决人们对更高质量生活的需求。另一方面，5G 将重点解决人与物、物与物之间的通信需求，以广覆盖、多连接、低时延的革命性技术特点实现无处不在的网络连接，提供低能耗、安全可靠的通信网络。在此过程中，多种物联网应用将落地实施，如无人驾驶、无人机控制、在线医疗手术、智慧城市等。因此，物联网这个传统移动通信技术的兼职领域将变成 5G 的主战场。

如果说 5G 是移动通信发展史上锦上添花式的增强型演进，那么对于物联网来说，5G 无疑是对其通信技术"雪中送炭"似的帮助和推进。事实上，物联网提出之初就描述了万物互联的美好图景，但是 20 年过去了，除了一些简单的应用场景实现了之外，物联网其实

物联网 +5G

并没有大面积地走进人们的日常生活。除了设备终端和传感层的技术困境之外，网络传输层的技术指标也没有达到应用需求。移动通信技术虽然一直发展迅猛，但是技术更新都是针对电信通话业务而设计的，物联网的通信技术依然面临着标准不统一、连接设备有限、传输速度慢、时延高、安全性和可靠性差等困境。

5G 网络的功能在一定程度上实现了全面升级，其包含的一组关键技术如大规模的天线阵列、新型多址、新型的网络架构、超密集的组网及全频谱的接入等，满足了物联网中各种场景的不同需求。5G 最基本的三个特点是连接数密度、时延及用户体验速率，所具备的四个技术场景主要有连续广域覆盖、热点高容量、低功率大连接及低时耗、高可靠。这些属性很好地解决了物联网在移动通信上面临的困境。

1. 统一标准

3GPP 是一个以推行欧洲 WCDMA 标准而成立的组织，后来由于我国通信标准化协会的加入，该组织进一步扩大发展，成为移动通信领域之中强大的专利组织。在 3G 时代，三大运营商分别使用 TD-SCDMA、WCDMA 和 CDMA2000 三套不同的标准，对产业造成了很大割裂。在 4G 时代，3GPP 内部的 LTE 有两个分支，分别是 LTE-FDD 和 LTE-TDD，也就是我们经常说的 FDD-LTE 和 TD-LTE。其中，TD-LTE 是由我国主导提出的。而就在这次，5G 移动通信领域里的通信制式在 3GPP 内部达成了统一。

2015 年，ITU 便成功启动了制定 5G 的国际标准准备工作，首先就其技术方面的性能需求与评估方法进行了科学研究，并且将候选技术所具备的各项评估指标和性能需求明确下来，在此基础上形成提交模板。2017 年，ITU-R 正式发出 IMT-2020 技术征集方案的通知与邀请函，由此正式启动征集 5G 候选技术；2018 年正式启动 5G 技术评估及标准化方案征集；2020 年年底预计会正式形成商用能力。与此同时，3GPP 也加速了 5G 标准化现阶段的进程：2017 年 12 月，完成 Rel.15 非独立组网 5G 新空口技术标准，以及完成 5G 网络架构标准化，满足美、韩、日三国激进运营商的需求；2018 年 6 月，完成独立组网 5G 新空口和核心网标准化，支持 eMBB 和 URLLC 两大场景，满足 2020 年 5G 初期商用需求；2019 年 9 月，支持增强型移动宽带（eMBB）、海量物联（mMTC）、高可靠通信（URLLC）三大场景，以满足全部 ITU 技术要求。我国 5G 商用进程与 3GPP 标准化自 2012 年年底开始同步。另外，我国和国际同步启动 5G 研发，成立了 IMT-2020（5G）推进组，涵盖国内外移动通信产学研用单位。5G 技术研发组致力于在 ITU 和 3GPP 框架下研制全球统一的 5G 技术标准，全力支撑 5G 商用。

作为统一的移动通信标准，5G 技术的实施将逐步结束当前物联网技术各自为政的局面，为智慧城市等物联网典型应用提供无缝连接的统一框架。一方面，就 5G 本身来说，由于 5G 的系统性能高，组网频率也高，运营商的组网成本也会更高。5G 时代运营商不仅需要建设宏基站，而且还需要海量的小基站完成室内覆盖。这个时候，如果有多种制式存在，设备商的研发成本就很难快速地被摊平，这也是运营商不愿意看到的。因此，运营商需要一个统一的制式。另一方面，5G 的主要应用场景是物联网，所以未来 5G 将涉及各行各业。5G 终端的种类多。如果没有一个统一的制式，各种终端厂家需要针对不同的标准进行研发，就好像以前的 2G、3G、4G 一样，整个通信业需要支付太多的多制式成本，这对于通信业 5G 标准的推广是非常不利的。所以，5G 通信技术体系在一开始的构建设计上就要满足各种不同的应用场景，以及信息服务的海量连接、超低延时、超快速率的需求。

当然，标准的融合需要产业链各个环节的介入，如基站系统设备、终端芯片、仪器仪表厂商等，这也给标准的融合增加了不少难度。同时，在 3GPP 之外，IEEE 也在 5G 之中做了相应的研发，将会在 2020 年左右推出自己的 IEEE 系列的 5G 标准。事实上，在大家看不见的地方，IEEE 一直在和 3GPP 交锋。就车联网的技术选择上，基于 DSRC（车载专用短途通信）的 IEEE 802.11p 和 3GPP 提出的基于微蜂窝的 LTE-V2X 一直处于竞争之中，在全球范围内争取各国政府的支持。

总而言之，就 5G 而言，一个统一的标准可以让 5G 的性能更高，成本更低，这对于 5G 这个将可能影响全球经济的新的移动通信制式来说，是非常必要的。另外，不同于 2G、3G、4G，5G 移动通信标准将逐渐结束当前物联网技术方向的分歧，有望达到前所未有的统一，继而解决物联网在标准方面的困境，推动物联网的发展。

2．海量连接

很多权威的机构杂志都做出预测，到 2020 年，社会中大概会有 500 亿个设备通过人与物、物与物的连接方式实现海量物联网。传统的移动通信网络在应对未来移动互联网和物联网爆发式发展时，可能会会面临一系列问题，如网络能耗、每比特综合成本、部署和维护的复杂度、多制式网络共存、精确监控网络资源和有效感知业务特性等。所以，5G 网络需要具备更强的设备连接能力来应对海量的物联网接入，如强调网络架构的灵活可扩展性以适应用户和业务的多样化需求，提供多样化的网络安全解决方案以满足各类移动互联网和物联网设备及业务的需求。

在海量物联网领域，以下几点需要着重强调：第一是高效率，低功耗。要达到几百亿规模的海量连接，很多器件和模块需要在不替换电池的前提下持续工作 5 年、10 年，甚至

15 年。因此，如何保证高效率、低功耗是非常重要的。第二是深度覆盖。有一种传感器在楼宇内部，或者在地下时，信号衰减得非常快。比如在中国，或者欧洲，很多楼宇都是钢筋混凝土的，导致这种传感器的覆盖能力尤其弱。运用 5G 技术，可以使这种传感器实现链路计算和信号深度覆盖，这也是 5G 与 3G 和 4G 相比特色之处。

事实上，3GPP 已经推出了一套互为补充的窄带 LTE IoT 技术：eMTC（增强型机器对机器通信）和 NB-loT（窄带物联网）。两者都是为低复杂度/低功耗、更深更广的覆盖和更高终端密度而设计的，同时能和谐地与其他 LTE 服务共存，如普通的移动宽带。这两种技术被看作是未来 5G 的候选技术。

3. 高速率大带宽

今天的无线网络遇到的一个非常重要的问题就是：越来越多的人和设备正在传输大量的数据，但是传输的数据依旧拥挤在电信公司一直使用的与无线电频谱相同的频段上。这意味着每个人和设备被分配到的带宽有限，导致网速慢，甚至掉线等情况时有发生。

当前物联网的速度还处于一个较低水平，尤其是那些借助 WiFi 的连接方式接入网络的场景。由于设备数量和外部环境等因素的影响，网速缓慢是数据传输过程中普遍存在的问题。很多时候，网络速度无法跟上设计的要求，使得数据传输变得缓慢，网络堵塞的现象时有发生，无法加快网络传输的速度。此时管理员终端就无法获取相关的数据，无法按照这些数据进行下一步的工作。在车联网中，物联网如果没有高效的运转，摄像头和雷达就无法将准确的信息传送到相关的操作页面。在判读信息的能力上，它的敏感度就会大幅度削弱。在这样的情况下，摄像头和相关的设备就无法运转，无法将准确的信息传送到信息终端，行车的敏感性就会减弱，从而交通事故就会频繁发生。为了提升信息的安全性能，需要不断地改进相关的技术，才能使行车的安全性能符合相应的标准。

所以，无论是传统个人业务的良好体验，还是物联网某些特殊场景的应用需求，都迫切希望电信商能够提供更快的数据传输速度及更可靠的网络服务，而 5G 就是在这样一种期盼下诞生的。随着现代智能终端及移动应用的不断发展，移动数据流量所使用的数量也在不断增大。为了满足用户对流量的需求，5G 通信技术必须具有光纤般的传输速度及超大容量的宽带。具体来说，传输速度及宽带容量需要达到以下指标，即体验速率需要达到每秒 0.1～1 位范围，而峰值速率要达到每秒 10 千兆位范围。

无线传输增加传输速率一般有两种方法，一是增加频谱利用率，二是增加频谱带宽。相对于提高频谱利用率，增加频谱带宽的方法显得更简单和直接。在频谱利用率不变的情况下，可用带宽翻倍，则可以实现的数据传输速率也翻倍。但问题是，现在常用的

5GHz 以下的频段已经非常拥挤，到哪里去找新的频谱资源呢？5G 使用毫米波就是通过第二种方法来提升速率的。根据通信原理，无线通信的最大信号带宽大约是载波频率的 5%左右，因此，载波频率越高，可实现的信号带宽也越大。在毫米波频段中，28GHz 频段和 60GHz 频段是有希望在 5G 使用的两个频段。28GHz 频段的可用频谱带宽可达 1GHz，而 60GHz 频段每个信道的可用信号带宽则到了 2GHz（整个 9GHz 的可用频谱分成了 4 个信道）。相比而言，4G-LTE 频段最高频率的载波在 2GHz 上下，而可用频谱带宽只有 100MHz。因此，如果使用毫米波频段，频谱带宽轻轻松松就翻了 10 倍，传输速率也可得到巨大提升。

其实和每一代通信技术一样，确切地说，5G 的速度到底是多少很难。一方面，峰值速度和用户的实际体验速度不一样，不同的技术不同的时期，速率也会不同。对于 5G 的基站峰值要求不低于 20Gbit/s，当然这个速度是峰值速度，不是每一个用户的体验。随着新技术的使用，这个速度还有提升的空间。

但可以肯定的是，相对于 4G，5G 的网络速度将使得用户体验与感受有较大提高，使得网络面对 VR/超高清业务时不受限制，为要求高速网络的业务提供了机会和可能。

4．低时延

随着物联网的发展和壮大，应用场景会越来越丰富。将来的移动通信需要满足各种类型互联网业务的需求，通过无所不在的连接提供及时的智能信息服务。低延时、高可靠场景面对的领域主要是那些具备特殊应用要求的垂直行业，如车联网和工业控制等。该类用户对于可靠性和时延的要求非常高，需要物联网能够提供 100%的业务可靠性和毫秒级的端到端时延。

3G 的端到端时延是几百毫秒，4G 网络的端到端理想时延是 10ms 左右，LTE 的端到端典型时延是 50～100ms。ITU、IMT-2020 推进组等国内外 5G 研究组织机构均对 5G 提出了毫秒级的端到端时延要求，理想情况下，端到端时延为 1ms，典型的端到端时延为 5～10ms。事实上，5G 网络的时延主要有 3 段，空口接入时延约占 25%，承载网时延约占 25%，核心网时延约占 55%。既然端到端时延由多段路径上的时延加和而成，仅靠单独优化某一局部的时延都无法满足 1ms 的极致时延要求，因此，5G 超低时延的实现需要一系列有机结合的技术。5G 低时延的实现将主要遵循这样的思路，一方面要大幅度降低空口传输时延，另一方面要尽可能地减少转发节点，并缩短源到目的节点之间的"距离"。此外，实现 5G 低时延还需兼顾整体，从跨层考虑和设计角度出发，使得空口、网络架构、核心网等不同层次的技术相互配合，让网络能够灵活应对不同垂直业务的时延要求。

总之，在众多技术的催化下，5G 技术的时延水平提升到一个全新的档次，能够满足很多 4G 无法满足的应用场景，为物联网中控制类业务提供秒级时延，并保证其可靠程度。

5. 安全性和可靠性

零信任的本质就是以身份为中心进行访问控制的——"不要相信任何人"，认证、授权、加密的主体都只有用户自己。5G 在身份安全确认方面将基于零信任，推动企业安全体系的重构。重构的环节包括以身份为中心、业务安全访问、动态访问控制、智能身份分析等。虽然说 5G 技术有其创新性，但也是从 2G、3G、4G 移动技术中演进而来的，因此，单纯地从安全技术上讲，5G 是已经了解了之前几代移动网技术的弱点后加以改进而推出的，所以在安全性上更胜一筹。

首先，5G 增强了对用户唯一标识符的隐私保护，只有运营商可以解密手机的身份信息，这将杜绝通过标识符非法追踪用户的行为。其次，5G 还扩大了对用户数据的保护面。由于完整性保护算法会增加数据处理压力，增大时延，所以包括 4G 和之前的系统，都只是对控制面的数据进行了完整性的保护。而 5G 则可按需进行数据加密，增加对用户数据完整性的保护。

除了对用户的保护，5G 还增强了对运营商的保护。5G 能够避免一些恶意的运营商通过 SS7 公共信道和 Diameter 协议等通道，入侵其他运营商。同时，5G 还在鉴权过程中增加了归属地网络的控制力，这将极大地降低漫游区可能存在的欺骗归属地网络的风险。

在网络设计上，鉴于 5G 在传输网、承载网、核心网资源层、上传业务网等各层面上的演进创新，以及相关设备国产化水平上的持续提高，都相应地强化了 5G 网络的安全性，同时也加强了 5G 网络的可管理水平。随着网络威胁从虚拟蔓延到现实，一些恶意物联网设备已经具备了物理攻击的能力。为防御这类攻击，5G 设计了一些安全方案，可以选择性地拒绝恶意终端的接入，从而提升了物联网抵御 DDoS 攻击的能力。此外，5G 系统安全组为冗余传输设计了新的安全方案，能够兼顾低时延业务的可靠性和安全性。

如果说安全性是 5G 网络设计之初的重点考虑因素的话，那么对于 5G 通信的实现而言，最关键的问题就是保证数据传输的可靠性。5G 核心技术将通信漏洞进行更好地防护，进一步更新防火墙技术。这一时期也将出现新的漏洞形式，需要通过及时的技术更新来完成漏洞修复，防止数据篡改或丢失。对于 5G 通信技术的可靠性，通过网络安全工程可以进行修复。

与 4G 网络相比，5G 网络的安全机制考虑得很多，包括密集异构组网的安全威胁、基于控制面和用户面分离对用户面和控制面进行加密、无线通信端信令和消息传输、空口信令的加密、网络切片之间的安全隔离、上层统一的网络安全编排来实现管理和协同能力等。5G 安全机制能够为不同行业领域提供差异化的安全服务，使得 5G 能够更好地适应多种网络接入方式及新型网络架构，保护用户隐私，并支持提供开放的安全能力，为物联网的新业务提供安全而可靠的网络支撑。

很多人都认为 5G 是 4G 的下一代，但事实并非如此，第五代移动通信系统只是 5G 在移动通信技术这个原生家庭中的一个乳名，它成熟之后的真正身份和重要角色就是物联网移动通信技术。正如德国德勒斯登工业大学（TUDresden）通信网络教授 FrankFitzek 在 SEMICON Europa 2015 上强调的那样，5G 听起来就像是 4G 的进一步升级，但其实不然，5G 技术纯粹是为了物联网（IoT）装置的控制与操纵而打造的。换句话说，5G 技术是移动通信技术的演进延伸，但更是为物联网量身打造的移动通信技术。

4.4 物联网为 5G 提供大舞台

4.4.1 5G 的应用场景

从 1G 到 5G 的演进并不仅仅是技术演进，更是应用场景的更替。1G 通信技术的意义在于将人们从固定电话带入移动通信时代；2G 将所有用户视为漫游用户，推动移动通信的大范围普及；3G 通信技术的意义在于带动数据通信的蓬勃发展，塑造移动互联网产业；4G 通信技术的意义在于将承载数据业务的无线宽带作为通信基础设施，标志着数据业务接替语音业务成为主流；5G 通信技术的意义在于除了满足人类的移动通信需求之外，开始大力发展面向"物体"的通信解决方案，构建物联网的通信基础设施。

从信息交互对象不同的角度划分，国际标准制定组织 3GPP 定义，未来 5G 应用将涵盖三大类场景：增强移动宽带（eMBB）、海量机器类通信（mMTC）和超可靠低时延（URLLC）。其中，eMBB 主要是追求人与人之间极致的通信体验；mMTC 主要是人与物之间的信息交互；URLLC 主要是体现物与物之间的通信需求。如果说 4G 标志着业务由语音通信向个人应用的跨越，那么 5G 的诞生将是通信行业历史上最大的变革，标志着业务从个人应用向行业应用的转变。同时，作为新一代移动通信技术，5G 包含 IMT-2020 愿景的 8 个关键指标，即基站峰值速率、用户体验速率、频谱效率、流量空间容量、移动性能、网络能效、连接密度和时延。正是这些关键指标支撑着上述三大应用场景。

eMBB（Enhance Mobile Broadband）即增强移动宽带，是指在现有移动宽带业务场景的基础上，对于用户体验等性能的进一步提升，这也是最贴近我们日常生活的应用场景。5G 在这方面带来的最直观的感受就是网速的大幅提升，即便是观看 4K 高清视频，峰值也能够达到 10Gbit/s。

eMBB 可以将蜂窝覆盖扩展到范围更广的建筑物中，办公楼、工业园区等，同时，它可以提升容量，满足多终端、大量数据的传输需求。在 5G 时代，每一比特的数据传输成本都将大幅下降。5G 时代下，增强移动宽带具有更大的吞吐量、低时延及更一致的体验等优点，将应用到 3D 超高清视频远程呈现、可感知的互联网、超高清视频流传输、高要求的赛场环境、宽带光纤用户及虚拟现实领域。以前，这些业务大多只能通过固定宽带网络才能实现，而未来 5G 能让它们移动起来。而且，更多大流量的业务，未来还将不断发展。根据 Cisco 发布的数据显示，在 2016 年至 2021 年期间，全球 IP 视频流量会增长 3 倍，同期移动数据流量增长约 7 倍。现有的 4G 已经越来越难以满足今后的超大流量需求了。目前，产业达成的共识是，高清视频将成为消耗移动通信网络流量的主要业务。

支撑着 eMBB 的 5G 的 5 大关键指标，将满足人们对超大流量、高速传输的极致需求。它们分别是，峰值数据率：最高数据传输速度达到 20Gbit/s；用户体验数据率：拥挤地区传输速度达到 100Mbit/s；能量效益：装置收发数据所需功耗能效比 IMT-A 提升 100 倍；频谱效率：每无线带宽和每网络单元数据吞吐量 3~4 倍于 4G 网络；区域流量容纳：区域内总流量密度每平方米 10Mbit/s。因此，在 5G 即将到来的当下，eMBB 在网络速率上的提升将为用户带来更好的应用体验。

mMTC（Massive Machine Type Communications）即大规模物联网，或者叫作海量机器类通信。mMTC 将在 6GHz 以下的频段发展，同时应用在大规模物联网上。

正如前面所说，5G 的突破在于从个人走向行业，5G 的技术革新点有很多是行业对于新一代通信技术的呼唤。其中，必不可少的是对于物联网的改造。物联网是利用局部网络或互联网等通信技术把传感器、控制器、机器、人员和物等通过新的方式连在一起，形成人与物、物与物相连，实现信息化、远程管理控制和智能化的网络。到 2021 年，将有 280 亿部移动设备实现互联，其中，IoT 设备将达到 160 亿部。未来十年，物联网领域的服务对象将扩展至各行业用户，M2M 终端数量将大幅激增，应用无所不在。

从需求层次来看，物联网首先是满足对物品的识别及信息读取的需求，其次是通过网络将这些信息传输和共享，随后是联网物体随着量级增长带来的系统管理和信息数据分析，最后是改变企业的商业模式及人们的生活模式，实现万物互联。未来的物联网市场将朝向细分化、差异化和定制化方向改变，未来的增长极可能超出预期。如果说物联网连接数至

2020 年将达到 500 亿个，那么有可能这仅仅是一个起点，未来物联网连接数规模将近十万亿个，前景十分广阔。

5G 每平方千米连接 100 万台设备的连接密度将支撑这种大规模物联网应用，从而真正开启万物互联的时代。

URLLC（Ultra-Reliable Low-Latency Communications），即超高可靠、超低时延通信。URLLC 的特点是高可靠、低时延、极高的可用性。它包括以下各类场景及应用：工业应用和控制、交通安全和控制、远程制造、远程培训、远程手术等。URLLC 在无人驾驶业务方面拥有很大潜力。此外，这对于安防行业也十分重要。

或许 50 毫秒和 1 毫秒的延迟对于常规的用户没有影响，我们打游戏时也难以分辨出两种时延的区别。但是对于无人驾驶、远程操控等需要苛刻的高稳定、低延迟的领域，真的是"失之毫厘，谬以千里"，小小的时延也可能造成严重的安全事故。低时延、高可靠通信的另一应用是远程医疗，这一次的医疗应用不同于以往的远程会诊和手术规划。2019 年 6 月 27 日上午，北京积水潭医院田伟院长在机器人远程手术中心，通过远程系统控制平台与嘉兴市第二医院和烟台市烟台山医院同时连接，成功地完成了全球首例骨科手术机器人多中心 5G 远程手术。精准医疗，人工智能，远程低时延高可靠通信，将优质医疗资源直接与患者相连，虽相隔万里，仍能万山无阻。工业自动化控制需要时延大约 10ms，这一要求在 4G 时代难以实现。而在无人驾驶方面，对时延的要求则更高，传输时延需要低至 1ms，而且对安全可靠的要求极高。

5G 技术凭借其数据包传输时延仅 1ms 的低时延特性和切换，以及保证通信质量极速达到 500 km/h 的移动性，为 URLLC 覆盖的应用场景量身定制解决方案，将 4G 时代的不可能变成了现实。

另外，从具体网络功能要求上来说，我国 IMT-2020（5G）推进组定义了 5G 的四个主要的应用场景：连续广覆盖、热点高容量、低功耗大连接和低时延高可靠。其中，连续广域覆盖和热点高容量场景主要满足 2020 年及未来的移动互联网业务需求，也是传统的 4G 主要技术场景。这四个场景基本与 3GPP 定义的三大场景相同，只是我国将移动宽带进一步划分为广域大覆盖和热点高速两个场景。

4.4.2 物联网是 5G 的主战场

5G 可以说是传统通信业的绝地反击，传统通信强国的用户发展已经趋于饱和，在各种市场竞争之中，用户流量在不断地提高，但是单用户收入却没有随之增加或者下降，运营商收入增速放缓或者已经开始有下降的趋势。在这种情况下，通信业为了开拓新的应用领域，便推动了 5GNR 标准问世，提出了三大应用场景，将人与人之间的通信逐渐拓展到人与物、物与物之间的通信，甚至在更广阔的物联网领域和行业应用中渗透。

5G 和以往的 2G、3G、4G 不同之处，就是不再以个人用户为主，而是以垂直行业应用为主，同时将带来各行各业的革命性变化，所以人们常说"4G 改变生活，5G 改变社会"。在 5G 的三大类应用场景增强移动宽带（eMBB）、海量机器类通信（mMTC）和超可靠低时延（URLLC）中，除了 eMBB 属于传统应用场景之外，其他两种应用场景都属于物联网范畴。随着新技术和新产业的出现，物联网应用将迎来爆发式的增长，数以亿计的设备接入网络，"万物互联"得以实现，从而缔造出规模宏大的新兴产业，重新激发移动通信的活力。可见，物联网不仅仅是新一代移动通信技术开发出来的应用新领域，更是 5G 应用的主战场。

事实上，4G 时代的移动通信系统已经可以满足包括视频对话的大部分个人通信需求。尽管 5G 凭借高速率和大宽带的绝对优势，可以支撑超高清视频、增强和虚拟现实等增强移动宽带应用场景，但对于个人通信业务而言，这种身临其境的全新感受只能说是锦上添花，并不是个人应用的刚需。而对于海量机器类通信和超可靠低时延这两类物联网应用来说，5G 解决的是物联网应用的刚需问题，做到了 4G 做不到的事情，是对物联网应用的雪中送炭。

2018 年以来，全球 5G 发展基本有两条主线：一是推动技术标准走向成熟；二是促进 5G 成功迈向商用。在 5G 商用方面，业界的主要工作之一就是找到 5G 的关键应用。与 4G 网络相比，5G 具有高带宽、低时延、大连接、低功耗、高安全等特性，而这些特性正是物联网所需要的基本特征。

首先，5G 网络将推动智能交通加速落地。从目前智能交通的发展阶段看来，大多数车联网还是停留在导航阶段，传输效率速度不够，导致很多信息不能实时传递及实时更新。比如我们在使用导航的时候，即使走偏了方向，导航也不会及时告诉我们，而是走了一两分钟后才通知我们，而且在偏远地区，地图没有及时更新，导航根本无法使用。随着 5G 的来临，这些问题都将得到解决。此外，无人驾驶也是目前正在研究的热点方向，而高速率的传输，可以实现实时控制，满足自动驾驶的苛刻要求。可以利用相关技术把路况、车辆四周状况、红绿灯、堵塞程度等数据结合成一个智能交通网，任何车辆驾驶员都可以真正 360°地了解车辆周边情况，清楚地知道道路拥堵情况和交通状况，从而选择适合自己的车速或者路线，实现无人驾驶的美好愿景。

其次，5G 网络将赋能远程医疗领域的发展。目前，我国医疗资源分配严重不均，而受医疗资源分配不均的医疗事件屡见不鲜，很多人因为没有及早有好的医生，好的医疗资源，而到最后病情加重，错失了治愈良机。而 5G 网络的到来，远程医疗的实现指日可待，远程医疗旨在减少看病花费的时间，平衡医疗资源分配不均的现象，为那些看不上病的偏远山村的人民造福。目前，远程医疗技术已经从初始的视频监护、电话远程诊断发展到利用高速网络进行数据、图像、语音的综合传输。假如 5G 网络实现，就可以轻松实现实时的语音和高清晰图像的交流，为远程医疗领域的发展提供了前所未有的发展前景。

另外，5G 的低功耗、大连接和低时延、高可靠场景主要面向物联网业务，重点解决传统移动通信无法很好地支持物联网及垂直行业应用的问题。海量设备的连接与多样化的物联网在一定程度上势必给相关的物联网业务带来一系列新的技术挑战。如广东省现在各运营商利用移动通信网络开展的移动支付业务、物流行业基于移动通信网络的车辆/货物智能管理系统，以及运营商与汽车制造商合作推出的基于移动通信系统的车载信息网络等，都是将移动通信技术应用到物联网的实例。低功耗大连接场景主要面向智慧城市、环境监测、智能农业、森林防火等以传感器和数据采集为目标的应用场景，具有小数据包、低功耗、海量连接等特点。这类终端分布范围广、数量众多，不仅要求网络具备超千亿个连接的支持能力，满足 100 万个/km^2 连接数密度的指标要求，而且还要保证终端的超低功耗和超低成本。

目前，移动通信的个人市场增长已经触及天花板，物联网则开辟了新的增长空间。5G 依托大带宽、低时延、高可靠的特性及每平方千米上百万个的连接数量，可以有效支撑工业控制、车联网、智能制造、远程医疗等智能设备的即时海量连接，将 4G 时代停留在想象阶段的应用场景推进落地。据全球知名咨询公司 IDG 预测，2020 年，全球物联网设备量将达到 281 亿台，全球物联网市场规模达到 1.7 万亿美元。《爱立信移动市场报告》显示，到 2023 年，蜂窝物联网连接数量预计达 35 亿个，以每年 30%的速度增长。中国自 2009 年提出物联网概念以来，到现在为止，其应用场景尚未大范围爆发，"杀手级"应用也还没有出现。5G 的成熟也会不断推进大数据、人工智能等新技术的再次发展，促进产业融合加速升级。未来 10 年，物联网领域的服务对象将扩展至各行业用户，M2M 终端数量将大幅激增，应用将无所不在，同时物联网市场将向细分化、差异化和定制化方向改变，在各种因素促进下，未来物联网的增长很有可能超出预期。发展空间不可限量的物联网，毫无疑问将成为 5G 的主战场，也将成为 5G 发展的主要动力和营利点。

4.5 5G 物联网技术：NB-IoT/eMTC

　　面对巨大的物联网市场，业界推出了多种物联网的无线通信技术，主要分为两类：一类是 ZigBee、WiFi、蓝牙、Z-wave 等短距离通信技术；另一类是 LPWAN（Low-Power Wide-Area Network，低功耗广域网），即广域网通信技术。而 LPWAN 又可分为两类：一类是工作于未授权频谱的 LoRa、SigFox 等技术；另一类是工作于授权频谱的 eMTC、NB-IoT 等。eMTC、NB-IoT 由通信行业最具权威的标准化组织 3GPP 制定的，并由国际电信联盟 ITU 批准的，属于国际标准；Sigfox 与 LoRa 核心技术分别掌握在法国 Sigfox 与美国 Semtech 公司手中，属于企业私有技术。

　　其中，低功耗广域 LPWA（Low-Power Wide-Area）技术是随着物联网低功耗广域应用场景的需求而出现的。人联网的终端设备主要是手机。图片的清晰度、视频及游戏的流畅性主要受限于速率和时延，所以，对高速率和低时延的执着追求驱动着无线通信技术的更新换代，于是就有了 1G、2G、3G、4G。随着物联网的不断发展与应用场景的多元化，终端设备种类变得复杂多样，现有的无线通信技术无法满足物联网的发展需求。不同的物联网业务对数据传输能力和实时性都有着不同的要求。根据传输速率的不同，可将物联网业务进行高、中、低速的区分。其中，高速率业务指车载物联网设备等要求实时传输数据的相关业务，主要由 3G、4G 技术支撑；中等速率业务指超市的储物柜等使用频率高，但并非实时使用，对网络传输速度的要求不高的业务，主要由 GPRS 技术支撑；而低速率业务指智能水表等低功耗大连接的应用场景，没有合适的通信技术支撑。业界将这种低速率广覆盖的业务市场称为低功耗广域网（Low Power Wide Area Network，LPWAN）市场，如建筑中的灭火器、科学研究中使用的各种监测器。此类设备在生活中出现的频次很低，但汇集起来总数却很可观，这些数据的收集可以用于各类用途，比如改善城市设备的配置等。据估计，在整个物联网市场中，这种低功耗广域网市场占比高达 60%。由于没有合适的物联网通信技术支撑，多数情况，人们通过 GPRS 技术勉强支撑，这样又带来了成本高、影响低、速率业务普及度低的问题。换句话说，一个巨大的物联网市场由于受到通信技术的牵制而得不到充分的开发。

　　为解决这一问题，无线通信技术在向高速率、低时延及高可靠性发展的同时，也在向低速率、低功耗、远距离与大连接方向演变，低功耗广域 LPWA（Low-Power Wide-Area）技术应运而生。我们知道，原有的 4G 技术是针对人和人之间通信设计的，并不能很好地满足物联网的应用需求。同时，针对物联网设计的 5G 技术还没有真正到来，于是人们针对上述物联网低功耗大连接的需求对 4G 技术进行改造，提出了 NB-IoT 和 eMTC 两种蜂窝物联网技术。

目前，NB-IoT 已经被正式纳入 5G 候选技术。2019 年 7 月 17 日，3GPP 正式向 ITU-R（国际电信联盟）提交 5G 候选技术标准提案。其中，低功耗广域物联网技术 NB-IoT 被正式纳入 5G 候选技术集合，作为 5G 的组成部分与 NR 联合提交至 ITU-R，成为 5G 在 mMTC 场景中的一种通信技术。据悉，ITU-R 对提交的 5G 标准提案进行复核后，将于 2020 年正式对外发布。另外，根据 3GPP 的系列工作和业内专家的分析，eMTC 也将被纳入未来 5G 物联网的标准。

本节将讨论 NB-IoT 和 eMTC 这两种候选的 5G 物联网技术。

4.5.1　NB–IoT

NB-IoT 的英文全称是 Narrow Band-Internet of Things，是基于蜂窝网络的窄带物联网技术，聚焦于低功耗广域网，支持物联网设备在广域网的蜂窝数据连接，可直接部署于 LTE 网络，可降低部署成本和实现平滑升级，是一种可在全球范围内广泛应用的一门物联网技术，它的特点可以概括为：广覆盖、低功耗、低成本、大连接等特性。NB-IoT，基于授权频谱的运营，是基于 3GPP 组织定义的国际标准，可在全球范围内部署。

随着物联网的快速发展，基于 NB-IoT 技术的应用案例在各个领域中逐渐涌现出来。智能路灯系统可以使城市中的每个路灯实现自动化单元控制，具备依环境调光、遥控开关、参数监测、故障监测等功能，进行多点控制、数据采集，进而节约城市路灯的综合用电，节省人力物力，降低维护成本。基于 NB-IoT 技术的智能表，在数据传输方面不需要任何中介环节，从仪表直达数据平台，所有的调试完全在后台服务器完成，方便直接管控和阶梯定价。智慧井盖系统通过内置的智能监控设备可实时监测井盖开合状态、井上路面积水、井下水位等情况，并进行动态分析，发现险情后可以自动将警情发送给管理人员，帮助他们快速找到问题井盖的位置，并及时处理，以防发生安全事故。除了这些应用场景之外，NB-IoT 技术还在智能楼宇、智慧城市、智能交通、环保物联网、农业物联网、消防物联网等低功耗的广域连接场景中发挥重要作用。

NB-IoT 技术作为较早出现的广域低功耗物联网技术，一直随着通信技术的发展不断演进。早在 2013 年，相关业内厂商、运营商发展窄带蜂窝物联网，并起名为 LTE-M；2014 年由沃达丰、中国移动、Orange、意大利电信、华为、诺基亚等公司支持的 LTE-M 在 3GPPG

ERAN 的工作组立项，被重新命名为 Cellular IoT；2015 年 5 月，华为和高通共同宣布了 NB-CIoT 方案；同年 8 月，爱立信联合几家公司提出了 NB-LTE 概念；2015 年 9 月，NB-CIoT 和 NB-LTE 两个技术方案进行融合，NB-IoT 正式诞生。可见，NB-IoT 技术来源于电信运营商、通信设备商及芯片设计商的共同努力。

在标准方面，早在 3GPPR13 协议中，NB-IoT 核心标准就已冻结；R15 协议更是支持 NR 与 NB-IoT 的共存部署方案，从而确保了 5G 部署后存量的 NB-IoT 终端业务不受影响。在 R16 协议中，NB-IoT 仍然是 LPWA 的主要应用技术，更是明确支持 NB-IoT 接入 5G 新核心网，确保 NB-IoT 在 5G 时代技术发展的连续性。在 2019 年年底启动立项的 R17 协议中，爱立信、高通等公司明确提出 R17LPWA 基于 NB-IoT 继续演进。

从 NB-IoT 的诞生过程和技术演进可以看出，NB-IoT 技术一直保持着物联网应用需求和通信技术的协同发展，能够作为 5G 时代的重要场景化标准平滑过渡。事实上，在 5G 逐步走向商用的今天，企业界一直很关心 NB-IoT 能否成为 5G 的候选技术，从而实现未来平滑演进。此次 NB-IoT 技术被正式纳入 5G 候选技术集合，无疑打消了许多人对 NB-IoT 技术前景的顾虑。其实，NB-IoT 技术能够成为未来 5G 技术的候选技术，有其必然性。我们可以从 NB-IoT 的技术优势、产业生态成熟度、垂直行业商用、政策支持等方面进行分析。

1. NB-IoT 的技术优势

NB-IoT 是基于移动通信网络的物联网技术体系，解决了传统物联网存在的技术碎片化、覆盖不足的问题，极大地提升了物联网的应用能力，是物联网的主流技术之一。具体来说，NB-IoT 具有广覆盖、大连接、低功耗和低成本四大优势。

广覆盖：首先是 NB-IoT 室内覆盖能力强，在同样的频段下，NB-IoT 比现有网络增益 20dB，覆盖面积扩大 100 倍。其次是对海量连接的支撑能力，NB-IoT 一个扇区能够支持 10 万个连接。目前全球有约 500 万个物理站点，假设全部部署 NB-IoT、每个站点三个扇区，那么可以接入的物联网终端数将高达 4 500 亿个。NB-IoT 不仅可以满足浅层区域的广覆盖需求，对于厂区、地下车库、井盖这类深度覆盖需求也同样适用。以井盖监测为例，过去 GPRS 的方式需要伸出一根天线，车辆来往极易损坏，而 NB-IoT 只要部署得当，无须添加任何辅助信号接收设备，就可以很好地解决这一问题。

大连接：在同一基站的情况下，NB-IoT 可以比现有无线技术提供 50～100 倍的接入数。一个扇区能够支持 10 万个连接，支持低延时敏感度、超低的设备成本、低设备功耗和优化的网络架构。举例来说，受限于带宽，运营商给家庭中每个路由器仅开放 8～16 个接入口，而一个家庭中往往有多部手机、笔记本、平板电脑，未来要想实现全屋智能、上百种传感设备需要联网就成了一个棘手的难题，而 NB-IoT 足以轻松满足未来智慧家庭中大量设备联网需求。

低功耗：低功耗特性是物联网应用的一项重要指标，特别对于一些不能经常更换电池的设备和场合，如安置于高山荒野偏远地区中的各类传感监测设备，长达几年的电池使用寿命是最本质的需求。NB-IoT 聚焦小数据量、小速率应用，因此，NB-IoT 设备功耗可以做得非常小，设备续航时间可以从过去的几个月大幅提升到几年。NB-IoT 的功耗，仅为 2G 的 1/10，终端模块的待机时间可长达 10 年。

低成本：NB-IoT 构建于蜂窝网络，只消耗大约 180kHz 的带宽，可直接部署于 GSM 网络、UMTS 网络或 LTE 网络，无须重新建网，射频和天线基本都复用，部署成本低，可实现平滑升级。以中国移动为例，900MHz 里面有一个比较宽的频带，只需要清出来一部分 2G 的频段，就可以直接进行 LTE 和 NB-IoT 的同时部署。低速率、低功耗、低带宽同样给 NB-IoT 芯片及模块带来低成本优势。终端模块成本现阶段有望降至 5 美元之内，未来随着市场发展带来的规模效应和技术演进，成本还有望进一步降低。

2．产业生态的成熟

相对于传统产业，物联网的产业生态比较庞大。对于低功耗广域网络，从纵向来看，目前已形成从"底层芯片—模组—终端—运营商—应用"的完整产业链。NB-IoT 技术是由芯片设计商、通信设备商和电信运营商共同努力得到的结果，所以一直都受到了全球主流运营商和通信设备厂商的广泛支持。经过两三年的发展，目前全球已有 84 张 NB-IoT 网络实现商用（GSMA），全球模组种类已超过 100 种，成为全球应用最广的物联网技术之一。NB-IoT 用户增长迅速，在过去的一年中，连接数已经超过 5 000 万个，是 GSM 过去 6 年的总和，预计 2019 年全球连接数过亿个。除了整体发展态势良好之外，NB-IoT 技术在整条产业生态链上都拥有成熟的产品。

首先，NB-IoT 拥有更成熟的元件厂商生态。NB-IoT 产业已经拥有包括华为海思、高通、中兴微电子等 9 家芯片厂商，以及中兴通讯、上海移远通信、中移物联网在内的 21 家 NB-IoT 模组厂商。这些厂商构成了 NB-IoT 强大的元件厂商生态，为其发展打下坚实的基础。随着这些元件厂商生态的成熟，其模组价格也在快速下降。截至目前，NB-IoT 模组价格已经从 2017 年的 100 元，下降到 20 元以下，基本与 2G 持平。

其次，NB-IoT 得到了众多运营商支持。目前，全球多个运营商紧跟 NB-IoT 发展步伐，在标准协议完成之后第一时间进行技术验证、测试和商用部署。Vodafone、德国电信、软银等 56 家运营商均已经部署了 NB-IoT 商用网络，而美国 T-Mobile 也已经宣布商用 NB-IoT，全球运营商的创新先锋 AT&T 和 Verizon，也积极进行 NB-IoT 的商用试点。根据 GSA 统计，截至 2019 年 1 月中旬，全球 45 个国家/地区的 78 家运营商正式商用 NB-IoT 网络，网络数量是 2018 年同期的两倍。我国也加快 NB-IoT 网络部署步伐，截至 2018 年 6 月，NB-IoT 基站近 57 万个，NB-IoT 应用示范加速推进，多省市开展了 NB-IoT 示范应用。中国移动已经实现全国 346 个主要城市城区 NB-IoT 连续覆盖；中国电信已经全网建设 40 万个 NB-IoT 基站；中国联通已经在全国数十个城市开通 NB-IoT 试商用，全国已经有 300 多个城市具备快速接入物联网的能力。

3. 垂直行业的成功商用

NB-IoT 发展不仅具有自身的技术优势及主流运营商的支持，更是在垂直行业取得了商业成功。据了解，在智能水表、智能气表、电动车追踪、烟感探测器、白色家电五大场景中，NB-IoT 技术的应用取得飞速发展。具体来说，现阶段，智能水表和智能气表都已达 300 万个的规模，估计 2019 年两者都将超过 1 000 万个；目前大约有 300 万辆电动车应用 NB-IoT 实现对摩托车的追踪；烟感探测器大约为 200 万个的规模；目前白色家电的规模约为 100 万台，针对家电领域的 NB-IoT 芯片预定于 2019 年 8 月份发布。此外，智慧社区、智慧家庭将成为新的场景化规模应用的市场。

从具体城市商用落地来看，鹰潭在智能抄表、工业制造、农业监测、智能停车等领域已经有典型应用；早在 2017 年 5 月，无锡就实现了 NB-IoT 全域覆盖，2018 年 4 月物联网链接规模突破 1 000 万个，成为第一个突破千万级别的地级市。

在海外，NB-IoT 技术同样保持高速发展态势。比如，泰国的摩托车监控、挪威的羊联网、韩国的气表、西班牙的智慧门锁及德国的智能停车，都已实现规模商用。此外，NB-IoT 智能跟踪器、健康监测、智能家居等 2C（消费者）领域也都实现了高速发展。

4. 国家政策的支持

自 2016 年标准冻结，到 2019 年实现大规模商用，NB-IoT 仅用了 3 年时间。NB-IoT 在我国的发展能够如此迅猛，离不开强大的政策保障。2018 年连续发布了多个国家标准，包括面向智能气表的《基于窄带物联网（NB-IoT）技术的智能燃气抄表系统》和面向智能水表的行业标准《物联网水表》。中国工信部、国资委在 2019 年 5 月 8 日发布的相关政策中明确指出，业界要面向物流等移动物联网应用需求，进一步升级 NB-IoT 网络能力，持续完善 NB-IoT 网络覆盖，并将组织 NB-IoT 优秀应用案例征集活动，推广典型应用，为创业者、运营商、各行业带来新的机遇。同时，工信部发文要求基础电信企业加大 NB-IoT 网络部署力度，预计到 2020 年年末，NB-IoT 网络将实现全国普遍覆盖，面向室内、交通路网、地下管网等应用场景实现深度覆盖，基站规模达到 150 万个。

从上述分析不难看出，无论是从 NB-IoT 的技术演进连续性，还是全球运营商对 NB-IoT 网络建设的支持，或者 NB-IoT 在垂直行业的应用，以及国家政策的保障来看，NB-IoT 技术已经在物联网技术竞争中取得了绝对优势，理应被正式纳入 5G 候选技术集合。

虽然 NB-IoT 升级为 5G 候选技术之后将进一步推动物联网应用的快速发展，但是我们也应该看到 NB-IoT 在物联网应用中所面临的一些问题。首先是普及程度低。目前，虽然有国家政策和地方政府的大力扶持，但现阶段 NB-IoT 在全国范围内还没有进入大规模商用阶段，应用普及程度较低。其次是规模成本高。由于行业上下游还未进入大规模量产阶段，目前芯片、模组的成本相对较高，造成应用推广困难。再次是芯片技术不成熟。由于我国芯片的研发企业缺乏相关技术人才，创新服务能力不足，再加上芯片设计周期长、风险高等因素，导致国内企业不愿意投入资源进行研发与设计。国产芯片供给难以匹配，导致 NB-IoT 技术推广遇到阻碍。最后就是标准测试待完善。NB-IoT 领域的技术标准有待进一步完善，相关芯片、模组、终端产品的测试标准有待推出和完善，以便对产品、应用和相关系统的确定性、安全性等进行测评。

作为 5G 时代的物联网主流技术，NB-IoT 技术必须抓住发展优势，在持续演进中突破发展瓶颈，以适应未来物联网的快速发展，成为未来物联网核心技术之一。当然从 5G 角度看，5G 的 mMTC 场景不可能一蹴而就。5G 将继承已经发展多年的 NB-IoT 生态，结合 eMTC 等其他技术协同发展，最终服务大连接业务场景，实现万物互联的美好愿景。NB-IoT 应用发展面临的这些问题，需要移动物联网产业界加强合作，在发展中寻求解决方法。

4.5.2 eMTC

与 NB-IoT 技术一样，eMTC 也是 3GPP 标准内的 LWPA 技术，两者有很多相似之处，可谓是 3GPP 组织下的一对双胞胎。eMTC 是 3GPP 在不改变 LTE 自身技术体制基础上，通过对 LTE 协议进行裁剪和优化所得的，功能上更加适合物与物之间的通信。eMTC 基于蜂窝网络进行部署，其用户设备通过支持 1.4MHz 的射频和基带带宽，可以直接接入现有的 LTE 网络，是物联网技术的一个重要分支。2016 年 3 月，3GPP 正式宣布 eMTC 相关内容已经在 R13 中接纳，标准已正式发布。

eMTC 具备 LPWA 的四大基本能力。一是广覆盖。在同样的频段下，eMTC 比现有的网络增益 15dB，极大地提升了 LTE 网络的深度覆盖能力；二是具备支撑海量连接的能力。eMTC 一个扇区能够支持近 10 万个连接；三是更低功耗。目前 2G 终端待机时长仅 20 天左右。在一些 LPWA 典型应用如抄表类业务中，2G 模块显然无法符合特殊地点，如深井、烟囱等无法更换电池的应用要求。而 eMTC 的耗电仅为 2G Modem 的 1%，终端待机可达 10 年；四是更低的模块成本。目前智能家居应用主流通信技术是 WiFi，WiFi 模块虽然本身价格较低，已经降到了 10 元人民币以内，但支持 WiFi 的物联网设备通常还需要无线路由器或无线 AP 做网络接入，或做局域网通信。2G 通信模块一般在 20 元人民币左右，而 4G 通信模块则在 150 元人民币以上。相比之下，eMTC 终端有望通过产业链交叉补贴，不断降低成本。大规模的连接将会带来模组芯片成本的快速下降，eMTC 芯片目标成本在 1 到 2 美元左右。

NB-IoT 和 eMTC 同属低功耗广域网（LPWAN）技术，NB-IoT 的主要优势是成本更低、覆盖更广、小区容量预计也更大，eMTC 的主要优势则是速率更高、可移动性更好、可定位、可支持语音等。在峰值速率上，NB-IoT 只有 200kbit/s，而 eMTC 支持上下行最大 1Mbit/s 的峰值速率，远超过当前 GPRS、ZigBee 等主流物联技术的速率。eMTC 更高的速率可以支撑更丰富的物联应用，如低速视频、语音等。在移动性上，NB-IoT 由于无法实现自动小区切换，因此几乎不具备移动性，而 eMTC 支持连接态的移动性，物联用户可以无缝切换，保障用户体验。再就是可定位，基于 TDD 的 eMTC 可以利用基站侧的 PRS 测量，在无须新增 GPS 芯片的情况下就可以进行位置定位，低成本的定位技术更有利于 eMTC 在物流跟踪、货物跟踪等场景的普及。最后就是支持语音，eMTC 是从 LTE 协议演进而来的，可以支持 VoLTE 语音，未来可被广泛应用到穿戴设备中。但是反过来，在成本、覆盖和容量上，eMTC 明显逊色于 NB-IoT。在终端成本上，NB-IoT 由于模组、芯片制式统一，价格已降至 5 美元左右，但是 eMTC 目前的价格仍然偏高，并且下降缓慢。在覆盖广度和深度上，NB-IoT 覆盖半径比 eMTC 大 30%。eMTC 覆盖较 NB-IoT 差 9dB 左右；在小区容量上，eMTC 没有进行过定向优化，难以满足超大容量的连接需求。

所以，从 NB-IoT 和 eMTC 的技术特征可以看出，NB-IoT 在覆盖、功耗、成本、连接数等方面性能占优，通常使用在追求更低成本、更广深覆盖和长续航的静态场景下，如水表、电表、燃气表、路灯、井盖、垃圾筒等。而 eMTC 在覆盖及模组成本方面目前弱于 NB-IoT，但其在峰值速率、移动性、语音能力方面存在优势，更适合应用在有语音通话、高带宽速率及有移动需求的场景下，如电梯、智能穿戴、物流跟踪等。在真实的市场使用场景中，双方可以混合组网，形成互补关系，丰富应用场景，涉及更多交互协同类的物联网应用，如产品全流程管理、智能泊车、共享单车、融资租赁、款箱监控、智慧大棚、动物溯源、林业数据采集、远程健康、智能路灯、空气监测、智能家庭等。

随着 5G 标准制定的加速，随之而来的会是对 5G 狂热的追捧，其中不乏一些误导性言论，认为 5G 商用后会影响 NB-IoT 的发展进度，甚至会替代 NB-IoT。从 3GPP 标准化组织和 ITU 所做的努力来看，即使 5G 实现了商用，NB-IoT/eMTC 也将是短期内蜂窝物联网主要的通信方式。NB-IoT/eMTC 作为蜂窝移动通信技术与物联网应用的融合产物，将随着 5G 的发展协同演进，成为未来 5G 物联网的重要组成部分，助力万物互联的美好愿景。

4.6　最好的关系就是彼此成就

众所周知，物联网是以互联网为核心的，通过各种信息传感设备将互联互通的对象范畴从人拓展到物的一个巨大网络。物联网的目的是实现物与物、物与人的连接，通过实时采集和传输网络中各对象的信息实现在线识别、管理和控制。在物联网中，人们可给实物添加电子标签，并通过电子标签了解到有关于物体的相关信息。物联网将现实世界数字化，再将零散数据集中规整，让人们能够更加全面、深入地了解客观世界，从而做出更加有效的决策。

显然，物联网在诞生之初就为人们描绘了一幅"万物互联"的美好图景，至今已经有近 30 年了。从计算机与计算机互联的互联网，到人和人互联的移动互联网，再到今天物和物互联的物联网，人们实际上一直在借助通信技术这支大笔来逐步完善这幅美好图景。在这个过程中，4G 网络犹如神来之笔，成就了移动互联网的诸多美好画面。人手一部智能手机，想找哪个人，手指轻轻一点，随时随地可以与对方语音和视频。人和人之间的互联达到了前所未有的通畅。然而，当 4G 想继续勾勒物物互联的美好画面时，就有些力不从心了，比如车联网、智慧医疗、智能工业等。美好的图景浮现在脑海中，手中的笔画不出来，那就必须换一支合适的笔。这支笔就是专门为物物互联打造的 5G。

5G 解决了物联网的痛点，为物联网的落地提供网络支撑。4G 我们都非常熟悉，让我们的上网速度有了很大提升。相对于 4G 而言，5G 的速度有了质的飞跃，其峰值速率将增长数十倍，从 4G 的 100Mbit/s 提高到几十 Gbit/s。简单来说，只要一分钟就可以下载一部高清电影。5G 只是更快吗？当然不是。5G 网络是为未来的万物互联打造的，其在技术上的突破，不单给用户带来更快、更流畅的上网体验，还可以解决传输速率及庞大数据连接集合的问题，具备大宽带、低延时、广连接的场景特性。正是这些场景特性解决了物联网痛点，而这些痛点恰好就是 4G 无能为力的地方。举个例子，在交通领域，4G 网络由于网络传输速度较慢，有响应机制延迟的问题。如果以 5G 网络为基础，汽车可以与周围汽车、信号灯、建筑甚至道路实时交换数据，实现万物互联，助推无人驾驶技术的发展。所以，相较于 2G 到 3G，再到 4G 的速度提升，5G 真正做到了将人与人之间的通信扩展到万物，意味着全新的商业模式和消费模式的形成。

5G 的实现对于物联网行业来说不仅是雪中送炭，也是锦上添花。如果说几年前"万物互联"还只是一个美好愿景的话，那么在 2019 年，伴随着 5G 技术的开展，人们会感到原来愿景离我们如此之近。我国物联网发展已经有些年头了，但是真正落地的物联网应用却少之又少，这是什么原因呢？除了技术原因外，还有一个重要的原因，就是现有 4G 网络的通信能力大大限制了物联网产业的发展。现有的 4G 网络还无法很好地满足车联网、智能家居、智慧医疗、智能工业及智慧城市等多方面的需要。而 5G 具备更加强大的通信和带宽能力，能够满足物联网应用高速稳定、覆盖面广等需求。在未来，5G 技术将运用到物联网中大部分的场景，包括无人驾驶、VR 技术、智能化城市建设等。未来物联网的需求将会不断增长，海量的连接和毫秒级别的时延是支持物联网发展的核心，而现在的 4G 网络达不到这样的标准。5G 通信技术由于延时低、覆盖广、超密集组网等技术特点将能满足物联网的需求。5G 如果实现，很多还处在理论或者试点阶段的物联网应用不仅能够落到实处，而且还能得到迅速推广和普及。

反过来，物联网是 5G 商用的前奏和基础。自从 20 世纪 90 年代物联网被提出以来，移动通信技术就开始在物联网中发挥作用。物联网在 2G、3G、4G 技术的支撑下虽然发展缓慢，但是一直在探索与融合中开发应用场景，积累应用需求。随着人们生产生活水平的提高，物联网在近 30 年的发展中，逐步培育和细化出不同的应用场景，对新一代移动通信技术也提出了明确的需求，如大宽带、低延时、广连接等。而 5G 就是在这种广泛需求的召唤下应运而生的。任何新技术的落地应用都离不开强大的应用需求。如果没有物联网前期积累的应用需求，5G 的商用不会如此顺利，发展势头也不会如此迅猛。

同时，物联网也为 5G 提供了一个大展拳脚的舞台。我们知道，4G 的网络功能服务以人为中心的通信业务已经是绰绰有余了，5G 的出现对传统的移动通信业务而言并非刚需，而只是锦上添花。5G 区别于 4G 的特色功能，如广覆盖、低延时、大连接等，在移动通信领域发挥不了价值。但是，这些特色功能恰恰就是物联网领域所面临的通信困境，是很多物联网应用场景求之不得的解锁法宝。也就是说，物联网为 5G 提供了一个广阔的舞台。在这个舞台上，5G 可以帮助众多的物联网应用：智慧农业、智慧物流、智能家居、车联网、智慧城市等真正落地。

可见，5G 为物联网创造了无限可能，而物联网则让 5G 网络价值得到了发挥。5G 和物联网是相辅相成的关系，两者相互作用共同为人们的生活带来便利，为人类的发展谋福利。5G 的实现将带动物联网产业的飞速发展，加速万物互联时代的到来。

参考文献

[1] 高华，楼惠群．移动通信技术在物联网中的应用探讨．数字通信，2011（01）

[2] 张殿富，胡记文．移动通信基础．北京：中国水利水电出版社，2004.56-67

[3] 邱玲，朱近康．第三代移动通信技术．北京：人民邮电出版社，2001.152-156

[4] 刘江一．浅谈移动通信技术在物联网中的应用[J]．信息通信，2011（06）

[5] 曹磊．NB-IoT 应用发展态势[EB/OL]．中国信息通信研究院 CAICT．2019-04-01

[6] https://www.docin.com/p-2234917714.html．

[7] http://www.sohu.com/a/136500472_407678．

[8] http://www.sohu.com/a/122376290_114731．

第**5**章／小心驶得万年船：
5G 时代下的物联网安全

5.1 物联网安全

在物联网系统建设初期，由于规模有限，各个物联网示范基地之间相对独立，还不能构成真正意义的互联互通，因此面临的信息安全威胁也小。随着物联网系统数量的增多和规模的增大，特别是随着这些物联网应用系统的互联互通，以及服务于这些系统的数据处理平台的集中管理，物联网安全问题将逐渐显现，会以雪崩效应影响物联网行业，到时候再"亡羊补牢"将为时已晚。

物联网的网络传输层和处理应用层都是基于传统的信息系统建立的，因此，基本可以使用传统的信息安全保护技术。但作为新型数据处理的云计算平台，其架构和特征与传统的计算机系统有很大区别，因此，需要一些有针对性的信息安全保护技术，包括系统安全技术、数据存储安全技术、数据处理安全技术、用户管理安全技术和新型访问控制技术等。对于物联网的感知层，当感知节点的处理能力接近传统的信息系统时，如智能移动终端，可以使用传统的信息安全保护技术，包括操作系统安全技术、入侵检测技术、访问控制技术等。但对普通的传感器及 RFID 等设备，目前还缺乏合适的信息安全保护机制。虽然密码学家们已经设计出轻量级的密码算法，但实际使用时不仅仅是一个算法的问题，还需要管理密钥（密钥的建立、密钥的更新）、身份鉴别（确定通信的对方身份是真实的）、数据完整性保护（确保数据没有被修改，特别针对恶意修改的保护）、数据秘密性（确保数据内容不被窃听者获取）和数据的新鲜性（用于检测攻击者的数据重放攻击，特别是对控制指令数据的重放攻击）等技术。因此，物联网安全技术的挑战，是在物联网系统的"最后一千米"，即从终端无线感知节点到接入网络的物联网网关节点之间的通信安全问题。如果解决了这个问题，则从整体上解决了物联网系统的安全问题。提供物联网行业应用中对数据端到端的安全保护，在理论上比较容易，而在实践中，则有资金与时间的问题。

5.1.1　物联网的信息安全和隐私保护问题

物联网应用涉及国民经济和人类社会生活的方方面面，然而，近年来多领域发生安全事件：在智慧城市领域，2014 年西班牙三大主要供电服务商超过 30% 的智能电表被检测发现存在严重安全漏洞，入侵者可利用该漏洞进行电费欺诈，甚至关闭电路系统；在工业物联网领域，安全攻击事件危害更大，2018 年台积电生产基地被攻击事件、2017 年的勒索病毒事件、2015 年的乌克兰大规模停电事件都使目标工业物联网设备与系统遭受重创。

物联网安全问题给隐私保护带来严重威胁。随着物联网的应用，涉及用户隐私的海量数据将被各类物联网设备记录，其数据安全隐患也愈加严重。2015 年至今，国内外发生过多起智能玩具、智能手表等漏洞攻击事件，超百万家庭和儿童信息、对话录音信息、行动轨迹信息等被泄露；我国某安防公司制造的物联网摄像头被揭有多个漏洞，黑客可使用默认凭证登录设备访问摄像头的实时画面。此外，据有关数据显示，10 000 户家庭每天大约能生成多达 1.5 亿个离散数据点。IDC 报告显示，2020 年全球物联网设备将有 200 亿～250 亿台。海量用户隐私数据被庞大的物联网设备所承载记录，其安全风险系数也被放大。

当前，物联网逐渐形成了以"端、管、云"为主的三层基础网络架构，与传统互联网比较，物联网的安全问题更加复杂。

1."端"——终端层安全防护能力差异化较大

终端设备在物联网中主要负责感知外界信息，包括采集、捕获数据或识别物体等。物联网终端的种类繁多，包括 RFID 芯片、读/写扫描器、温度压力传感器、网络摄像头等，由于应用场景简单，许多终端的存储、计算能力有限，在其上部署安全软件或者高复杂度的加解密算法会增加运行负担，甚至可能导致其无法正常运行。而移动化作为物联网终端的另一大特点，使得传统网络边界"消失"，依托于网络边界的安全产品无法正常发挥作用，加之许多物联网设备都部署在无人监控场景中，攻击者更容易对其实施攻击。

2."管"——网络层结构复杂，通信协议安全性差

物联网网络采用多种异构网络，通信传输模型相比互联网更为复杂，算法破解、协议破解、中间人攻击等诸多攻击方式，以及 Key、协议、核心算法、证书等暴力破解情况时有发生。物联网数据传输管道自身与传输流量内容安全问题不容小觑。

3."云"——平台层安全风险危及整个网络生态

物联网应用通常是将智能设备通过网络连接到云端，然后借助 App 与云端进行信息交互的，从而实现对设备的远程管理。物联网平台未来多承载在云端，目前，云安全技术水平已经日趋成熟，而更多的安全威胁往往来自内部管理或外部渗透。如果企业内部管理机制不完善、系统安全防护不配套，那一个小小的逻辑漏洞就可能让平台或整个生态彻底沦陷。而外部始终存在利用社会工程学的非传统网络攻击，一旦系统成为目标，那么再完善的防护措施都有可能由外至内，功亏一篑。

5.1.2　物联网行业应用特点及安全问题

物联网是具有行业属性的，离开其行业概念，物联网就是一个伪命题。只有在一个行业里面，物联网的方案和应用才具有通用性。从各省市建立的物联网示范工程来说明，无锡市的物联网示范工程涉及的行业包括：工业、农业、交通、环保、电力、物流、水利、安保、家居、教育和医疗等；青岛市的物联网应用示范工程涉及的行业包括：交通、家居、食品、城市管理、物流、农业、制造等；上海市的物联网应用示范工程涉及的行业包括：环保、安防、交通、物流、电网、医疗、农业等。所谓"隔行如隔山"，不同行业的物联网应用大不相同，这也导致物联网的方案非常多，在一个行业的成功案例并不能原样复制到另外一个行业。当然，随着物联网技术的发展，各个行业的融合也是一个大的趋势，但在目前来看，行业性是物联网的一个重要特点。此外，大家也许发现了，只要是社会上存在的行业，就会有物联网的存在，我们可以说物联网就是一个"万金油"。

随着物联网迅猛发展，物联网安全也成为最大的痛点。在物联网安全事件频发的背后，也证明了在物联网安全领域存在着巨大的机遇。根据调查研究公司 MarketsandMarkets 预计，2020 年全球的物联网安全市场将从 2015 年的 68.9 亿美元增长至 289 亿美元。目前，物联网安全具有以下几大趋势。

（1）物联网勒索软件和"流氓软件"将越来越普遍：黑客利用网络摄像头这样的物联网设备，将流量导入一个携带流氓软件的网址，同时命令软件对用户进行勒索，让用户赎

回被加密的泄露的数据。

（2）物联网攻击将目标瞄准数字虚拟货币：虚拟货币因为其私密性和不可追溯性，近年来市值不断飙升，自然物联网的攻击者们也不会放过这一巨大的市场，目前已经发现物联网僵尸网络挖矿的情况剧增，导致黑客利用视频摄像头进行比特币挖矿。

（3）迎来量子计算时代，安全问题应该得到更加重视：今年，全球软件企业的量子计算竞赛更趋白热化。短短几个月内，英特尔公司就造出了包含 17 个量子位的全新芯片，而且已经交付测试；微软公司也详细展示了用于开发量子程序的新型编程语言；IBM 公司则发布了 50 个量子位的量子电脑原型。物联网安全软件公司 SecureRF 的首席执行官 Louis Parks 认为，在这些科技进步影响下，量子计算可能会在十年内实现商业化，化解量子计算可能存在的安全威胁显得更为紧迫。

（4）大规模入侵将被"微型入侵"替代：与大规模或者"综合性攻击"不同的是，"微型入侵"瞄准的是物联网的弱点，但是规模较小，能逃过目前现有的安全监控。它们能够顺应环境而变，进行重新自由的组合，形成新的攻击，例如：IoTroop。

（5）物联网安全将更加自动化和智能化：当物联网的规模明显扩大，覆盖了成千上万台设备级别时，可能就难以做好网络和收集数据的管理工作了。物联网安全的自动化和智能化可以监测不规律的流量模式，由此可能帮助网络管理者和网络安全人员处理发生的异常情况。

（6）对感知设备的攻击将变得无处不在：物联网是传感器网络的一个衍生产品，由于互联网传感器本身就存在潜在安全漏洞，故黑客可能会尝试向传感器发送一些人体无法感知的能量，来对传感器设备进行攻击。

（7）隐私保护将成为物联网安全的重要组成部分：一方面物联网平台需要根据用户的数据提供更加便捷、智能的服务；另一方面，对于用户隐私数据的保护又成为重中之重。

1．物联网感知层安全需求

感知层由感知设备和网关组成。在物联网中，主要负责对信息的采集、识别和控制。其所面临的安全威胁主要包括以下几个方面。

（1）操作系统或者软件过时，系统漏洞无法及时修复。

（2）感知设备存在于户外，并且分散安装，容易遭到物理攻击，被篡改和仿冒导致安全性丢失。

（3）接入在物联网中的大量的感知设备的标识、识别、认证和控制问题。

（4）隐私的泄露，RFID 标签、二维码等嵌入，使物联网接入的用户不受控制地被扫描、追踪和定位，很可能造成用户的隐私信息泄露。

物联网中，对于感知层的安全设计具有以下需求。

（1）物理防护。需要保护终端的失窃和从物理攻击上对于感知设备进行复制和篡改。另外，确保设备在被突破后其中全部与身份、认证及账户信息相关的数据都被擦除，这将使得相关信息不会被攻击者利用。

（2）节点认证。终端节点的接入，需要逐项验证，防止非法节点或者被篡改后的节点接入。

（3）秘密性。终端所存储的数据或者所需要传输的数据都需要加密，因为目前大多数传感网络内部是不需要认证进行密钥管理的。

（4）设备智能化。设备必须具有稳健性，并且能够在有限的支持下进行现场操作，并且能边缘处理，这意味着敏感信息不需要上传到云端，因此在设备层处理数据有助于强化整个网络。

2．物联网传输层安全需求

传输层又称为网络层，是连接感知层和应用层的信息传递网络，即安全地发送/接收数据的媒介。传输层的主要功能是将由感知层采集的数据传递出去。因为物联网的传输层是一个多网络重合的叠加型开放性网络，所以其具有比一般网络更加严重的安全问题：

（1）对服务器所进行的 DoS 攻击、DDoS 攻击；

（2）对网络通信过程进行劫持、重放、篡改等中间人攻击；

（3）跨域网络攻击；

（4）封闭的物联网应用/协议无法被安全设备识别，被篡改后无法被及时发现。

物联网中，对于传输层的安全设计具有以下需求。

（1）数据秘密性。需要保证数据的秘密性，从而确保在传输过程中数据或信息不被泄露。

（2）数据完整性。需要保证数据在整个传输过程中的完整性，从而确保数据不会被篡改，或者能够及时感知或分辨被篡改的数据。

（3）DDoS、DoS 攻击的检测与预防。DDoS 攻击为物联网中较为常见的攻击方式，要防止非法用户对于传感网络中较为脆弱的节点发动的 DDoS 攻击，从而避免大规模终端数据拥塞。

（4）数据的可用性。要确保通信网络中的数据和信息在任何时候都能提供给合法的用户。

3．物联网处理层安全需求

物联网处理层又称为平台层，按功能可划分为：终端管理平台、连接管理平台、应用开发平台和业务分析平台。主要的功能是将从感知层获取到的数据进行分析和处理，并进行控制和决策，同时将数据转换为不同的格式，以便于数据的多平台共享。处理层主要面临的安全问题如下。

（1）平台所管理的设备分散，容易造成设备的丢失及难以维护等。

（2）新平台自身的漏洞和 API 开放等引入新的风险。

（3）越权访问导致隐私数据和安全凭证等泄露。

（4）平台遭遇 DDoS 攻击及漏洞扫面的风险极大。

物联网中对于云服务层的安全设计具有以下需求。

（1）物理硬件环境的安全。为了保证整个平台的平稳运行，我们需要保证整个云计算、云储存的环境安全和设备设施的可靠性。

（2）系统的稳定性。主要是指在遭到系统异常时，系统是否具有及时处理、恢复或者隔离问题服务的灾难应急机制。

（3）数据的安全。这里的数据安全更多的是指在数据的传输交互过程中数据的完整性、保密性和不可抵赖性。因为云服务层无时无刻都在跟数据"打交道"，所以数据的安全是至关重要的。

（4）API 安全。因为云服务层需要对外提供相应的 API 服务，所以保证 API 的安全，防止非法访问和非法数据请求是至关重要的，否则将极大地消耗数据库的资源。

（5）设备的鉴别和验证。需要具有可靠的密钥管理机制，从而来实现和支持设备接入过程中安全传输的能力，并且能够阻断异常的接入。

（6）全局的日志记录。需要具有全局的日志记录能力，让系统的异常能够完整地进行记录，以便后面的系统升级和维护。

4．物联网应用层安全需求

应用层是综合的或有个体特性的具体业务层。因为应用层是直接面向用户的，接触到的也是用户的隐私数据，所以是风险最高的层级，应用层所面临的安全威胁如下。

（1）如何根据不同的权限对同一数据进行筛选和处理。

（2）实现对于数据的保护和验证。

（3）如何解决信息泄露后的追踪问题。

（4）恶意代码，或者应用程序本身所具有的安全问题。

物联网中对于应用层的安全设计具有以下需求。

（1）认证能力。需要能够验证用户的合法性，防止非法用户假冒合法用户的身份进行非法访问，同时，需要防止合法用户对于未授权业务的访问。

（2）隐私保护。保护用户的隐私不泄露，并且具有泄露后的追踪能力。

（3）密钥的安全性。需要具有一套完整的密钥管理机制来实现对于密钥的管理，从而代替用户名/密码的方式。

（4）数据销毁。能够具有一定的数据销毁能力，这里指在特殊情况下数据的销毁。

（5）知识产权的保护能力。因为应用层是直接对接用户的，所以需要具有一定的抗反编译能力，来实现知识产权的保护。

5.1.3　物联网的安全架构

物联网作为一个应用整体，各个层独立的安全措施简单相加不足以提供可靠的安全保障。而且，物联网与几个逻辑层所对应的基础设施之间还存在许多本质区别。最基本的区别可以从以下两点看到。

（1）已有的对传感网（感知层）、互联网（传输层）、移动网（传输层）、安全多方计算、云计算（处理层）等的一些安全解决方案在物联网环境可能不再适用。首先，物联网所对应的传感网的数量和终端物体的规模是单个传感网所无法相比的；其次，物联网所连接的终端设备或器件的处理能力将有很大差异，它们之间可能需要相互作用；再次，物联网所处理的数据量将比现在的互联网和移动网都大得多。

（2）即使分别保证感知层、传输层和处理层的安全，也不能保证物联网的安全。这是因为物联网是融合几个层于一体的大系统。许多安全问题来源于系统整合：物联网的数据共享对安全性提出了更高的要求；物联网的应用将对安全提出新的要求。比如隐私保护不属于任一层的安全需求，却是许多物联网应用的安全需求。

鉴于上述原因，对物联网的发展需要重新规划，并制定可持续发展的安全架构，使物联网在发展和应用过程中，其安全防护措施能够不断完善。

从物联网的架构出发，物联网整体防护横向涉及物理安全、安全计算环境、安全区域边界、安全通信网络、安全管理中心、应急响应恢复与处置六个方面；纵向涉及边界防护、区域防护、节点防护、核心防护四个层次。物联网主要包括访问控制、入侵检测等 40 多种安全技术，如表 5.1 所示。

表 5.1　物联网的整体保护

	边 界 防 护	区 域 防 护	节 点 防 护	核 心 防 护
物理安全	访问控制技术			
		EPC 设备安全技术	EPC 设备安全技术	
		抗电磁干扰技术		
安全计算环境	授权管理技术	授权管理技术	授权管理技术	授权管理技术
	身份认证技术	身份认证技术	身份认证技术	身份认证技术
	自主/强制/角色访问控制技术	自主/强制/角色访问控制技术	自主/强制/角色访问控制技术	自主/强制/角色访问控制技术
			异常节点识别技术	
			标签数据源认证技术	
			安全封装技术	安全封装技术
	系统审计技术	系统审计技术	系统审计技术	系统审计技术
			数据库安全防护技术	数据库安全防护技术
	密钥管理技术	密钥管理技术	密钥管理技术	
	可信接入	可信接入	可信接入	
			可信路径	可信路径
安全区域边界	网络访问控制技术	网络访问控制技术		
			节点设备认证技术	
		数据机密性与完整性技术	数据机密性与完整性技术	数据机密性与完整性技术
	指令数据与内容数据分离	指令数据与内容数据分离		
	数据单向传输技术	数据单向传输技术		
	入侵检测技术	入侵检测技术	入侵检测技术	
	非法外联检测技术			
	恶意代码防范技术	恶意代码防范技术	恶意代码防范技术	恶意代码防范技术
安全通信网络	物理链路专用	物理链路专用		
	链路逻辑隔离技术	链路逻辑隔离技术		
	加密与数字签名技术	加密与数字签名技术	加密与数字签名技术	
	消息认证技术	消息认证技术	消息认证技术	
安全管理中心	业务准入与接入控制	业务准入与接入控制	业务准入与接入控制	
		EPCIS 管理技术	EPCIS 管理技术	
	入侵检测	入侵检测	入侵检测	入侵检测
安全管理中心	违规检查	违规检查	违规检查	违规检查
	EPC 取证技术	EPC 取证技术	EPC 取证技术	EPC 取证技术
	EPC 策略管理	EPC 策略管理	EPC 策略管理	
	审计管理技术	审计管理技术	审计管理技术	审计管理技术
	授权管理技术	授权管理技术	授权管理技术	
	异常与报警管理	异常与报警管理	异常与报警管理	异常与报警管理

	边 界 防 护	区 域 防 护	节 点 防 护	核 心 防 护
应急响应恢复与处置		容灾备份技术	容灾备份技术	
	故障恢复技术	故障恢复技术	故障恢复技术	故障恢复技术
	数据恢复与销毁技术	数据恢复与销毁技术	数据恢复与销毁技术	数据恢复与销毁技术
			安全事件处理与分析技术	

5.1.4　物联网安全关键技术

物联网作为互联网的延伸，融合了多种网络的特点，物联网的安全自然会涉及各个网络的不同层次。在这些网络中，已经应用了多种与安全相关的技术。

（1）基于密码学的主动防御机制。

通过密码学技术将存在于物联网中的安全威胁首先排除于网络之外，这种方式具有主动防御性。

① 加密机制。

加密是安全的基础，是实现物联网信息隐私保护的手段之一，可以满足物联网对保密性的安全需求，但由于传感器节点能量、计算能力、存储空间的限制，要尽量采用轻量级的加密算法。

② 认证与访问控制。

认证是物联网安全的第一道防线，主要是证明"我是我"的问题，能够有效地防止伪装类用户。同时，访问控制是对合法用户的非法请求的控制，能够有效地减少隐私的泄露。

网络中的认证机制分为消息认证和身份认证两类。身份认证是为了对用户身份的合法性进行鉴别，防止非法用户进入网络实施攻击。消息认证是确认消息来源，即消息发送者的身份是否是接收者所要的。认证机制可防御假冒攻击、中间人攻击、重放攻击等。

（2）安全路由协议。

物联网的组网跨越多层异构网络，其路由也跨越多层网络，有基于 TCP/IP 的互联网路由协议，有基于标识的移动通信网及传感器网络路由协议。因而在极为复杂的网络环境下，确保网络路由安全尤为重要。多网融合的路由安全是物联网安全的研究热点。然而目前对安全路由协议的研究还主要集中在无线传感器网络的安全路由协议上。物联网安全路由协议研究可借鉴传感器网络安全路由协议研究，同时考虑物联网的组网特征及其应用性。

（3）入侵检测机制。

入侵检测机制是当网络遭遇攻击时，能够快速、高效地做出响应，使网络性能尽快恢复，并对攻击者实施相应处理（如判断、惩罚等）。分布式入侵检测通过设置自治 Agent，包括入侵检测 Agent（IDA）、通信服务 Agent（TSA）和状态检查 Agent（SDA）来实现对网络数据的入侵检测。由于物联网的网络特点及其特有的安全需求，分布开放式的入侵检测方式比较适用于物联网。在物联网中，设置可信节点更为重要，而可信节点的设置又依赖于可信模型的建立。因此，在多种异构网络，多种应用的环境下建立可信模型是物联网入侵检测机制实现的难点。

（4）数据处理与安全。

物联网除了要面对数据采集的安全外，还需要面对信息的传输过程的秘密性及网络的可靠、可信和安全。因此，物联网能否大规模的应用很大程度上取决于是否能够保障用户数据和隐私的安全。

（5）密钥管理机制。

为提供物联网中的秘密性、完整性、鉴别等安全特性，一个安全的密钥管理协议是前提条件，也是物联网安全研究的主要问题。尽管密钥管理协议在传统的网络中已经有了非常成熟的应用，然而物联网与传统网络在设备资源、网络组织等诸多方面存在着巨大差异，这就使得有必要结合这些差异对物联网的密钥分配问题进行重新考虑。密钥分配是面向物联网的密钥管理方案的核心问题。同时，密钥的更新、撤销等问题也不容忽视。

（6）入侵检测和容错机制。

物联网系统遭到入侵有时是不可避免的，但是需要有完善的容错机制，确保能够在入侵或者非法攻击发生时，能够及时地隔离问题系统和恢复正常的功能。

（7）安全分析和交付机制。

除了能够防止可见的安全威胁外，物联网系统应该能够预测未来的威胁，同时能够根据出现的问题实现对设备的持续更新和打补丁。

5.1.5　物联网安全研究方向

物联网覆盖的范围十分广泛，物联网安全问题所需要关注的方面也非常多，不仅包含传统网络安全问题，还存在着一些物联网特有的安全问题。因此，对物联网安全的研究相较于传统的网络安全研究有其独特之处。经过调研，我们列举以下物联网安全方向值得关注的研究课题。

（1）物联网安全网关。

物联网设备缺乏认证和授权标准，有些甚至没有相关设计。对于连接到公网的设备，这将导致可通过公网直接对其进行访问。另外，也很难保证设备的认证和授权实现没有问题，所有设备都进行完备的认证未必现实（设备的功耗等因素的影响），可考虑额外加一层认证环节。只有认证通过，才能够对其进行访问。结合大数据分析提供自适应访问控制。

对于智能家居内部设备（如摄像头）的访问，可将访问视为申请，由网关记录并通知网关 App，由用户在网关 App 端进行访问授权。

未来物联网网关可以发展成应用平台，就像当下的手机一样。一是对于用户体验和交互性来说，拥有本地接口和数据存储是非常有用的；二是即使与互联网的连接中断，这些应用也需要持续工作。物理网关对于嵌入式设备而言，可以提供有用的安全保护。低功耗操作和受限的软件支持意味着频繁的固件更新代价太高，甚至不可能实现。反而，网关可以主动更新软件（高级防火墙）以保护嵌入式设备免受攻击。实现这些特性，需要重新思考运行在网关上的操作系统和机制。

① 软件定义边界：可以被用来隐藏服务器和服务器与设备的交互，从而最大化地保障安全和运行时间。

② 细粒度访问控制：研究基于属性的访问控制模型，使设备根据其属性按需细粒度访问内部网络的资源；

③ 自适应访问控制：研究安全设备按需编排模型，对于设备的异常行为进行安全防护，限制恶意用户对于物联网设备的访问。

同时，安全网关还可与云端通信，实现对于设备的 OTA 升级，可以定期对内网设备状态进行检测，并将检测结果上传到云端进行分析等。

但是，也应意识到安全网关的局限性。安全网关更适用于对于固定场所中外部与内部连接之间的防护，如家庭、企业等。对于一些需要移动的设备的安全，如智能手环等，或者内部使用无线通信的环境，则可能需要使用其他方式来解决。

（2）应用层的物联网安全服务。

应用层的物联网安全服务主要包含两个方面，一是大数据分析驱动的安全，二是对于已有的安全能力的集成。

由于感知层的设备性能所限，并不具备分析海量数据的能力，也不具备关联多种数据发现异常的能力，一种自然的思路是在感知层与网络层的连接处设置一个安全网关。安全网关负责采集数据，如流量数据、设备状态等，这些数据上传到应用层，利用应用层的数据分析能力进行分析，根据分析结果，下发相应指令。

传统的 Web 安全中的安全能力，如 URL 信誉服务、IP 信誉服务等，同样可以集成到物联网环境中，作为安全服务模块，由用户自行选择。

（3）漏洞挖掘研究。

物联网漏洞挖掘主要关注两个方面，一个是网络协议的漏洞挖掘，另一个是嵌入式操作系统的漏洞挖掘。分别对应网络层和感知层，应用层大多采用云平台，属于云安全的范畴，可应用已有的云安全防护措施。

在现代的汽车、工控等物联网行业，各种网络协议被广泛使用，这些网络协议带来了大量的安全问题。需要利用一些漏洞挖掘技术对物联网中的协议进行漏洞挖掘，先于攻击者发现，并及时修补漏洞，有效减少来自黑客的威胁，提升系统的安全性。

物联网设备多使用嵌入式操作系统。如果这些嵌入式操作系统遭受了攻击，将会对整个设备造成很大的影响。对嵌入式操作系统的漏洞挖掘也是一个重要的物联网安全研究方向。

（4）物联网僵尸网络研究。

Mirai 是有名的物联网僵尸网络。它通过感染网络摄像头等物联网设备进行传播，可发动大规模的 DDoS 攻击，它对 Brian Krebs 个人网站和法国网络服务商 OVH 发动过 DDoS 攻击，也发起过对美国 Dyn 公司的攻击。对于物联网僵尸网络的研究包括传播机理、检测、防护和清除方法等。

（5）区块链技术。

区块链技术解决的核心问题是在信息不对称、不确定的环境下，如何建立满足经济活动赖以发生、发展的"信任"生态体系。

在物联网环境中，所有日常家居物件都能自发、自动地与其他物件或外界世界进行互动，但是必须解决物联网设备之间的信任问题。

传统的中心化系统中，信任机制比较容易建立，存在一个可信的第三方来管理所有的设备的身份信息。但是物联网环境中设备众多，未来可能会达到百亿级别，这会对可信第三方造成很大的压力。

区块链系统网络是典型的 P2P 网络，具有分布式异构特征，而物联网天然具备分布式特征，网中的每一个设备都能管理自己在交互作用中的角色、行为和规则，对建立区块链系统的共识机制具有重要的支持作用。

（6）物联网设备安全设计。

物联网设备制造商并没有很强的安全背景，也缺乏标准来说明一个产品是否是安全的。

很多安全问题来自不安全的设计。信息安全厂商可以做三点：一是提供安全的开发规范，进行安全开发培训，指导物联网领域的开发人员进行安全开发，提高产品的安全性；二是将安全模块内置于物联网产品中，比如工控领域对于实时性的要求很高，而且一旦部署可能很多年都不会对其进行替换，这时的安全可能更偏重于安全评估和检测，如果将安全模块融入设备的制造过程，将能显著降低安全模块的开销，对设备提供更好的安全防护；三是对出厂设备进行安全检测，及时发现设备中的漏洞，并协助厂商进行修复。

5.2 5G 安全

科技不断更新，互联网与传统领域不断融合，在 5G 产生海量数据的同时，势必会带来多种场景和多种维度的安全威胁。随着网络边界的不断扩大，网络威胁也不断刷新人们的认知，未来的网络安全问题可能会直接影响人们的生命安全、社会的经济发展及国家的长治久安。5G 网络被认为是一个全融合的网络，其安全问题也是连接"移动智能终端、宽带和云"的端到端的安全问题，更是涉及物理安全、传输安全及信息安全的全方位安全问题，从而产生了如大数据安全保护、虚拟化网络安全和智能终端安全等关键安全问题。例如，在物联网通信中，需要对按照一定原则（如同属一个应用、在同一个区域、有相同的行为特征等）组织在一起的大量终端节点提供成组的认证，即通过一次认证就可以完成对所有节点的认证，从而避免传统网络的一对一认证带来的大量信令消耗和时延问题。5G 网络安全，对于保障物联网、大数据、人工智能与各大传统行业、实体经济深度融合，推动网络空间治理具有重要的意义。

4G 时代，我们已经见证了太多的网络安全事故，WannaCry、Petya 的勒索肆虐、车联网和智慧城市不断爆出的安全隐患，网络威胁已逐渐从虚拟世界向现实世界靠近。在即将到来的 5G 时代，科技发展带来的双面影响也必然随着实际应用不断显现，网络安全也可能会是另一番景象。事实上，由于 5G 有三大应用场景（即增强移动宽带、低功耗大连接和低时延高可靠），其每个场景对安全需求的侧重点各不相同。首先，对于增强移动宽带场景来说，它需要更高的安全处理性能，这是由于用户的体验速率要求达到 1Gbit/s，而且它需要支持外部网络二次认证，以便能更好地与业务结合在一起。其次，对于低功耗网络来说，需要轻量化的安全机制，以适应功耗受限、时延受限的物联网设备的需要；需要通过群组认证机制，解决海量物联网设备认证时所带来的信令风暴等问题。此外，还需要抵抗分布式拒绝服务（DDoS）攻击，能应对由于设备安全能力不足被攻击者利用进而对网络基础设施发起攻击的危险。最后，对于低时延高可靠来说，需要提供低时延的安全算法和协议，要简化和优化原有安全上下文的交换、密钥管理等流程，支持边缘计算架构，支持隐私和关键数据的保护。5G 安全的分析视角、安全需求和发展趋势如图 5.1 所示。

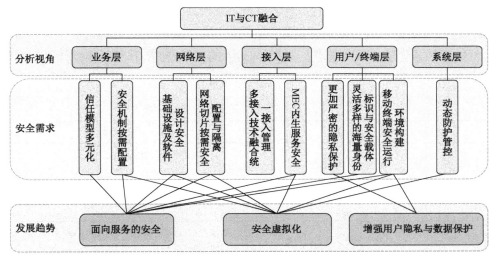

图 5.1　5G 安全的分析视角、安全需求和发展趋势

作为 5G 网络的主要应用场景之一，eMBB 是 4G 网络的直接扩展。在身份管理、终端安全、网络设备安全和密码算法等角度，5G 安全可以在 4G 安全的基础之上，根据新的 5G 安全需求进行扩展。此外，考虑到物联网的应用，大量硬件资源受限、低成本及低功耗的 IoT 终端将接入 5G 网络，因此需要更加轻量化的数据保护和安全传输机制来对这些成组的新型终端进行安全认证和保护。同时，NFV 技术将 5G 网络根据具体的业务进行逻辑划分，而不同的业务有着不同的安全需求，因而对网络设备的基础安全能力提出了更高的安全需求。由于 5G 核心网支持网元与网元之间，以及安全域与安全域之间的数据传输，因此，成熟的网络域安全机制仍旧可延续。此外，5G 安全也需考虑基于服务化架构下网络域的安全机制，以及不同运营商网元之间安全通信的方法。

5.2.1　5G 的安全架构

为了更好地支持 5G 应用场景，5G 采用新架构。5G 把原来 4G 的物理网元进行了重新分解和组合，通过服务和服务编排的方式来提高网络性能，通过服务总线实现网元之间的逻辑接口。服务总线的开放性和可兼容性使得网络具有很大的灵活性和可扩展性，并且支持不同的业务。而 SDN 和 NFV 的引入，构建逻辑隔离的安全切片，用来支持不同应用场景差异化的需求。由于这些改变使网络边界变得十分模糊，以前依赖物理边界的防护机制难以得到应用，这带来了巨大的安全挑战。5G 安全机制要适应虚拟化、云化的需求，并且需要提供安全即服务、软件定义的安全等能力。由于 5G 网络的安全架构与现有的 4G 网络存在较大差异（如表 5.2 所示），特别是物联网应用场景带来的大连接认证、高可用性、低时延、低能耗等条件下的安全需求，以及 5G 引入的 SDN/NFV 和移动边缘计算等新技术带来的变化和安全风险，5G 安全架构需要全新的设计。

表 5.2　4G 和 5G 安全架构的差异

	4G	5G
身份管理机制	（U）SIM 身份管理机制	多元化的身份管理机制 eMBB 延续（USIM）身份管理机制
终端安全	终端中，密钥存储、安全参数传递和安全运算的保护	延续 4G 终端安全，同时支持低成本 IoT 等设备安全
网络设备安全	4G 基站等网络设备保护机制	延续 4G 基站等保护机制，同时支持 NFV 部署环境下的安全功能保护
数据保护算法	4G 安全密码算法	延续 4G 安全密码算法保护机制，同时考虑支持抵抗未来更强算法攻击的保护算法
网络域安全	安全端到端的隧道建立机制 信任关系建立机制	延续 4G 网络域安全，同时支持基于服务化架构下的网络域安全

　　2G 的安全架构是单向认证的，即只有网络对用户的认证，而没有用户对网络的认证，空口的信令和数据只具备加密保护能力；3G 的安全架构则是网络和用户的双向认证，相比于 2G 的空口加密能力，3G 空口的信令还增加了完整性保护，同时，核心网也有 NDS/IP 的网络域安全保护；4G 安全架构虽然仍采取双向认证，但是 4G 使用独立的密钥保护接入层和非接入层的多条数据流和信令流，核心网也使用网络域安全进行保护。5G 安全架构应该以早期的 eMBB 场景下的核心安全功能为基础，扩展到对 mMTC 和 URLLC 场景的支持，面向业务构建可扩展、可编排的智能 5G 安全架构，实现差异化安全能力的快速部署和安全能力开放。5G 安全架构的设计应该是在 5G 网络架构之上叠加的逻辑安全架构，并且是分域、分面设计的安全架构。该安全架构提供原子化、服务化的安全接口，若干安全能力对外开放，并且具备可扩展、可编排性。5G 安全架构设计如图 5.2 所示。

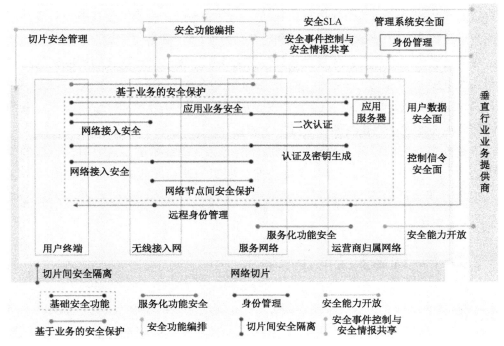

图 5.2　5G 安全架构设计

5G 安全架构主要体现在管理系统安全、用户数据安全及控制信令安全这三个方面。这三个方面的安全需要从优化保护节点和密钥架构等方面进行演进。

（1）加密保护节点：在传统的 2G、3G 和 4G 网络中，用户设备（UE）与基站之间提供空口的安全保护机制，在移动时会频繁地更新密钥，而频繁地切换基站与更新密钥将会带来较大的时延，并导致用户实际传输速率无法得到进一步提高。此外，5G 时代将会融合各种通信网络，而目前 2G、3G、4G 及 WLAN 等网络均拥有各自独立的安全保护体系，提供加密保护的节点也有所不同，如 2G、3G 和 4G 采用 UE 与基站间的空口保护，而 WLAN 则大多采用终端到核心网的接入网元 PDN 网关或者边界网元 ePDG 之间的安全保护。因此，终端必须不断地根据网络形态选择对应的保护节点，这为终端在各种网络间的漫游带来了极大的不便。在 5G 时代，用户对数据传输的要求更高，不仅对上下行数据传输速率提出挑战，同时也对时延提出了"无感知"的要求。为了应对高数据传输要求及时延无感知的要求，5G 必须减少终端用户频繁更换密钥次数，以及选择不同的加密保护节点。

（2）密钥架构：4G 的密钥架构从原来使用单一密钥提供保护变成使用独立密钥对 NAS（Non-Access Stratum，非接入层）和 AS（Access Stratum，接入层）分别进行保护。于是，保护信令面和数据面的密钥个数也从原来的 2 个变成 5 个，密钥派生变得相对复杂，多个密钥的派生计算会带来一定的计算开销和时延。另外，5G 网络中可能会存在大量的物联网设备，这些设备的成本低、计算能力和处理能力不强，无法支持现在通用的密码算法和安全机制（如 AES、TLS 等）。因此，5G 的密钥架构必须具备轻量化的特点，满足 5G 对低成本和低时延的要求，并且 5G 还需要开发轻量级的密码算法，使得 5G 场景下海量的低成本、低处理能力的物联网设备能够进行安全通信。

对于高处理能力的设备（如智能手机），随着芯片等技术的高速发展，设备的计算、存储能力将大大提高，也会很容易支持快速公私钥加解密，此时可以大范围使用证书来更简单、更方便地产生不同的多样化密钥，从而对具有高处理能力的设备之间的通信进行保护。

5.2.2　5G 网络安全的技术需求

5G 网络安全需要实现网络空间中的身份可信、网络可信和实体可信（如图 5.3 所示）。其中，身份可信是通过现实空间中人、设备和应用服务等实体向网络空间的身份可信映射，实现网络空间与现实空间身份的可信对应，网络空间活动的主体可以准确地追溯到现实空间中的用户，用户为其网络行为负责。网络可信通过选择使用合适的网络资源切片，实现不同用户获得不同安全保证等级的网络服务。可信网络利用 SDN 和 NFV 技术，将网络物理资源虚拟化为多个相互独立、平行的网络切片，根据安全等级和业务需求进行按需编排。实体可信是通过在实体平台上植入硬件可信根，构建从运算环境、基础软件到应用及服务的信任链。可信实体采取主动方式保证网络和服务的正常运行，实现对病毒、木马的主动防御。为了达到身份可信、网络可信和实体可信，5G 需要如下几个方面的技术。

图 5.3　5G 网络安全

（1）轻量级加密技术。

轻量级加密技术包括加密算法和认证算法，主要用于保证传输数据的机密性和身份的认证性（即可信）。与传统加密技术不同的是，轻量级加密技术充分考虑资源和功耗的限制，在尽可能地减少复杂操作的前提下，使安全指标最大。作为 5G 的应用场景之一，物联网中的安全问题不容忽视，而且具有特殊性。事实上，由于物联网节点通常具有有限硬件和信号处理能力、有限的存储内存、紧凑的外形尺寸和严格的功率约束，需要设计在通信终端与节点侧的轻量级安全通信机制。4G 的加密标准为我国自主提出的 ZUC 序列密码。为了应对量子计算机带来的威胁，ZUC 算法不能简单地直接应用于 5G 加密标准，目前由中国信科集团牵头设计 ZUC 256，并研究其安全性。此外，可以结合存储、硬件资源和计算复杂度等方面优化现有加密标准的实现，或者在分组、序列、哈希等多方面设计新型轻量级密码算法，在不降低安全性能的条件下，减小资源与功耗等的开销。

（2）网络切片安全。

网络切片是网络功能虚拟化应用于 5G 阶段的关键特征。利用 NFV 技术可将 5G 网络物理基础设施资源根据场景需求虚拟化为多个相互独立的、平行的虚拟网络切片。每个切片按照业务场景的需求和话务模型进行网络功能的定制剪裁和相应的网络资源编排管理。

网络切片最重要的安全问题是网络切片需要提供不同切片实例之间的隔离机制，防止本切片内的资源被其他切片中的网络节点非法访问。网络切片的安全，包括切片安全隔离、切片安全管理、UE 接入切片的安全和切片之间通信的安全等。网络切片安全机制主要包含 UE 和切片间安全、切片内 NF（网络功能）与切片外 NF 间安全、切片内 NF 间安全。NGMN 联盟列举了网络切片安全需要关注的 10 个问题，包括：①切片间的通信控制；②切片实例化时运营商网络内对切片管理者或者物理基础设施的仿冒攻击；③运营商网络内对切片实例的仿冒攻击；④运营商网络内对不同切片管理者的仿冒攻击；⑤不同切片间不同安全协议或者策略的共存；⑥拒绝服务攻击；⑦其他切片中安全资源的耗尽；⑧跨切片的侧信道攻击；⑨混合部署模型；⑩UE 连接至多个切片时切片间的隔离。根据 5G 网络将用户面和控制面分离的架构，针对网络切片间隔离的安全需求，5G 拟采用基于密钥的技术方案来实现。同一终端可以共享控制面密钥，但在不同切片内将使用不同的数据面密钥。

（3）用户隐私保护技术。

2018 年 11 月，中国消费者协会对 100 多款 App 的个人信息收集和隐私政策情况展开测评，发现所测的 App 全部涉嫌过度收集或使用个人信息，隐私数据安全风险无处不在。随着网速越来越快，用户隐私数据的泄露也越来越快。4G 时代更多的还是人与人之间的通信，而 5G 时代则是万物互联的时代，例如路由器、空调、汽车、电视、冰箱甚至是洗衣机等都会上网。这些智能设备能将个人的日常作息习惯、生活轨迹，甚至家里的情况全部上传到网上去，那么个人在网络上基本就无所遁形了。由于这些数据上传得越来越多，也越来越细，5G 网络上将再无隐私可言，同时由于入口众多，泄露的风险也越来越大。从5G 网络隐私包含的内容分析，5G 隐私保护的范畴至少应包括三个方面：①移动通信网传统意义上的用户隐私数据保护，如用户签约数据、位置、行踪、通信内容、通信行为、账号等；②用户在不同行业应用的隐私数据保护，如用户的医疗健康信息、车联网服务中的敏感信息等；③敏感行业的关键数据保护，如机械控制、生产控制等的指令数据，该类数据通常敏感度更高。在 5G 网络中，不同的用户、网元、应用、业务场景等对隐私保护的需求不尽相同，因此，需要网络提供差异化的隐私保护能力，采用不同的技术措施解决 5G 网络的用户数据防泄露问题。首先，应该清晰定义 5G 网络涉及的个人隐私内涵、范围，并明确处理和存储隐私信息的网络实体和相关操作；然后，采用数据最小化、访问控制、匿名化、加密保护，以及用户许可等技术手段和管理措施，从空口、网络、信令交互、应用层等各个层面，对用户个人信息的请求、存储、传输等操作进行隐私保护。

（4）区块链技术。

在 5G 海量实体构成的网络空间中，实体数量巨大、类型多样、网络环境复杂、虚拟状态和物理状态同时存在，如何在复杂动态的环境下实现各个网元间交互信息的完整性保护，以及交互行为的不可否认性是 5G 网络面临的一大挑战。区块链作为一个分布式数据库，以密码算法为基础、共识算法为核心，记录着区块链从创世区块到当前区块的所有消息，具有去中心化、不可更改性、匿名性、可审计性这几个特点，可以提供 5G 网络面临的挑战的解决方案。

在物联网方面，区块链技术也有着广阔的应用前景。物联网中的接入实体数量庞大，传输的消息种类繁多，网络结构和网络环境复杂。采用区块链可以将接入实体之间的消息互通，以某种有序的方式排列起来，并且不可篡改，提供消息的可审计性。同时由于物联网中的接入实体有一定概率出现故障，进而导致消息的记录会出现紊乱。区块链中的共识能天然地容忍这些故障，保证不同记录消息的节点其所记录的消息是一致的。2015 年，IBM与 Samsung 进行名为去中心化对等网络（ADEPT，Autonomous Decentralized Peer-to-Peer Telemetry）的项目合作，旨在将区块链作为底层技术导入物联网应用中。2017 年，阿里巴巴集团、中兴通讯、中国联通及工信部宣布将共同打造专门应用于物联网的区块链框架，并且与国际电信联盟进行接触，希望通过区块链技术改善物联网连接成本过高、过度集中、扩展不易及网络安全漏洞等问题。

5.2.3　5G 安全标准化进展

5G 时代，人们对于数据业务的需求呈现爆炸式增长，加之政府机构、行业部门和大量用户的敏感和机密信息通过无线信道传输，其安全问题不言而喻，提供无与伦比的安全服务是 5G 网络设计和实施上的一个首要任务。未来 5G 安全将在更加多样化的应用场景、多种接入方式、差异化的网络服务方式及新型网络架构的基础上，提供全方位的安全保障。在提供高性能、高可靠、高可用服务的同时具备内在的高等级安全防御能力，可抵御已知的安全风险和未知的安全威胁。因此，尽早明确 5G 网络安全需求，提前开展 5G 安全关键技术研究，在 5G 网络的整体架构、业务流程和算法设计中综合考虑 5G 安全要求，才能最终实现构建更加安全可信的 5G 安全网络的目标。5G 标准化工作早已全面启动，对于安全标准的进展，目前开展 5G 安全研究的组织如表 5.3 所示。

表 5.3　目前开展 5G 安全研究的组织

标准组织	工　作　组	重点研究领域
3GPP	Service and System Aspects Security Group （SA3）	安全架构、RAN 安全、认证机制、用户隐私、网络切片
5GPP	Security WG	安全架构、用户隐私、认证机制
NGMN	5G Security Group （NGMN P1 WS1 5G Security Group）	用户隐私、网络切片、MEC 安全
ETSI	ETSI TC CYBER ETSI NFV SEC WG	安全体系结构、NFV 安全性、MEC 安全、隐私

2016 年 12 月，我国启动了相关安全研究工作。2017 年 2 月，我国启动了第一阶段安全标准的研究，2017 年 8 月，我国完成了第一阶段安全标准的研究，形成了 33.899 的报告。2018 年 3 月份，这个标准已经基本冻结并形成了 33.501 的规范。第二阶段的标准是在 2019 年 12 月完成的。这两个阶段研究的重点侧重不太一样，第一阶段主要关心的是架构、认证、安全凭证、上下文管理、密钥安全、无线接入安全、用户隐私、网络域的安全等，主要是 4G 安全的增强。第二阶段的研究内容主要针对新的场景，即大规模物联网、低时延高可靠两个场景下的安全机制，以及对现有安全功能进一步完善，包括 SBA 安全、网络切片安全和边缘计算安全等，如图 5.4 所示。

5G 的安全特性在短期内可能难以发挥其真正实力。且不说 5G 技术的有效性和完备性，网络安全的方案很难保证"未雨绸缪"，往往都会随着实际业务的情况来定制针对性方案。因此，5G 安全面临的挑战，也是前所未有的，旧的问题尚未解决，新的技术又来挑战，5G

物联网 +5G

在促进万物互联的同时，也许还会成为黑客世界的一场狂欢。

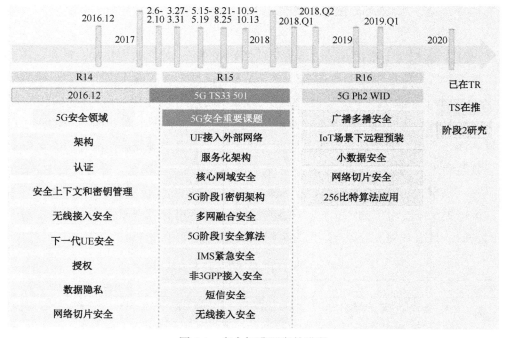

图 5.4 安全标准研究的进程

5.3 5G 时代的物联网安全

从 1969 年美国创立的"阿帕网"到今天的移动互联网，再到万物互联的物联网，从计算机之间的互联到人和人之间的互联，再到物和物之间的互联，人类"连接一切"的脚步从未停歇。随着移动通信技术的发展，尤其是 5G 的到来，被连接的用户和设备越来越多，人类真正开启了万物互联的物联网时代。根据高德纳咨询公司的报告，物联网呈现出"爆炸式"的发展态势，目前全球有近 50 亿个物件实现了互联。然而，事物都有两面性，5G 在实现万物互联的同时，也给物联网带来了安全隐患。本节就 5G 时代的物联网安全问题进行深入讨论。

5.3.1 5G 对物联网安全的保护

随着互联网的快速普及，我们的生活更加便利了，但随之而来的网络安全问题也逐渐显现出来。互联网用户信息的泄露，轻则让用户的日常生活受到困扰，重则让用户受到财产损失或者生命安全威胁。那么，当今的互联网安全问题为什么会如此严重呢？一个重要的原因就是，今天的互联网缺乏"内生安全"性。在互联网诞生之初，网络的用户数量和使用范围并没有现在这么大，互联网只是部分研究者和研究机构获取和共享资源的一种途径。也就是说，互联网设计者在最开始设计网络架构时并没有考虑安全问题，也不需要考虑安全性，而只注重网络的资料查询功能。今天的互联网在网络架构上依然保留着最初的设计，并没有考虑每一个网络节点域名的安全性，也并没有考虑收发电子邮件等信息通信过程中所需要的隐私保护问题。同时，早期的传输协议也没有考虑现在网络传输中出现的安全威胁等。然而，随着互联网的普及，应用场景越来越多，网络功能越来越强大，现在的计算机网络系统变得非常复杂，系统的漏洞也越来越多，每一个节点都要保证安全，这对安全行业从业者来说是一个非常巨大的挑战。面对各种层出不穷的安全问题，安全人员只能是不停地打补丁、补漏洞。因此，对于当今的互联网来说，网络安全防护都是"外生"的，主要进行边界防护。

那么，到了物联网时代，我们必须吸取互联网时代的教训，从一开始就要重视安全问题。5G 是为物联网应用量身打造的新一代移动通信技术，是为物联网修建的"多功能立体式高速公路"。针对物联网海量接入设备、异构网络融合、多种业务场景、多种信息安全等级、多重隐私保护需求等特点，5G 在安全设计上都做了针对性的处理。相对于 4G 网络，5G 在安全认证、数据保护、业务授权、隐私保护等方面都做了革命性的技术提升。这种从架构设计上建立起来的网络内生安全能力将对物联网的传输层起到很好的保护作用。在 IMT-2020（5G）推进组 2017 年发布的《5G 网络安全需求与架构》白皮书中，研究者阐明了 5G 网络新的安全能力。事实上，正是这些安全能力保障了未来物联网的安全。

1. 灵活多样的身份认证管理机制保证海量设备安全接入

互联网终端设备主要是计算机、手机、平板等智能设备，但是物联网终端设备就没有那么单一了。随着物联网呈现出的"爆炸式"发展态势，数以亿计的物件接入网络。这些终端设备种类繁多、形态各异，安全功能更是参差不齐。有些终端设备能力强，可能配有 SIM（用户身份识别模块）/USIM（通用用户身份识别模块）卡，并具有一定的存储功能和运算能力；有些终端设备没有 SIM/USIM 卡，其身份标识可能是 IP 地址、MAC 地址、设备编号、数字证书等；而有些轻量级的终端设备，甚至根本就没有硬件来安全存储其身份标识或者认证凭证。面对如此纷繁复杂的物联网终端，5G 网络构建了一个融合的统一的身份管理系统，能支持不同的认证方式、不同的身份标识和认证凭证。

从密码技术的角度来看，安全凭证管理机制分为两种，一种是利用对称密码的安全凭证管理，另一种是利用非对称密码的安全凭证管理。由于物联网业务繁多，终端设备对身份凭证的支持情况不太一样，所以 5G 网络在安全凭证管理机制的设计上需要支持上述两种方式。对于那些配有 SIM/USIM 卡并具有一定的存储功能和运算能力的终端设备，适用于对称的安全凭证管理，便于运营商对用户的集中化管理。3G、4G 网络用的就是对称的安全凭证管理，终端这边有密钥，网络侧有密钥，双方进行互相认证，该认证方式已经得到业务提供者和用户的广泛信赖。对于物联网中其他一些安全功能严重不足的海量终端设备，如果继续使用对称的安全凭证管理，则很有可能会对网络侧的中心节点造成信令风暴威胁，因此，需要引入非对称的安全凭证的管理机制。

非对称的安全凭证管理支持分布式认证，即将网络认证节点进行去中心化部署，认证节点可以下移至网络边缘，这样可以有效地缓解中心节点压力，规避信令风暴，缩短认证链条，降低认证开销，实现快速安全入网。在传统集中式的认证机制中，每次设备的认证都需要调用核心身份服务器，从而造成针对该服务器的查询风暴冲击。分布式认证机制对于设备的认证可以通过多个分布式的认证节点并行处理，从而减少对于核心身份服务器的访问，支撑海量设备的高效认证。分布式认证节点的部署可以根据海量物联网设备的分布情况进行灵活地部署，降低网络的认证成本和复杂度。非对称的安全凭证管理可以采用基于证书的安全机制，也可以采用基于身份的安全机制。

5G 网络正是用这种灵活多样的安全凭证管理机制，保证在海量终端设备接入网络时能够进行身份认证，确保物联网传输层的起点安全。

2. 统一认证框架保障异构网络的安全融合

物联网不仅拥有海量的接入设备，还拥有多种异构网络。所谓异构是指两个或以上的无线通信系统采用了不同的接入技术，或者是采用相同的无线接入技术但属于不同的无线运营商。在物联网的系统建设中，必然面临着异构网络带来的诸多问题，如多网络覆盖区域重叠、通信协议不一致、缺乏统一的服务管控网络格局等。为了实现万物互联的美好愿景，未来通信网络的前景一定是异构融合的网络模式，多接入方式并存，多节点协同工作，支持不同程度的无缝移动特性。同时，它又是一个智能化的无线通信系统，能够随时感知外界环境，并根据当前的网络状况自配置以响应和动态自适应环境和操作的改变。

为了在网络安全问题上实现上述美好愿景，5G 网络针对不同的接入技术提出了统一认证框架。在统一的认证框架下，所有网络都会通过统一的接入管理设备及认证设备，来统一进行接入和认证。在统一认证框架中，各种接入方式都可以在 EAP（可扩展认证协议）

框架下接入 5G 核心网：通过 WLAN 接入时可使用 EAP-AKA 认证，有线接入时可采用 IEEE 802.1x 认证，5G 新空口接入时可使用 EAP-AKA 认证。通过统一的认证框架，5G 可以构建一个灵活、高效的双向认证体系和一个统一的密钥管理体系，使得用户可以在不同接入网间实现无缝切换，同时也降低了运营商的投资和管理成本。

5G 网络就是在统一的认证框架下与多种接入技术进行对接，将多种终端设备进行统一的接入和认证，从而实现物联网中多种异构网络的安全融合。

3．差异化安全保护，满足多种业务场景需求

物联网的应用场景众多，业务需求千差万别，对需要保护的信息内容及秘密程度也不相同。像智能交通、智能医疗这种低时延、高可靠场景，需要提供低时延的安全算法和协议，支持边缘计算架构、隐私和关键数据的保护等，任何信息传输上的微小错误可能关系到用户的生命安全。而像水表、电表等低功耗应用场景，则需要轻量化的安全机制，以适应功耗受限、时延受限的物联网设备的需要等，对数据的精确性和时效性就没有太高的要求。因此，我们需要针对不同的需求给它们提供不同范围和不同程度的安全保护。

5G 网络的安全性设计支持多种业务并行发展，支持不同业务场景的按需保护，以满足个人用户和行业用户的差异化安全需求。我们通常在 5G 网络安全里从保护范围和保护方式两方面来考虑保护策略。一种策略就是给用户提供不同的保护范围，即我们可以选择安全保护的终结点，有的终结点到无线接入网就可以了，有的业务还需要保护到核心网。另一种策略就是如何保护，即采用不同的加密和安全完整性保护的机制。比如说，我们可以根据数据的敏感程度和保密等级的需求来选择不同的算法、不同密钥的长度、不同密钥更新周期等密码技术方案，来保证给不同的需求提供差异化的安全保护，这就是按需的安全保护能力。

5G 正是依靠这种按需保护的安全能力为物联网包罗万象的业务场景提供恰到好处的安全保护服务，为各种物联网应用保驾护航。

4．可配置的隐私保护能力，满足不同的隐私保护需求

随着物联网应用的普及，各种涉及用户隐私的海量数据将被各类物联网设备记录，其数据安全隐患也愈加严重。自 2015 年至今，国内外发生多起智能玩具、智能手表等漏洞攻击事件，超百万家庭和儿童信息、对话录音信息、行动轨迹信息等被泄露。家庭住址、行动轨迹、消费记录等隐私数据的泄露，严重的可能威胁生命安全，轻一点也可能威胁到用户的财产安全。即便像电表中的耗电记录这种貌似不重要的信息，一旦泄露后，犯罪分子

都有可能根据耗电量和耗电时段分析出家里什么时候没人，从而趁机实施盗窃。另外，数据挖掘等新技术的不断精进，使得很多看起来无关紧要的数据通过深度分析都能泄露个人隐私。同时，各开放平台的互联互通也导致用户的隐私信息从原来相对比较封闭的平台上可以转移到更多的开放平台上，增加了泄露的风险。

针对物联网中各种各样的应用，5G 在安全设计上支持灵活可配置的隐私保护，为用户提供增强的隐私保护服务，以满足各种不同的隐私保护需求。首先，5G 技术会采用匿名技术对用户身份标识的机密性和完整性进行保护，包括临时的身份标识、永久的身份标识、设备标识及网络切片标识等。其次，5G 还会通过可视化和可配置化技术，来达到用户能够配置自己的隐私保护需求，包括位置信息和轨迹信息等。最后，用户使用业务的具体细节，也会被重点保护，以防止攻击者通过大数据分析等方式进行挖掘分析。

5G 就是通过这些可配置的隐私保护能力满足用户不同的隐私保护需求，以解决物联网中的隐私保护问题。

5．开放的安全能力，保障业务商的应用安全

从粗线条来讲，物联网包括三个层次：感知层、传输层和应用层。物联网的安全也是建立在物联网的三个层次上的，包括感知层安全、传输层安全和应用层安全。作为物联网的通信技术，5G 解决的是传输层的问题，5G 安全主要解决的是物联网的传输层安全。然而，除了保证传输层安全之外，5G 还具有开放的安全能力，即将网络的认证授权等安全能力通过安全的 API 接口开放给第三方，以此保证网络的安全能力能够让第三方业务去共享。

传统的认证是区分不同层次的，网络层的认证负责网络层的身份鉴别，业务层的认证负责业务层的身份鉴别，两者独立存在。但是在物联网中，大多数情况下，机器都是有专门用途的，因此，其业务应用与网络通信紧紧地绑在一起。由于网络层的认证是不可缺少的，那么其业务层的认证机制就不再是必须的，而是可以根据业务由谁来提供和业务的安全敏感程度来设计的。比如，当物联网的业务由运营商提供时，那么就可以充分利用网络层认证的结果，而不需要进行业务层的认证。当物联网的业务由第三方提供，也无法从网络运营商处获得密钥等安全参数时，它就可以发起独立的业务认证，而不用考虑网络层的认证。当业务是敏感业务，如金融类业务时，一般业务提供者会不信任网络层的安全级别，而使用更高级别的安全保护，那么这个时候就需要做业务层的认证。而当业务是普通业务时，如气温采集业务等，业务提供者认为网络认证已经足够，就不再需要业务层的认证了。

所以，5G 网络安全在设计时就充分考虑了应用层的安全需求，提供了开放接口，将传输层的安全能力开放给应用层，第三方应用可以根据自己的安全需求选择是否采用，从而节约了开发及运营成本。

5.3.2　5G 对物联网安全的威胁

物联网让人类社会进入到一个便捷、高效的智联时代，但是，物联网"万物互联"的这种属性，也使得网络攻击具有前所未有的"连锁效应"。2017 年 9 月，物联网安全研究公司（Armis）通过利用蓝牙协议中的八个"零日漏洞"，设计了一组攻击向量（BlueBorne），并在实验中构建了一个"僵尸网络"，以接管各类支持蓝牙的设备，传播恶意软件。据该项实验的负责人称，如果黑客利用这八个漏洞对蓝牙设备进行恶意攻击，受影响的设备将达到 53 亿台，无论是当前市场上常见的智能设备，还是新型物联网设备都很难幸免。所以，设备间的关联度越高，则整个物联网就越"脆弱"。一旦单个设备被病毒入侵，就很可能是一场"多米诺骨牌"式的连锁危机。

5G 作为新一代的移动通信技术，凭借高速度、大连接、低时延等特性成为物联网的重要通信手段。然而，5G 在加速万物互联到来的同时，也势必助长"多米诺骨牌"式的连锁危机，给物联网安全带来巨大的风险。

（1）大连接、广覆盖，扩大物联网的风险范围。

在 2019 年北京网络安全大会（BCS 2019）产业高峰会上，全球著名的密码学家、知名作者 Bruce Schneier 以《网络空间安全的抉择与未来》为题做了精彩演讲。Bruce Schneier 认为，在"万物互联"的时代，万物都可能为"凶器"。不同终端在互联连接的同时，也将原本是由单个终端所承担的风险向网络中的其他终端"等量转移"，这使互联网时代"愈连接、愈脆弱"的风险被进一步放大为物联网时代的"万物皆凶器"。根据 Statista 的数据显示，截止到 2020 年，将有 310 亿个物联网设备，到 2025 年，将有 740 亿个连接设备。也就是说，截止到 2025 年，黑客将有机会在安全链的 740 亿个"薄弱环节"中进行选择。

在上述庞大的数字背后，离不开 5G 革命性的大连接、广覆盖技术作为强有力的支撑。如果仅仅只是考虑万物互联的积极作用，那么 5G 的大连接、广覆盖的特点无疑是给物联网应用雪中送碳的帮助，解决了 4G 不能解决的瓶颈问题。但是一旦考虑到消极作用时，大连接、广覆盖则大大地扩大了物联网的风险范围，那些没有安全功能的终端设备和裸露在外无人看管的探测器都将成为入侵者的攻击对象。它们一旦被劫持，或被木马入侵，都将成为 DDoS 攻击的跳板，从而威胁到网络中其他有重要机密的大型设备。物联网终端数量一旦多起来，覆盖范围一旦广起来，各种威胁都会层出不穷，比如自动驾驶汽车的控制系统受到黑客的攻击，智能电网受到攻击，胰岛素泵和起搏器等医疗设备被异常控制等。因此，毫无疑问，5G 大连接、广覆盖的特性在给物联网带来规模应用的同时，也会扩大物联网的风险范围。

（2）高速度、低时延，提高风险传播速度。

如果说 5G 大连接、广覆盖的特性时扩大了物联网的风险范围的话，那么其高速度、低时延的特性无疑提高了物联网风险传播的速度。

5G 的速度是相当快的，峰值理论传输速度可达每秒数十吉比特，比 4G 的传输速度快数百倍，整部超高画质电影可在 1 秒之内下载完成。5G 的高速传输不仅仅会给用户带来全新的体验，也将给木马病毒一个施展拳脚的舞台。在 4G 情况下，用户如果不小心打开了一个带病毒的网站可以在服务器还没有完成响应的时候选择立刻关闭，这样不会有太大影响。但是在 5G 时代，用户点开网站不到一秒钟，病毒就已经下载完毕，并进入手机或电脑中了，用户根本就没有后悔和选择的余地。这是针对个人用户而言的，那么对于整个网络来说，从发现病毒到阻止病毒，5G 的高速度和低时延的特点根本就不会留下多少时间供安全人员去做应急处理。

虽然 5G 在安全设计上已经考虑到了分布式防御、接入认证、分级保护等安全策略，但是一旦有病毒进入 5G 网络，其高速度、低时延的特性就会成为病毒扩散的帮凶，危及整个物联网的安全。

5.3.3　应对威胁的新方法

5G 之所以能成为物联网青睐的通信技术，就是因为其大连接、广覆盖、高速度、低时延的特性解决了物联网大规模应用的通信困境。但反过来，就是这些 5G 赖以生存的特性也给物联网安全带来了相当大的威胁。一方面，5G 的特性要充分利用，另一方面，安全风险不容忽视，这是一个非常尖锐的矛盾。因此，我们无法正面化解，只能从侧面去缓和这个矛盾，以应对 5G 时代物联网面临的安全威胁。

1. 提高终端自身的安全防御能力

万物互联之后，所有入网的设备就成为物联网的一部分，其安全性不仅仅关系到设备自身的安全，也关系到整个网络的安全。加固终端设备的安全性，就相当于从网络源头上增强安全能力，这样可以有效地减少攻击者的入侵点，缩小物联网安全的风险范围。

具体来说，提高物联网终端设备的安全防御能力可以从两个方面入手。一方面，通过标准和试验引导产业链厂商提高物联网产品自身安全性。倡导物联网产业链各环节厂商针对自身特点采用最佳安全实践方案，提高设备自身安全防护水平，提供更加安全的物联网应用服务。同时，应积极加快标准制定，为设备制造商提供开发过程中的最佳实践指引，并通过法律、规范、标准明确从制造商到零售商应如何采取措施进行安全防护，保证物联网产品整个生命周期的安全。另一方面，通过检测认证、实时监测、定期评估等手段提高物联网产品应用的安全防护能力。企业应积极利用安全框架来检测物联网设备类型的风险，并对其加以有效控制。同时应积极引入第三方测试、评估、认证机制，对物联网产品、应用、服务，进行可信赖的、权威的、有依据的安全保障，其中，终端固件应为安全测试评估的重点内容之一，由于物联网自身特点，芯片内部的软件与控制它的应用一样重要。它们都需要进行安全和质量测试。

另外，物联网终端使用者在采购和使用产品时也需要提高安全意识。比如，尽量选择正规大厂商的产品，不要使用弱口令，关闭不需要的端口和服务，及时升级补丁等。

2．分布式安全防御机制

不可否认，无论政策标准怎么帮助提高物联网终端的安全性，物联网设备终端千差万别、安全能力参差不齐、终端安全成本高昂、设备部署环境简陋等客观事实终将导致物联网存在很多安全薄弱环节，让攻击者有可乘之机。所以，为了尽量减少薄弱环节对整个网络的威胁，可以在 5G 网络中采用分布式安全防御策略。

分布式安全防御技术的理念是通过在网络边缘节点部署安全防御能力，从更靠近源头的地方扼制攻击行为，实现更敏捷的安全防御。具体到 5G 物联网中，就是将安全防御能力部署在更靠近物联网设备的接入点，在小范围内将威胁解除，防止大面积扩散，以满足海量物联网设备的接入防御机制。此方式可及时地应对设备的攻击行为，降低海量设备的接入攻击威胁。

3．智能化（AI）主动安全防御机制

随着云计算、大数据的发展，物联网中的攻击手段也层出不穷，我们需要采用新的科技手段来应对新的挑战，而智能化（AI）主动安全防御机制就是在这一思想下诞生的。在防御过程中，经常需要面临先前未知类型的恶意软件，而人工智能能够凭借其强大的自我学习记忆能力及数据分析运算能力，迅速排查和筛选数千万次事件，从而快速发现异常、风险和未来威胁，也正是人工智能在防御领域的这个天然优势，使得 AI 在网络安全领域越来越受到重视。尤其是在检测未知威胁、阻止恶意软件与文件执行等方面的应用，让以前

被动的防御变成了主动预防，这将大大提升网络安全能力，提高防护效率。

5G 是一个开放的网络，海量物联网设备暴露在户外、硬件资源受限、无人值守，易受黑客攻击和控制，因此，将会面临大量的网络攻击。如果采用现有的人工防御机制，不仅响应速度慢，还将导致防御成本急剧增加，所以需要考虑采用智能化（AI）防御来自海量物联网设备的安全威胁。人工操作员无法跟踪大型 5G 网络中的所有安全威胁，但是机器可以。网络可以通过机器学习"学习"新的安全威胁，实时识别这些威胁，并启动自动修复策略。此外，网络攻击日趋自动化，0 day 攻击的可能性越来越大，5G 网络也需要在安全防御机制上化被动为主动。

当然，除了 AI 技术之外，5G 网络也可以采用大数据、云计算、区块链等其他新科技来提高自身的安全防护能力，从而增强整体的物联网安全水平。

5.3.4　构建物联网安全体系

在"万物皆电脑"时代，万物都可能成为"凶器"。不同终端在互联连接的同时，也将原本是由单个终端所承担的风险向网络中的其他终端"等量转移"，从而将单点威胁放大到全网威胁。可见，在大连接、广覆盖、高速度的 5G 时代，如何有效保障物联网安全是相当重要的。

传统的互联网和早期物联网的安全模型基本上都是"开发-运营"模型，而 5G 时代的新物联网安全模型则是"开发-安全-运营"模型，也就是说这个"安全"从开发设计时就会加入联网设备及网络架构中，这一点从 5G 的安全设计中也可以看出来。新的 5G 模型将更像是一种"安全织网"模型，其中的设备可以轻而易举地采用集成网络、自动化系统、开放 API 和常见物联网安全标准。但 5G 时代的物联网安全需要彻底打破互联网时代的思维定势，从设备、数据、算法、网络连接、基础设施等多个维度加强统筹协调，强化全面保障。物联网是一张互联互通的网，任何一个部件、一个环节、一个模块的安全漏洞都有可能给整个物联网系统带来安全风险，所以安全防护网的打造需要注重其整体性和完整性。目前，5G 还没有大规模应用，而物联网应用还没有进入爆炸式增长阶段。因此，我们有必要在建设之初就做好顶层设计，从物联网的感知层到传输层再到应用层，构建一套完整的物联网安全体系。

物联网行业专家也建议国家积极推动和构建物联网安全体系，鼓励物联网安全新技术、新应用探索，扶持物联网安全产业链发展，完善物联网安全监管政策，以保障物联网产业积极、健康、可持续发展。具体来说，可以从以下几个方面着手。

首先，建立健全覆盖物联网系统和建设各个环节的安全体系。物联网是一个标准的"端-管-云"架构，需结合各个层次需求调研，构建出终端系统、通信网络、服务端系统三位一体的安全体系。加强物联网数据流通，发挥物联网安全态势感知平台基于大数据的物联网安全态势感知分析预警能力。在物联网业务系统规划、设计、开发、建设、验收、运营维护及废弃等各环节，明确安全管理相关要求和规范，使安全融入物联网系统建设全生命周期。

其次，加强对物联网安全新技术、新应用探索和研究的引导。物联网行业尚处于发展初期，参与者投入能力较弱。建议通过政策引导、设立专项基金等方式，帮助企业、高校、研究机构建立物联网安全创新实验室。举办物联网安全论坛，引导相关议题的讨论，建立国家级物联网安全技术创新、应用创新平台，加强对创新创业企业的支持。激励企业主动探索区块链、人工智能等新技术在物联网安全方面的应用。

再次，联合行业力量打造物联网安全产业链。目前，我国正处在由制造大国向制造强国的转变过程中，但对物联网安全影响重大的安全芯片等关键底层技术目前主要掌握在发达国家手中。建议由国家出台物联网安全产业发展规划，引导国内芯片、卡片、模组、终端、平台、电信运营商各环节物联网安全产品与安全技术的全面协同推进。鼓励各级物联网产业园、创客空间等平台加强对物联网安全企业的引进；为相关企业设置专项补贴、税收减免、人才引进奖励、开通企业资本市场绿色通道；由政府认证行业协会定期或不定期举办安全相关培训，加强物联网安全产业人才队伍培养。

最后，尽快完善物联网安全监管体系。政策管控层面，加强产业链各环节管控、加强风险事项惩治力度，建立物联网安全风险黑名单，对于发起过安全攻击的企业或个人实施黑名单管理，对其进行重点监控。加强物联网漏洞信息的披露和处置。提升中小民营企业物联网安全意识与防范能力。在行业自律层面，由行业协会对于物联网相关企业进行自律管理，对行业内企业进行定期检查，定期公布。企业自查层面，对于从事公共事业、智慧城市、智慧能源、核心技术行业等民生重点行业的企业，要求定期进行安全自查，并上传自查报告至监管部门。

从互联网到物联网，技术的进步给人类社会带来了空前的自由和便利，同时也导致了前所未有的风险和挑战，甚至可能掀起难以想象的"惊涛骇浪"，乃至于威胁到整个人类的生死存亡。随着 5G 技术的商用，物联网安全体系的建设迫在眉睫。如何确保物联网能够成为人们打造美好愿景的"福器"，而不会变异为"点击杀死所有人"的"凶器"，这是 5G 时代摆在所有人面前的一个重要问题，需要政府、企业和公众的共同努力。

参考文献

[1]　武传坤. 物联网安全架构初探[J]. 中国科学院院刊，2010（04）：55-63.

[2]　武传坤. 物联网安全关键技术与挑战[J]. 密码学报，2015，2（1）：40-53.

[3]　肖毅. 物联网安全管理技术研究[J]. 通信技术，2011，44（1）：69-70.

[4]　张玉清，周威，彭安妮. 物联网安全综述[J]. 计算机研究与发展（10）.

[5]　洪贝，姜学鹏，崔嘉. 物联网安全现状与趋势分析[J]. 科学与信息化，2018（17）.

[6]　邓传华，邵彦宁. 区块链技术驱动下的物联网安全探究[J]. 数字技术与应用，2019（1）.

[7]　张帅，杜君，孟庆森. 2018 年企业物联网安全产业发展研究综述[J]. 信息技术与网络安全，2019（2）.

[8]　王合. 物联网安全体系和关键技术探索[J]. 数字通信世界，2019（2）：108.

[9]　吴召平. 基于物联网安全认证技术的研究与实现[D]. 成都：电子科技大学，2016.

[10] IMT-2020（5G）推进组《5G 网络安全需求与架构》白皮书，2017.

[11] https://baijiahao.baidu.com/s?id=1627877498841215664

[12] http://www.elecfans.com/d/771771.html

[13] 史安斌. 5G 时代的物联网安全[J]. 智慧中国，39（04）：62-63.

[14] 王毅，王雨晗. 面向 5G 物联网的大规模 MIMO 物理层安全通信关键技术研究[J]. 电子世界，562（04）：130-131.

[15] 易芝玲，崔春风，韩双锋，et al. 5G 蜂窝物联网关键技术分析[J]. 北京邮电大学学报，41（05）：24-29.

[16] 王宇涛. 5G 通信中的物联网变革与发展[J]. 电子世界，2017（15）：66.

第 6 章 物联网+5G 的应用

6.1 智慧消防

6.1.1 智慧消防简介

近年来，随着我国经济社会的快速发展，致灾因素明显增多，火灾发生概率和防控难度相应增大，消防工作形势依然严峻，总体上仍处于火灾多发、易发期。公安部原部长孟建柱、副部长刘金国多次指出要向科技要战斗力，强调不断提高利用科学技术抗御火灾的水平，十分关注物联网等新技术在消防领域的应用。

据统计，我国已累计投入近千亿元在各建筑物内安装了火灾自动报警系统、自动灭火系统等消防设施，在防控火灾中发挥了重要作用。但长期以来，建筑消防设施故障、瘫痪及擅自关停等问题较为普遍，真正在火灾时能有效发挥作用的不多。开展社会消防安全管理物联网技术研究与应用，对强化单位消防安全管理、前移火灾防控关口、快速处置火灾、提高城市防控火灾综合能力等方面具有十分重要的作用。

《社会消防技术服务管理规定》（公安部第 129 号令）中规定，消防设施维护保养检测机构应当按照国家标准、行业标准规定的工艺、流程开展检测、维修、保养，保证经维修、保养的建筑消防设施、灭火器的质量符合国家标准、行业标准。

关于全面推进"智慧消防"建设的指导意见（公消〔2017〕297 号）指出，应按照《消防信息化"十三五"总体规划》要求，综合运用物联网、云计算、大数据、移动互联网等新兴信息技术，加快推进"智慧消防"建设，全面促进信息化与消防业务工作的深度融合，为构建立体化、全覆盖的社会火灾防控体系，打造符合实战要求的现代消防警务勤务机制提供有力支撑，全面提升社会火灾防控能力、部队灭火应急救援能力和队伍管理水平，实现由"传统消防"向"现代消防"的转变。

　　智慧消防建设，是针对社会单位在消防安全管理过程中存在的问题，综合应用物联网、大数据等科技手段，重点解决社会单位消防安全负责人对单位内部建筑消防设施运行不清楚、巡查巡检记录乱填乱报和过程无法追溯、消防数据不能为灭火救援所用等关键技术问题。将物联网技术与消防业务工作需求有机结合，可以在火灾预警、消防设施监管、消防装备管理、危险源监管、防火监督、灭火救援实战等方面发挥重要作用，依靠科技手段实现火灾早预警、早防控、早处置，有力提升火灾防控、灭火扑救和应急救援能力，从而提高我国消防安全管理的整体水平，如图 6.1 所示。

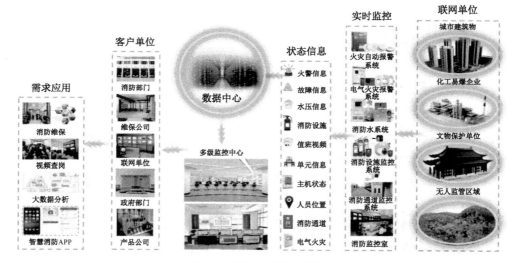

图 6.1　消防安全的整体管理

6.1.2 智慧消防发展现状

　　近年来，我国火灾数量和经济损失呈上升趋势，随着城镇化率进一步提升，建筑向高层化发展，对防火能力提出严峻挑战。社会科技水平的提高，消防行业只有不断提高信息化水平才能满足社会发展。

　　现阶段，消防规定每个联网单位需设定中控室，但楼宇之间是孤立的，一个楼宇的信息也只有该楼的中控室知晓，因此，联网单位的消防信息是孤立的。消防大队是通过日常的检查来了解自己所管辖区域单位的消防状态的，并通过纸质维保报告的传输来获取这些单位的消防信息的。因此，消防大队所获取的消防信息是片面的。

　　主体单位所获取的信息不完整，并且没有实现信息传输的互通互联，导致所有的消防信息呈孤岛状，消防大队对于联网单位的消防信息不能实时获知，监管存在很大困难。数据的不可追溯，造成了出现问题时责任难认定的问题。

　　整个消防信息的传输一旦形成恶性循环，势必产生很多火灾隐患。信息化的落后和几十年如一日的状态埋下了一定数量的火灾隐患，近几年，在全国范围内出现了大量的火灾，甚至一定数量的重大火灾事故。

　　在发达国家，消防报警设施已经进入千家万户，并且其消防报警信息直接发送到消防救援部门。报警发生时，消防救援部门通过电话和业主进行报警真实性确认，从而开展下一步工作，并且其消防设施已完全实现信息化管理。

6.1.3　智慧消防总体架构

　　随着国家政策的引领及市场需求的驱动，智慧消防建设在全国各地已经开展得如火如荼，相关公司也如雨后春笋般不断涌现，并涌现出一批示范应用和样板工程。下面我们以北京富邦智慧物联科技有限公司的智慧消防系统为例介绍智慧消防的基本架构。

　　从总体架构上看，"智慧消防"的建设分为五大体系和一个中心，具体分别是物联网前端感知体系、大数据管理分析体系、"智慧消防"应用体系、信息一体化展示体系、信息安全保障体系及"智慧消防"体验中心的建设。智慧消防总体架构如图 6.2 所示。

　　智慧消防总体架构分为三个层次，最底层为物联网前端感知体系，主要是通过各类传感器设备，采集消防系统中的标量数据、时序数据、多媒体数据和空间位置数据，以及前端感知体系的一些典型系统化应用。前端感知体系作为"智慧消防"的"五官"，主要负责消防系统各类数据的广泛感知，实时监测。

　　中间层为大数据管理分析体系，主要包括多源异构数据的统一接入、多元化数据的存储管理，以及数据规则引擎管理、数据访问与索引、数据挖掘等。大数据管理分析体系主要提供消防数据的一站式管理，提供存储访问控制，实现各类信息系统与前端感知系统的数据融合，为上层应用提供数据支撑。

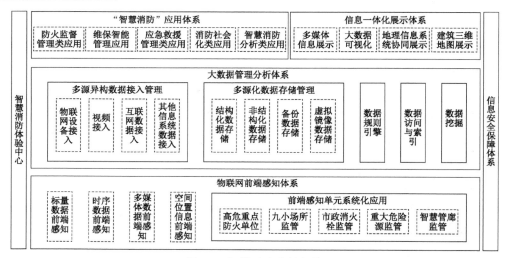

图 6.2　智慧消防总体架构

最上层为业务应用层，主要包含"智慧消防"应用体系和信息一体化展示体系。"智慧消防"应用体系主要包括防火监督管理类应用、维保智能管理应用、应急救援管理类应用、消防社会化类应用及"智慧消防"分析类应用。信息一体化展示体系主要包含多媒体信息、大数据可视化、地理信息协同展示及建筑三维地图协同展示。

1．物联网前端感知体系

人是通过视觉、嗅觉、听觉及触觉等感觉来感知外界信息的，感知的信息输入大脑进行分析判断和处理，大脑再指挥人做出相应的动作，这是人类认识世界和改造世界具有的基本能力。同样，利用电子仪器，特别是计算机控制的自动化装置来代替人的劳动时，计算机类似于人的大脑，而仅有大脑而没有感知外界信息的"五官"显然是不够的，计算机还需要它们的"五官"——传感器。

在物联网系统中，对各种参量进行信息采集和简单加工处理的设备，被称为物联网传感器。传感器可以独立存在，也可以与其他设备以一体化方式呈现，但无论哪种方式，它都是物联网中的感知和输入部分。"智慧消防"物联网前端感知体系，主要通过各类传感器，全方位采集消防各类系统的状态和信息，参见图 6.3。

2．大数据管理分析体系

大数据管理分析体系包含多源异构数据的接入管理、多源化数据存储管理、数据规则引擎、数据访问与索引、数据挖掘等模块。

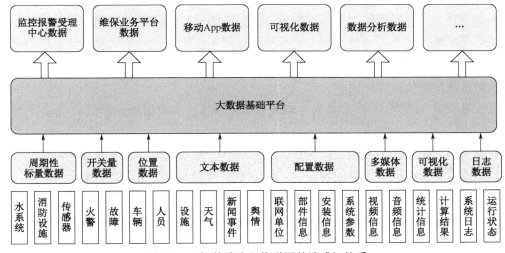

图 6.3　"智慧消防"物联网前端感知体系

作为对消防智能防控的关键业务系统提供承载的最重要的 IT 基础设施——智慧消防数据管理分析体系，这是消防智能防控核心数据管理中心，需要集中处理因各类业务需求而产生的接入控制、安全过滤、服务应用、信息计算、存储备份等环节的事务。

消防智能防控大数据中心的存储数据主要包括结构化数据和非结构化数据。针对两种数据的特点，将存储系统集中并分离为结构化数据存储和非结构化数据（包括照片、视频等数据）存储两大模块。每个模块采用高性能、虚拟化、扩展性能强的独立存储系统进行支持。采用单机文件存储和网络文件系统（NAS）的方式存储各业务系统的非结构化数据文件，便于各业务系统日常查询和共享。

3."智慧消防"应用体系

"智慧消防"应用体系主要是基于数据中心开发的一系列应用软件，以适应防火监督、隐患发现、维保管理、应急救援、作战指挥及大数据分析应用等。

防火监督类应用主要用于实时监测各类消防实时信息，如火警实时监控和处理、故障实时监控和处理、消防水源实时信息、设备运行情况监控和处理、联网网关在线情况、联网单位火灾视频监控等。

维保智能管理应用包含维保管理、维修管理、维保报告、人员签到、工友圈、报警管理和个人设置等功能，通过与统一数据平台数据交互，实现消防维保工作的全过程跟踪，消防设施故障的准确定位，维护保养快速处理，提高消防维护保养管理水平和工作效率。

应急救援管理类应用汇集相应的应急组织、应急任务、应急资源、应急知识、应急案例等基础数据，同时对模型配置各种服务，如通信服务、GIS 服务、图像接入服务、外部系统接口等，系统依托消防地理信息系统进行设计和应用，并与消防通道、水源地理信息库、车辆装备信息数据库、重大危险源数据库及重大灾害事故灭火救援案例数据库连接，实现预案制作自动化。

消防社会化类应用主要实现培训教育、安全宣传、隐患举报及消防政务公开等功能模块。

智慧消防分析类应用会接入物联网系统、现有信息系统、互联网络等不同来源、不同类型的数据。大数据强调广泛的参与性，通过建立消防大数据综合分析平台，从各个维度分析事物间的联系，为消防后续工作及决策提供数据依据，并通过内在分析实现对火灾险情评估，火灾态势分析，最终实现对火灾的预测。

4．信息一体化展示体系

信息一体化展示体系通过统一的城市管理指挥中心，将"智慧消防"中的各类关键数据协同展示，同时，可以将智慧城市中"智慧安防""智慧交通""智慧医疗"等其他核心应用的关键数据通过统一的可视化系统展现出来。

多媒体信息展示通过实时调取消防高危重点区域或者火灾现场视频，能够实时掌握高危重点区域的情况，或者现场火灾发展变化态势。通过标准的视频流获取接口，将视频内容无缝接入信息一体化展示体系。

大数据可视化是指利用图形、图像处理、计算机视觉及用户界面，通过表达、建模及对立体、表面、属性、动画的显示，对数据加以可视化解释，将大数据分析的结果更直观地表现出来。

地理信息协同展示是利用地理信息系统，将相关核心要素和关键建筑的地理位置信息展示出来。同时，结合"智慧交通""智慧安防"等其他应用的数据，将交通路况、消防资源地理分布、救援力量部署、周边建筑情况等相关信息一并展示，为作战指挥提供直观、科学的决策支持。

建筑三维地图展示基于前期制作或者录入的建筑物三维地图模型，通过可视化大屏进行协同展示，支持 360° 全景拖拽、缩放等操作，用于指导室内作战指挥。

5．信息安全保障体系

信息安全保障体系建设主要包括物理环境安全建设、网络通信安全建设及应用系统安全建设三大块。

物理环境安全建设：包括设备布置安全、设备供电安全、电缆安全、设备维护安全、场所外设备安全、设备的处置及再利用安全。

网络与通信安全建设指系统在设计过程中根据不同区域内安全等级的不同，采取相应的安全策略，采用安全隔离服务器、防火墙、路由器、前置机等措施隔离内外网数据流，实现事前管理，并通过入侵检测软件、系统日志分析等实现事后管理。

由于系统平台要面向城域网提供服务，为了防止可能存在的黑客攻击行为，可以考虑配置防火墙对各种不同级别的安全区域进行隔离。安全区域之间的数据流将受到防火墙的监控或者深度检测。另外，由于防火墙支持 3DES，那么可以和客户端之间建立 VPN 隧道，封装所有的 IP 数据包，通过加密的方式避免黑客窃听的可能性。

应用系统安全建设包括权限控制、数据加密、日志及安全审计等部分。系统采用单点登录的模式，通过口令对用户登录进行身份验证，并根据用户的权限配置办公界面。对于安全性要求较高的用户验证，将登录用户与 MAC 地址绑定，从而使得固定的用户名能在某一台主机上进行登录，防止用户名和密码被盗窃。保证相应权限的用户只能访问相应的功能模块，防止越权访问。系统对关键敏感信息（如用户口令、数据交换文本等）都进行加密处理，将加密后的密文在网络中传输，并由接收方解密后分析原始数据。对于用户口令等信息直接将密文在数据库中存储，保证了数据库存储层的安全性。系统具有日志管理及安全审计功能，能够详细记录用户的操作过程，生成用户操作的日志文件。安全审计信息是电子举证的重要手段，能够用于追查网络攻击和泄密行为。另外，通过数据库管理系统本身的审计功能，在 SQL 语句层面上记录数据库变化的过程，辅助追踪其他方式的数据库越权操作行为。

6.1.4 物联网+5G 助力智慧消防落地

智慧消防作为物联网在传统行业的应用，其建设效果显而易见。突破了空间和地域的限制，将消防系统各类设备的运行状态、消防人员的工作构成、各类安全隐患和风险等通过信息化手段实现感知、预判、监管和调度等功能，给消防工作和人民生命财产安全加上一层新的保障。而智慧消防在现有条件下进行落地实施的过程中，仍然存在一些通信上的限制和约束。借助 5G 和物联网的融合，可以进一步解决这些问题。

消防水系统中的水池、水泵房等通常设置在地下二层，传统使用 GPRS 的通信方式，往往受限于信号的覆盖问题，导致连接不稳定、联网时间较长、功耗偏高、基站接入容量偏小等问题，而智慧消防中用于检测水池水位的智能水位计、水泵房管网压力的智能水压表等设备，基本上都是基于电池供电的无线设备，因此，设备的维护也成为耗时、耗力的事情。而随着 NB-IoT 的商用和不断普及，NB-IoT 具备的覆盖范围广、容量大、连接稳定、带宽低、功耗低等特点正好可以解决上述问题。

首先，智慧消防中大部分前端感知设备（如温度感知、水压感知、水位感知、电流监测等）在正常情况下要求的数据传输频率并不高，每次传输的数据也就几十字节到几百字节，因此，对传输带宽没有过高要求。

其次，大部分无线设备基于电池供电，对功耗十分敏感，要求一节干电池能支持设备两年以上的供电需求。

最后，设备在感知到异常情况时，需要第一时间把异常信息上报给云端，这就要求网络连接快速、稳定。

另一方面，智慧消防中的消防通道监测等应用，通过智能摄像头对建筑物内部和建筑物周边的消防通道进行实时监测和智能预警，这就要求摄像头视频能直接实时回传到监控中心。而在室外，由于消防通道距离建筑物较远，为了部署一两个摄像头而单独部署有线或者 WiFi 网络都并非合适的手段，而采用 5G 模块进行传输，则是最方便和经济的方式。

另外，针对小区住宅等人员密集区域，智慧消防建设主要通过加装无线设备进行物联网改造，在这种应用场景下，如果每个设备都通过移动通信网接入运营商网络的话，成本和连接拥塞方面都会有问题，而采用 LoRa 的方式，则是一种更为经济和有效的手段。在小区内建设一个或多个 LoRa 基站，无线设备通过 LoRa 基站将数据接入云端，降低设备使用成本，提高连接稳定性。

6.2 智慧监狱

6.2.1 智慧监狱简介

监狱是承担惩罚和改造服刑人员的国家惩罚执行机关。监所是关押和改造犯罪人员的场所，是国家司法机关的重要组成部分，承担着执行刑罚、改造罪犯、预防和减少犯罪的重要任务。党的十八大以来，实施创新驱动发展战略、网络强国战略、"互联网+"行动计划、大数据战略等一系列重大决策部署，为全国监狱推进监狱信息化建设、安防建设指明了方向。大力推进监狱信息化建设、安防建设，提高监狱执法和管理水平，提升监狱警察的综合素质，促进政法部门信息共享，是确保监狱安全稳定，贯彻落实科学发展观，构建社会主义和谐社会的必由之路。同时，对监狱系统依法治监、文明执法、科技强警具有重要的建设意义。

智慧监狱的核心是物联网监狱，即利用物联网技术通过安装在监狱环境的物品及佩戴在罪犯、民警等身体上的各种信息传感设备，采集感知监狱相关信息，按约定的协议，通过接口与互联网相连，实现人与物体或物体与物体之间的沟通和对话，从而给物体赋予"智能"，实现智能化识别、定位、跟踪、监控和精细化管理。此外，智慧监狱的建立也离不开云计算和大数据的技术支撑，将存储、计算、管理、网络、信息等各类资源以服务的形式实现虚拟化、即时定制、面向监狱、灵活的组合，以满足监狱信息管理的各种现实需求。

智慧监狱的建设目标在于：建设多源融合的立体化监管体系；实现智能化的预警管理和隐患分析；建立音视频结合的可视化应急指挥体系。

（1）基于物联网、大数据等技术手段，建设多源融合的立体化监管体系。采用传感器、摄像头、门禁、电子标签、车载终端等丰富多样的物联网终端，实现对人员、车辆、设备、工具等实体的全方位监管。如实时掌握狱区内人员的位置、活动状态、工作情况；车辆的出入记录、当前位置、违规使用等情况等。

（2）基于数据挖掘、视频分析、人工智能技术，实现智能化的预警管理和隐患分析。基于视频分析技术，自动识别和检测重要区域的非法入侵、危险行为和人员越界，并实现实时报警推送；通过人脸识别技术，实现非法聚集智能检测、人员清点、轨迹跟踪等功能；基于实时定位数据，实现人员和车辆的位置跟踪和越界报警；基于物联网监控数据，利用数据分析与挖掘技术，实现隐患分析和预判，及时预警。

（3）基于多媒体处理和远程通信技术，建立音视频结合的可视化应急指挥体系。可直观查看狱区内的警力部署、罪犯分布、车辆分布、可调配人员、物资情况；基于预案管理和综合研判，自动生成应急指挥预案，辅助决策。

6.2.2 智慧监狱发展现状

2019 年是我国智慧监狱建设的开局之年，也是监狱信息化建设极为重要的一年。

这一年，首批"智慧监狱"的审核验收工作已圆满完成；这一年，"智慧监狱"建设工作被全面推进。

一批高科技智能化企业也瞄准这一市场红利，纷纷摩拳擦掌，在智慧监狱建设中大展拳脚，在推进政法信息化建设的同时赢得一片蓝海。

伴随着智慧城市、智慧法院、智慧检务等理论和实践的兴起，在监管改造工作领域，从司法部到各省市监狱均认识到建设智慧监狱的重要性和必要性。智慧监狱建设工作也由此拉开了序幕。

2018 年 11 月，司法部监狱局确定北京、江西等 11 个省份为"智慧监狱"建设试点省份。2019 年 1 月 11 日至 12 日，司法部监狱管理局在浙江杭州召开"智慧监狱"建设推进会。会议要求，要从深入贯彻全面依法治国新理念、新思想、新战略和网络强国战略思想的高度，深刻认识和加快推进"智慧监狱"建设的重要意义，进一步细化"智慧监狱"建设的任务和措施。2019 年 1 月，司法部印发了《关于加快推进"智慧监狱"建设的实施意见》，该实施意见指出，2019 年 3 月底完成首批"智慧监狱"的审核验收，2019 年 9 月底全面推进"智慧监狱"建设。

在智慧司法体系建设的努力下，监狱信息化必将注入更多的智慧元素，使得智慧监狱建设真正能做到对监所和人员的全程视频+数据可视化，从而改变传统的监管模式。而这些，对于参与智慧监狱建设的企业来说，是机遇，也是挑战，谁能把握先机，率先占领智慧监狱建设市场的一片蓝海，谁将会成为智慧监狱建设先行者。

6.2.3 智慧监狱的总体架构

智慧监狱建设内容主要包括"一平台五系统"（如图 6.4 所示），一平台即一体化智能安防监测集成平台，五系统是指一体化指挥调度系统、劳动管理软件系统、医疗卫生应用系统、办公自动化软件系统、综合运维系统等。

智慧监狱的网络架构设计如图 6.5 所示。

（1）一体化智能安防综合监测平台。

一体化智能安防综合监测平台是以智能化监控作为核心设计理念，专注监控安防硬件和软件系统的综合管理平台。通过整合，集成接入视频监控子系统、视频分析报警监测系统、人脸识别监测系统、智能门禁监测系统、出入口异常监测系统等各种安防业务系统，实现对各业务系统的关键业务数据的实时接入和部分设备及软件的控制指令的实时推送。对所有接入的软硬件系统关键业务数据，提供了统一的综合管理界面，将所集成的与安防有关的各种内部和外部（需要外部系统提供数据和系统调用接口）系统，如监控类、报警类、广播通信类、巡查管理类的业务系统所产生的业务数据，通过数据交换平台，在数据层面、展现层面和控制层面实现融合，综合分析，在统一的界面上集中呈现，并实现可视化控制。

图 6.4 "一平台五系统"

监狱网络拓扑图

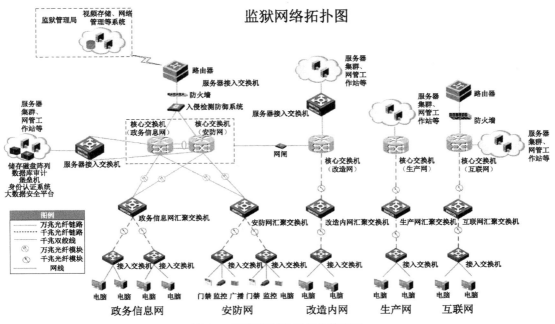

图 6.5　智慧监狱的网络架构设计

（2）一体化指挥调度系统。

一体化指挥调度系统利用三维 GIS（Geographic Information System，地理信息系统）地图系统及设备和业务图层提供的强大的图形显示和控制能力，结合综合安防管理系统中提供的成熟的图像监控及联网报警、可视化应急指挥调度等功能，构建出可视、直观、便捷、联动的快速反应和协调应急的应急指挥处置综合调度与呈现平台。在汇聚了各种信息的基础上，实现联动指挥，有效处置对日常事务的监管和对重大突发事件的应急调度指挥。

（3）劳动管理系统。

劳动管理系统涵盖罪犯岗位管理、工具管理、工种管理、生产作业管理等业务，实现罪犯岗位、劳动能力等级、工种网格化管理，加强罪犯劳动改造管理，提高罪犯劳动改造质量。

罪犯劳动工具管理系统由定位基站、物品定位标签组成的目标跟踪射频网络和粘贴在工具上的条码、条码扫描枪、条码打印机、移动点名终端、定位服务器、物联安全管控服务器、工具物品管理 PC 客户端和移动客户端软件组成。

（4）监狱医疗卫生应用系统。

监狱医疗卫生应用系统主要的建设内容包括：健康档案管理，常见病症治疗，急性病症治疗，远程诊断，心理检测，医务人员工作记录及设备/药房管理。

健康档案管理：在罪犯入狱时，医疗系统应进行健康建档，对每个犯人的实际健康情况做好统计，对有特殊病史、急性病的特别罪犯做到特别关注，尽量防止意外情况的发生。

常见病症治疗：监区医院的医务人员在对罪犯做基本医疗诊治时，能够对罪犯建立电子病历，做到往后病情变化有据可查。传统的手写病历升级为电子病历的话，更加规范、清晰，在数据库中能够随时查阅、永久查阅。

急性病症治疗：在遇到罪犯发生急性病症时，警务或医务人员也能通过医疗卫生系统对情况进行及时描述，上传，做出进一步的操作，尽量做到不耽误罪犯的治疗时机。

远程诊断：开发远程影像中心，实现远程诊断医疗服务，提高医疗资源的使用效率，同时降低监管医疗运行的成本，更节省了罪犯外出就诊所需的大量警力配置。

心理检测：采用智能医疗系统，能够针对罪犯人员的心理进行更方便地检测，及时发现罪犯人员的心理状态，防止监狱各类风险的发生。

医务人员工作记录：医疗卫生系统对监区医务人员的工作实现统一管理，能够使医务工作更规范、高效、便捷。

设备/药房管理：智能系统实现医疗设备、药物的建档，通过智能硬件对设备的使用情况和药物的收支情况进行管理，能够使得监区医务工作更加规范化，防止意外情况的发生。

（5）办公自动化系统。

办公自动化系统包括线上审批、协同办公、流程管理、信息报送/汇总、档案管理、考勤管理等应用模块，逐步实现监狱的无纸化办公。办公自动化系统依托于监狱内网，将分散在各个单机上的办公文档和信息资料统一管理集合起来，完成监狱内部和系统内协作单位的互联，并根据权限进行部分资源共享，实现上下级、各科室单位之间的行文、批文及报表网上传送。

（6）综合运维系统。

综合运维系统除了支持传统的网络设施运维管理以外，还支持物联网节点的运维管理，全面符合监狱发展需求，达到自动化、智能化的综合运维管理目的。

6.2.4 物联网+5G 助力智慧监狱落地

物联网+5G 助力智慧监狱落地后可以做到如下 4 点。

（1）服务安全，智能安防整体覆盖。

依托于 5G 的海量连接，今后不但手机、电脑、电视能上网，连你家中的空调、冰箱、洗衣机、热水器、台灯、窗帘、门锁都能上网。万物皆可连接，这就是"物联网"。有了 5G，监狱物联网就能大显身手了。这样，监狱的监控、雷达、报警、门禁、消防、电网、安检，以及各类传感器和控制单元，都可以通过一张网，集成在一个系统里。监狱安防的"自动化"和"智能化"将会极大提升。

（2）服务监管，精细管理标准升级。

5G 的超高带宽，会直接促进生物特征、目标定位、设备状态的精准快速识别，这样人脸识别、区域管控、人工智能等系统才能真正发挥作用。简单来说，就是在监狱里服刑人员将处于零死角的管控当中。人工智能系统（机器人警察）将全面监控狱内服刑人员的学习、生活、劳动过程，识别其身份信息、采集其地理位置、跟踪其行动轨迹、监测其健康状况、掌握其改造效果等。

（3）服务指挥，应急高效联动。

由于 5G 的超低时延，在监狱应急处理实战中，大量 5G 联网的摄像头可以安装在移动车辆和民警身上，或装备在移动终端或安装在无人机上，实时采集高清视频传输到指挥中心，便于集中收集情报、应急指挥、协调处置等工作。5G 将协助领导和指挥中枢，把眼睛和耳朵延伸到每个一线作战民警。同时由于网络的升级，移动指挥不再受网络环境限制，可以做到领导走到哪里，指挥部就设在哪里。有了 5G，监狱处置应急突发事件时更如虎添翼。

（4）服务执法，数据协同全面共享。

大数据时代，5G 技术是保障数据采集、传输、计算的关键。利用 5G 技术，从服刑人员入监开始，其个人信息、案件卷宗、健康档案等，可以通过监狱联网的智能终端实现一键录入，不必手动填写。服刑人员在改造期间的所有数据，可以在狱政、刑罚、教育等不同的执法部门之间无缝流转、实时共享、动态更新。当需要与公、检、法等机关协同办案时，5G 技术将大幅提升远程法庭、网上检务、在线提审等工作效率。监狱执法工作，将随着 5G 到来实现全面数据协同。

除此之外，通过物联网与 5G 的融合应用，服刑人员的亲属就可以通过网络远程探视在狱中服刑的亲人。到狱探视的亲属，可以通过智能会见终端，查询服刑亲属信息，寻求法律疑问解答，在线预约会见等。服刑人员可以通过 VR 设备进行学习、心理疏导。患病的服刑人员可以通过远程医疗系统，在监狱医院或者外出就医途中及时得到大医院的在线诊疗。符合条件的服刑人员在特许离监探亲时，智能穿戴设备将通过 5G 网络及时将服刑人员的情况回传监狱。如此一来，增加了亲情帮教的机会和资源，使服刑人员充分感受到家庭和社会的温暖，也让家庭和社会更加了解和支持监狱工作，促进社会和谐和稳定。

6.3 应急管理信息化

6.3.1 应急管理信息化简介

应急管理，是人类面对灾害的一种有意识的综合防控管理，是对突发事件的全过程管理，是一个动态的管理过程。作为应急管理的技术支撑手段，应急平台的研究和建设随着应急管理实践的逐步深入而逐渐展开。目前，我国和国外其他国家在应急管理及支撑技术应用方面都取得了显著成效。

传统应急管理方式是利用语音调度系统进行指挥，不能对现场设备运行状态进行实时监控，也无法对工艺参数进行实时采集并分析，因此，也就不能根据生产现场情形快速做出正确判断和发出指令。随着计算机技术和数字视频监控技术的普及，以及物联网技术的出现并广泛应用，安全生产应急管理方式也面临着新的改变。物联网是继计算机、互联网和移动通信之后又一次信息产业的革命性发展，是未来战略性新兴产业的主导力量之一。将物联网技术应用到安全生产应急管理中具有深远的现实意义及广阔的市场空间和前景。

6.3.2　应急管理科技信息化发展现状

推进应急管理科技信息化工作，实现跨越式发展是当前全国应急管理系统的工作重点。在 2019 年 5 月，举行的全国应急管理科技和信息化工作会议上，应急管理部党组书记黄明强调，要紧紧依靠科技信息化提升防范化解重大安全风险能力，聚焦需求、突出重点，着力构筑应急管理核心能力。要找准监测重点，构建监测预警网络，创新预测预警技术，着力提升监测预警能力。明确监测内容、建设路径和任务重点，推进危化品安全风险监测预警系统建设；要积极探索"互联网+监管"模式，运用科技信息技术规范执法行为，运用大数据发现系统性问题，着力提升监管执法能力；要强化应急基础信息资源汇聚、现场信息获取、灾情研判等能力，着力提升辅助指挥决策能力；要改进装备，打造救援尖兵利器，着力提升救援实战能力；要着力提升社会动员和科技支撑能力。

应急管理体系建设及发展的未来方向将着力于将原本分散在不同政府部门的应急管理相关职能部门进行整合，精简部门规模，围绕应急管理部为核心建立全灾种、全流程、全方位现代应急管理。此外，面对日益严峻的公共安全形势，还要提高应急保障能力，从国家政府层面对生产监督和应急救援力量整合，坚决杜绝突发事件中风险信息孤岛的问题；提高各级政府对突发事件的应急准备能力和处置能力，进一步完善应急预案体系建设，并不懈推动应急预案演练；优化整合安全生产、消防、森林武警、矿山救护、地震搜救等应急救援队伍，将其纳入应急管理部体系之中。

当前，应急管理信息化发展迎来历史性机遇。从满足新时代应急管理工作出发，应急管理信息化可以采用统筹、集约、开放、高效的设计理念，着力破解应急管理部门信息化过程中出现的问题，充分运用云计算、大数据、物联网、人工智能、视联网、移动互联等新一代信息技术，推进先进信息技术与应急管理业务深度融合，从而实现应急管理信息化跨越式发展。

6.3.3　应急管理物联网平台总体架构

应急管理物联网平台（总体架构如图 6.6 所示）是基于智能传感、射频识别、视频图像、激光雷达、航空遥感等感知技术，依托天地一体化应急通信网络、公共通信网络和低功耗广域网，面向生产安全监测预警、自然灾害监测预警、城市安全监测预警和应急处置现场实时动态监测等应用需求，构建的全域覆盖应急管理感知数据采集体系，为应急管理

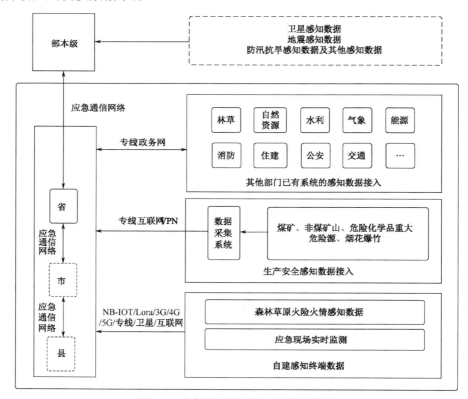

大数据分析应用提供数据来源。

图 6.6　应急管理物联网平台总体架构

　　应急管理物联网平台建设以物联感知、航空感知和视频感知建设为主，重点建设生产安全、自然灾害、城市安全领域和应急处置现场的感知网络，分为常态和非常态两种情况：常态下，以市、县、区域、生产经营单位自行建设为主，最终汇聚于应急管理部本级数据中心；非常态下，地方按照应急管理部统筹制定的标准进行前端部署，就近接入应急通信网络。

　　生产安全领域，推动高危行业领域企业依据相关法律法规和政策、标准，建设安全监测监控系统，采集风险隐患感知数据。地方应急管理部门按照相关采集规范，建设数据采集系统，汇集煤矿、非煤矿、危险化学品、重大危险源和烟花爆竹等感知数据。

　　自然灾害领域，主要建设森林草原火险火情感知网络，同时汇集地震、地质、水旱、气象灾害等自然灾害的风险监测监控信息。

　　城市安全领域，推动交通、住建等相关部门针对大型建筑、大型公用设施、地下管网及综合管廊、公共空间、城市轨道交通、消防重点单位和重大活动保障，建设感知网络。地方应急管理部门接入汇集新建感知网络及相关部门已有系统的城市安全感知数据。

应急处置现场领域，主要针对灾害和事故处置的现场态势、趋势分析和合理处置等需求建设感知网络。

1．生产安全感知网络建设

地方应急管理部门推动高危行业领域企业依据相关法律法规和政策、标准，建设完善的感知网络，采集风险隐患感知数据，并按照相关采集规范，建设数据采集系统，将采集到的风险隐患感知数据，通过专线/互联网 VPN 等汇集至省级节点，最终汇聚于应急管理部本级数据中心。

2．自然灾害感知网络建设

各地区针对本辖区自然灾害特点建设感知网络，实现自然灾害隐患区域的全方位、立体化、无盲区动态监测。主要包括森林草原火险火情的感知网络建设和地震、地质、水旱和气象等自然灾害数据的采集汇聚。

3．城市安全感知网络建设

贯彻落实中共中央办公厅、国务院办公厅印发的《关于推进城市安全发展的意见》（中办发〔2018〕1 号）等文件要求，各地在城市整体风险评估的基础上，推动相关部门（交通、住建、电力、能源、公安等）建设城市大型建筑、大型公用设施、地下管网及综合管廊、公共空间、轨道交通、消防重点单位、重大活动保障等的感知网络。地方应急管理部门要通过专线/政务网等方式接入汇集新建感知网络及相关部门已有系统（如"两客一危"车联网管理系统、雪亮工程等）的城市安全感知数据，为城市安全隐患的深入发掘、异常情况的及时预警、处置过程的全程监控和灾后情况的全面评估提供精确、及时和有效的感知数据。

4．应急处置现场感知网络建设

面向自然灾害、安全生产事故和城市安全应急处置中现场态势、趋势分析和科学处置等需求，应用智能传感、射频识别、音/视频采集等感知技术，依托以自组网技术为基础的现场应急通信网络、公共通信网络和低功耗广域网，结合事前预设的感知设备，实时监测和汇集现场感知数据，实现灾害现场看得见、看得准、听得见、听得清，为灾害事故应急处置现场指挥调度、分析研判、辅助决策提供数据支撑。

6.3.4　物联网+5G 助力应急管理信息化落地

应急指挥系统利用 5G 网络大带宽、低时延和高可靠性的特点和射频识别、视频图像、激光雷达、航空遥感等技术，在整合改造气象、自然资源、水利、地震、农牧、林草等领域已建监测设备的基础上，进一步针对暴雨、山洪、干旱、滑坡、泥石流、崩塌、林火等自然灾害重点区域分批次进行监测站点建设，通过后端云计算实现对灾害处置现场视频、语音、文本、图片、身份、定位等数据高效处理，大幅提升自然灾害监测预警、分析研判、指挥调度、评估分析、信息发布能力。

在应急救援的过程中，很多疾病的抢救时间十分有限。例如，抢救急性心梗病人的最佳时间是 4 分钟，超过 8 分钟，病人的心脏将会出现不可逆转的损伤。如果再拖延，会导致大面积心肌坏死，继而引发心衰，甚至猝死等严重后果。而 5G 应急救援系统打破常规，以 5G 急救车为基础，配合人工智能、AR、VR 和无人机等应用，打造全方位医疗急救体系，大大缩短抢救响应时间，为病人争取更大生机。当急救病人上了 5G 急救车后，随车医生可以利用 5G 医疗设备第一时间完成验血、心电图、B 超等一系列检查，并通过 5G 网络将医学影像、病人体征、病情记录等大量生命信息实时回传到医院，实现院前院内无缝联动，快速制定抢救方案，提前进行术前准备，免去急诊等待时间。

在应急救援现场，无人机+5G 的融合应用，5G 通信技术降低时延及提高整体网络效率，提供小于 5 毫秒的端到端的延迟。而借助无人机跨越空间阻隔，快速抵达事故现场，全程经由 5G 网络的超高清 4K 视频实时回传，由指挥中心集中监控，实现空中立体布控。

参考文献

[1] 丁宏军. 基于物联网技术的智慧消防建设[J]. 消防技术与产品信息，2017（5）.

[2] 葛俭辉. 物联网技术在"智慧消防"建设中的应用初探[C]. 消防科技与经济发展——2014 年浙江省消防学术论文优秀奖论文集[A]. CNKI 会议论文，2015.

[3] 王建强，吴辰文，李晓军. 车联网架构与关键技术研究[J]. 微计算机信息，2011：27（4）：138，164-166.

[4] 徐曼. 智慧监狱物联网解决方案[J]. 物联网技术，2013（1）：30-31.

[5] 李婕. 谈从数字化监狱到智慧型监狱的转变[J]. 才智，2015（13）：352.

[6] 胡楚丽，陈能成，关庆锋等. 面向智慧城市应急响应的异构传感器集成共享方法[J]. 计算机研究与发展，2014（2）：26-43.

[7] 汤祥州，李明斌，彭经纬等. 基于 GIS 的可视化智慧城市应急管理系统[J]. 信息化建设，2016（5）.

[8] 张黎明，张小明. "十三五"时期应急体系发展的 8 大理念[J]. 中国信息界，2015（6）：49-51.

第 **7** 章 携手并进，智联未来

7.1 物联网+5G 的融合展望

5G 的到来，给物联网带来了更多的可能和新的机遇。从当年只能打电话和发短信的 2G 到现在应用大爆发的 4G 移动互联时代，通信能力不断提高，峰值速率也在不断提高。5G 的高速率、低时延、大容量三大能力，将使用户的移动互联网体验实现从二维到三维的升级。

对物联网而言，5G 带来了海量的连接和大数据。一方面，随着物联网发展，未来有越来越多的应用需要更高的实时性，这些应用，数据传输频率可能是毫秒级别的。另一方面，时延降低、移动性增强带来的数据互通面会像太平洋一样广阔，海量的连接数会带来对带宽的极高要求，而 5G 在很大程度上能解决这些问题。物联网需求在召唤 5G 技术，5G 技术又支撑了物联网需求。

2019 年 6 月 6 日，工信部正式向中国电信、中国移动、中国联通、中国广电发放 5G 商用牌照。我国正式进入 5G 商用元年。5G 商用牌照的发放，是物联网发展史上的一个重要里程碑，为全球物联网产业的发展起到了很好的助跑作用。

有了 5G 技术的助力，未来物联网的发展将呈现以下特点。

（1）速度快。当前物联网速度还处于一个较低的水平。由于目前的物联网设备主要是通过 WiFi、ZigBee 等技术连接到网络中的，在连接数量过多或者要传输的数据过大时，就

会因容量和数据处理能力的不足出现网络问题。很多时候，网络速度无法跟上设计的要求，使得数据传输变得缓慢。另外，网络堵塞的现象随时发生，也使得网络传输的速度无法加快。在这种情况下，感知层的信息数据就不能有效地被应用层和管理员终端获取，从而使管理员终端无法按照这些数据进行下一步的工作。例如，现有的物联网在车联网的使用中，若网络出现延时的问题，会导致车辆的摄像头、雷达等设备不能及时地传输并判读信息，进而可能出现交通事故，不利于车辆的行驶安全。在基于 5G 的物联网应用中，天线阵列能够很大程度地满足大量设备在其中的使用，D2D 技术也可以在近距离下直接连接；当感知数据信息在智能终端设备中产生时，数据能够以 5G 网络直接传输到用户设备中，对用户的操作做出优化，实时地通知其对信息判读。

（2）移动性。物联网将与移动互联网全面整合，充分吸收移动性的特点。随着 5G 标准的落地应用，移动互联网将进一步整合物联网应用，智能终端担负移动通信终端和物联网终端双重身份，功能边界将得到进一步的释放和融合。移动互联网与物联网的结合将重新定义工作、生活、娱乐和教育等诸多领域，在很大程度上解除传统场景下的空间限制。比如，周末时父母无须陪着孩子奔波于各大培训机构，因为 AR/VR 线上教育可以为学生提供沉浸式的学习体验，与真实课堂区别不大。

（3）便捷性。一般情况下，当一种新的通信技术运用到物联网应用中时，需要对最新的网络技术进行相应的管理服务和及时更新。然而，在实际应用中，基于 5G 网络的物联网能够通过符合新网络的技术更好地设立。在新技术的支持下，就 5G 技术不需要对旧有的布局进行大规模改建，不需要拆除建造起来的建筑物，就可以减少规划过程中的各种浪费现象，提升施工效率，减少施工成本。5G 网络的便捷性由其中的毫米波通信技术实现，此技术使得设备的便捷性得到大幅度增强。

（4）经济性。首先，在 5G 网络的构建和应用中不需要中间媒介，物联网设备和 5G 手机之间直接连接。这样直接的连接可以提升连接的速度，极大地精简中间设备的布置环节，从而减少购买设备和安装设备的成本。在这一技术下，日常生活中所使用的路由器、交换机等网络层设备都可不再使用，极大地减少相关网络层设备的多项成本，经济性显而易见。其次，在基于 5G 的物联网应用中，物联网的体系结构将会愈加地完善并健全，在将来不断的优化中，物联网将会在运行速度、安全性、经济性等方面飞速发展。在将来，5G 网络更加成熟并普及使用时，在其商业化的运行中将与物联网产品结合，发展出最符合今后物联网发展的运行方案。最后，经济性还体现在收益方面。未来，5G 技术在各行各业中的应用将会是一大笔财富，很多层面的更新将会为第三产业的发展提供推动力。

物联网 +5G

5G 技术也会对未来物联网产业链的发展起到推动作用。

首先，5G 通信技术将推动物联网软件应用的创新。从目前我国 5G 通信技术的研究中，已经逐渐形成相应的通信标准，同时构建相应的通信技术体系。5G 通信技术体系在一开始的构建设计上就是要应用在不同场景中，提供高效的信息服务，满足各种需求。也就是说，5G 通信技术可以实现全球统一化，对现有的移动通信标准进行统一与完善，从而能逐步结束当前物联网技术各自为政的局面，为智慧城市等提供无缝连接的统一框架，继而推动物联网软件应用的创新发展。总而言之，5G 通信技术在推动物联网产业链软件创新中将发挥不可替代的作用。

其次，5G 通信技术将推动物联网硬件的发展。任何软件技术都是依赖于硬件来运行的，当软件技术大幅提升时，需要硬件载体性能上的支撑。比如一台使用陈旧过时硬件的计算机不管软件方面如何更新优化，其工作性能都赶不上一台全新硬件支持的电脑。作为新一代的通信技术，5G 的普及和发展必然促使其承载硬件的升级与更新。在移动电信厂商针对 5G 通信技术制定专属规格基础构架的潮流下，为享受到技术进步的发展红利，抢占市场优先权，物联网硬件厂商无疑要更新并不断开发新技术，研发出质量优良的硬件产品。因此，5G 技术的应用对物联网硬件的发展有着很大的推动作用。

最后，5G 通信技术将拓展物联网的应用领域。2016-2018 年是 5G 通信技术由测试逐步向商业应用方向转变的关键时期，许多 5G 通信技术都得到比较快的发展，从而拓宽了物联网的应用范围。致密组网、NOMA、Massive MIMO 技术的革新逐步解决了信息传输过程中的固有问题，从根本上提升了通信速度和通信质量，拓展了物联网的应用空间与领域，使得物联网产业形成发展的良性循环。

5G 技术除了在整体性能和产业链上会对物联网的发展产生作用之外，对各种应用场景的发展速度也会有影响。2019 年 5 月 23 日，由 ASPENCORE 旗下 ESM 国际电子商情、EET 电子工程专辑、EDN 电子技术设计、机器人网主办的创源 2019 国际电子产业链资源对接大会在深圳隆重举行。会上，紫光展锐产品市场副总监祖圣泽先生分享了《5G 背景下的物联网发展趋势》，指出，5G 在物联网应用市场方面的节奏主要分为三个阶段：聚焦高速场景 eMBB 阶段、发展低时延场景 URLLC 阶段、引爆海量物联网场景 mMTC 阶段。

ITU 定义了 5G 三大应用场景：增强型移动宽带（eMBB）、海量机器类通信（mMTC）及低时延高可靠通信（URLLC）。其中，eMBB 场景主要提升以"人"为中心的娱乐、社交等个人消费业务的通信体验，适用于高速率、大带宽的移动宽带业务。简单的商业模式促使此类应用在市场推广方面具有很大的优势。因此，以超高清视频、移动 AR/VR 为代表的 eMBB 类场景将是当前 5G 应用的重点领域。在未来的两年内，随着 5G 终端的批量上市和 5G 网络覆盖的完善，eMBB 场景下的 5G 应用将会首先成为市场焦点。第二个阶段就是低时延场景 URLLC 阶段。URLLC 主要包括以下几类场景及应用：工业应用和控制、交通安全和控制、远程制造、远程培训、远程手术等。尽管 5G 技术能够应用的场景非常多，但 URLLC 型应用场景是所有应用场景之中优点最多的。事实上，URLLC 是移动通信行业切入垂直行业的一个突破口，是 5G 区别于 2G、3G、4G 的一个典型场景。但由于各行业的技术架构都不一样，商业模式复杂多变，导致此类应用不会像 eMBB 场景那样迅速铺开。第三个阶段就是海量物联网场景 mMTC 阶段。低功耗、大连接场景主要面向智慧城市、环境监测、智能农业、森林防火等以传感和数据采集为目标的应用场景，具有小数据包、低功耗、海量连接等特点。这类终端分布范围广、数量众多，不仅要求网络具备超千亿连接的支持能力，满足 100 万个每 km^2 连接数密度指标的要求，而且还要保证终端的超低功耗和超低成本。这一阶段将是 5G 物联网的爆发期，也是真正实现万物互联的关键期。

另外，从 3GPP 已经冻结的 R15 标准来看，目前 5G 标准主要聚焦 eMBB，而 URLLC 及 mMTC 会在后续版本 R16 中进一步完善。

纵观整个移动通信史，平均 10 年一个代际，5G 移动通信技术将在未来 10 年里使通信技术上升到一个新的维度，打造一个全新的通信时代。5G 的到来不仅标志着移动通信用户的网络体验进一步提升，同时也将满足未来万物互联的应用需求。5G 技术使传统的通信模式发生更多的变革，低时延和低消耗的模式让这种技术能够提升一个档次。5G 技术的发展为整个社会带来了翻天覆地的变化，推动了社会的进步，为万物互联的美好蓝图画上了重要一笔。

7.2 物联网+云计算

美国国家标准与技术研究院（NIST）定义：云计算是一种按使用量付费的模式，这种模式提供可用的、便捷的、按需的网络访问，进入可配置的计算资源共享池（资源包括网络、服务器、存储、应用软件、服务），只需投入很少的管理工作，或与服务供应商进行很少的交互，这些资源就能够被快速提供。

从网络结构来分，云计算分为私有云、公有云、社区云、混合云和专有云等类型；从服务类型来分，又可以分为基础设施即服务（Infrastructure as a Service，IaaS），平台即服务（Platform as a Service，PaaS）及软件即服务（Software as a Service，SaaS）。

云计算一般具有如下特点。

（1）超大规模："云"具有相当的规模，Google 云计算已经拥有 100 多万台服务器，Amazon、IBM、微软、Yahoo 等"云"均拥有几十万台服务器。企业私有云一般拥有数百、上千台服务器。"云"能赋予用户前所未有的计算能力。

（2）虚拟化：云计算支持用户在任意位置、使用各种终端获取应用服务。所请求的资源来自"云"，而不是固定的、有形的实体。应用在"云"中某处运行，但实际上用户无须了解、也不用担心应用运行的具体位置。

（3）高可靠性："云"使用了数据多副本容错、计算节点同构可互换等措施来保障服务的高可靠性，使用云计算比使用本地计算机可靠。

（4）通用性：云计算不针对特定的应用，在"云"的支撑下可以构造出千变万化的应用，同一个"云"可以同时支撑不同的应用运行。

（5）高可扩展性："云"的规模可以动态伸缩，满足应用和用户规模增长的需要。

（6）按需服务："云"是一个庞大的资源池，支持按需购买；云可以像自来水、电、煤气那样计费。

（7）廉价：由于"云"的特殊容错措施可以采用廉价的节点来构成，"云"的自动化集中式管理使大量企业无须负担日益高昂的数据中心管理成本，"云"的通用性使资源的利用率较之传统系统大幅提升，因此，用户可以充分享受"云"的低成本优势，经常只要花费几百美元、几天时间就能完成以前需要数万美元、数月时间才能完成的任务。云计算可以彻底改变人们未来的生活，但同时也要重视环境问题，这样才能真正为人类进步做贡献，而不是简单的技术提升。

（8）潜在的危险性：云计算服务除了提供计算服务外，还必然提供存储服务。但是云计算服务当前大多垄断在私人机构（企业）手中。对于政府机构、商业机构（特别像银行这样持有敏感数据的商业机构）在选择云计算服务时应保持足够的警惕。

物联网，实质包含两个元素，一是物，二是网。将二者通过一个"联"字整合起来而产生神奇的效应。"联"字背后，在于如何将海量的信息在互联网上进行分析处理，并能及时反馈从而对物体实施智能控制。要解决这个症结，需要一个全国性甚至全球性的且功能强大的管理平台，因此，物联网的规模大到一定程度后，和云计算结合起来是一种必然趋势。

首先，云计算机是实现物联网的核心。物联网，需要三大支撑，一是用于感知的传感器设备；二是物联网设备互相联动时，彼此之间需要传输大量信息的传输设施；三是控制和支配对象的计算资源处理中心。这个资源处理中心，利用云计算机模式，可以处理海量数据，能实时动态管理和即时智能分析，并通过无线或有线传输将信息送达计算资源处理中心，进行数据的汇总、分析、管理、处理，从而连接各种物体。

其次，云计算机成为互联网和物联网融合的纽带。云计算与物联网各自具备优势，如果把云计算与物联网结合起来构造成物联网云，则云计算其实就相当于一个人的大脑，而物联网就是其眼睛、鼻子、耳朵和四肢等。以云计算与物联网的融合方式分，可以分为以下几种模式。

（1）单中心，多终端。此类模式分布的范围较小，各物联网终端把云中心或部分云中心作为数据/处理中心，终端所获得的信息、数据统一由云中心处理和存储，云中心提供统一界面给使用者操作或者查看。

（2）多中心，大量终端。多中心、大量终端的模式较适合区域跨度大的企业。有些数据或者信息需要及时甚至实时共享给各个终端的使用者。这个模式的前提是我们的云中心必须包括公有云和私有云，并且它们之间的互联没有障碍。

（3）信息、应用分层处理，海量终端。这种模式可以针对用户的范围广、信息及数据种类多、安全性要求高等特征来打造。对需要大量数据传送，但安全性要求不高的，我们可以采取本地云中心处理或存储。对于计算要求高、数据量不大的，可以放在专门负责高端运算的云中心里。而对于数据安全要求非常高的信息和数据，可以放在具有灾备中心的云中心里。

当然，任何技术的应用与推广，都会经历从萌芽到成熟的过程。云计算机和物联网技术，作为信息技术领域新兴的技术，目前尚处于完成与成熟阶段，自然会存在一些问题。

第一是安全问题。互联网的发展，计算机病毒层出不穷，从伤害个人信息与数据到影响国家重要信息安全，致使每个使用计算机的人达到提毒色变的程度。

第二是标准化问题。目前，云计算的架构和云计算服务平台要达到的目的都是一样的，但技术细节和某些处理环节还是有很大不同之处的。

第三是数据版权问题。云计算中心是一个数据存储与处理的仓库，为用户提供服务，要收取一定的经济回报，从而导致利益的纷争，所以这也是一个需要考虑的重要因素。随着物联网产业界对云计算技术的关注与需求，相信不久的将来，云计算技术会在物联网中广泛应用，形成一个全球性的信息共享共同体。

总体来看，云计算与物联网的结合是互联网络发展的必然趋势，它将驱动互联网和通信产业的发展，并将在数年内形成一定的产业规模。尤为重要的是，物联网云可以作为应用的孵化和交付平台，吸引更多的物联网应用开发商加入，从而使整个云计算平台上的物联网应用不断更新和丰富，促进产业的良性循环和发展。

7.3 物联网+边缘计算

在云计算兴起的时候，曾有一种观点认为，终端只要一个显示屏即可，物联网所有的数据都传输到云中心，由云完成运算过程，再传回用户的终端。因此，瘦终端将是未来的趋势。

现实情况是，过度依赖云中心，会导致物联网的效率达不到预期，特别是对时延要求严格的场景，物联网部署变得毫无意义。例如，用于安全监控的场景下，摄像头获取用户视频并传输到云中心处理的信息，不仅需要高速带宽传输大量无效数据，而且给云中心也带来巨大负担。最终结果是处理成本高昂，处理时间长，效率低下。

如何解决这个问题呢？研究人员对摄像头端进行改造，让摄像头与云中心保持连接的同时，还拥有视频处理能力、存储能力和识别能力。云中心给摄像头下发比对模型，拍摄的视频会在摄像头端实时进行处理比对，第一时间将初筛后的信息传输到云端进行高精度识别。

在这种模式下，可以在毫秒级的时间内，对摄像头拍到的数据进行处理，第一时间完成监控任务。我们把具有智能处理能力的物联网终端称为边缘计算产品。

业内对"边缘计算"的定义是在靠近物或数据源头的网络边缘侧，融合网络、计算、存储、应用核心能力的开放平台，就近提供边缘智能服务。边缘计算的核心是，将计算任务从云计算中心迁移到产生源数据的边缘设备上。

边缘计算物联网解决方案，从架构上可分为：传感控制层、网络层、敏捷控制器和业务应用层。

传感控制层：这一层包含大量的传感器、控制部件（比如开关等）和测量部件（比如电表等），另外还有通信部件。这些通信部件可能是独立的，也可能是和其他部件结合在一起的。

网络层：这一层主要实现融合和互联，它的功能除了网络连接和管理之外，还包括边缘计算，进行现场处理，同时保障业务在本地的存活。本地存活和现场处理对物联网，尤其是工业和民用大型设施是非常重要的。此外，协议转换也是这一层的重要功能。在 IoT 领域有特别多的协议，这些协议来自各个行业历史上的积累，所以需要在网关上做协议的转换，将数据统一承载在 IP 网络上向外传输。

敏捷控制器：这一层将网关送上来的数据进行统一的处理，向上送给应用层，并对下层的网络、传感器、控制部件、测量部件、计算资源进行管理，提供网络部署、配置的自动化工具。

业务应用层：这一层是各种各样的行业应用。

由于数据只在源数据设备和边缘设备之间交换，不再全部上传至云计算平台，因此，在物联网应用中，较之于传统的云计算，边缘计算在以下5方面具有显著的优势。

（1）安全性要求。

在云计算模型中，用户的一切数据都需要上传到数据中心。而在这个过程中，数据安全性就成了一个重要问题。从电子金融账户密码到搜索引擎历史，再到智能摄像头监控，这些个人的隐私数据在上传到数据中心的过程中，都蕴含了数据泄露的风险。这也是边缘计算博得大型工业公司青睐的原因之一。例如，在2018年霍尼韦尔举办的用户组会议上，其工业自动化产品的大多数客户都不愿意将无线基础设施放在霍尼韦尔的工厂中，以免存在安全漏洞。

像塔吉特违规行为那样的黑客行为（从HVAC系统开始，最终导致客户的信用卡受损），引发了人们针对基础设施的黑客的担忧，特别是对某些特定的工业流程来说，这种担忧是完全有必要的。

（2）知识产权问题。

与安全问题息息相关的，则是人们对专有数据和知识产权的担忧。在云计算中，用户的一切数据都需要上传至数据中心，例如炼油厂的炼油过程，可乐生产厂商的制作配方等一些视为商业机密的重要信息，都有可能通过高质量的传感器感知的工业数据来获取。一些食品公司对这一问题更担忧。

（3）交互延迟和弹性工作。

在物联网应用中面对的数据量极大，已经不再适合直接上传到云计算中心进行处理，不仅网络带宽压力大，即使人们将数据上传过去，但对海量数据的搜索耗时也是不能接受的。

自动驾驶汽车对数据传输与交互延迟要求非常高，边缘计算更靠近数据源，可快速处理数据，实时做出判断，充分保障乘客安全。

在自动驾驶汽车中，每台自动驾驶汽车上都配有多颗摄像头和激光雷达，这些传感器每时每秒都在创造大量数据。而自动驾驶汽车显然无法等待这些数据传输到云计算中心处理后再做决策，这时，边缘计算就成为无人驾驶实时数据处理的利器。当汽车处于故障危险时，传感器能够迅速发出故障的振动信息，然后将其发送到本地网关进行处理。网关在识别出故障后的几毫秒或几秒钟内便可发出警报或指令以关闭机器。

另外，这也与弹性工作有关。在进行汽车、重型工业机械的制造工作时，在网络覆盖率下降的情况下，边缘计算依然能够保证局部网络的存活，持续工作，避免事故发生。

（4）减少带宽成本。

一些连接的传感器（例如，相机或在引擎中工作的聚合传感器）会产生大量数据，在这些情况下，将所有这些信息发送到云将花费很长时间和过高的成本。随着智慧城市和公共安全的需要，摄像头的视频分析技术的重要性便凸现出来。但是，由于摄像头数量多，产生的数据量极大，已经不再适合直接上传到云计算中心进行处理，不仅网络带宽压力大，对海量数据的搜索耗时也是不能接受的，这时候边缘计算就派上了用场。

（5）自治能力。

正是由于延迟和弹性工作问题，使得边缘计算自主决策不依赖于云的特性，成为在物联网应用中决胜的优势。对于很多人来说，物联网连接工厂或办公室的目的是能够实现大量的流程自动化。在边缘计算中，机器不仅能够监控自身及其正在执行的过程，还可以对其进行编程，以便在出现问题时采取正确的行动。因此，当传感器检测到压力积聚时，它可以释放进一步向下的阀门；一旦流程依赖于特定的自动化水平，就必须依靠这个自动化水平来及时制定正确的执行动作。

云计算、边缘计算与工业物联网都是相互融合的关系。首先，云计算的设备入云是万物互联的一个基础条件。云计算能使物联网在更广泛的范围内进行数据信息互享。其次，云计算增强了物联网总的数据处理能力，提高了物联网智能化处理的程度。再次，云计算通过计算集群，为工业物联网提供了强大的计算能力。而边缘计算，则在一些特定场景中从安全性、带宽成本、传输延迟、自治能力等不同方面提供了一个更优的解决方案。

7.4 物联网+人工智能

人工智能（Artificial Intelligence，AI）不仅仅是计算机科学范畴内的概念，它是研究使计算机模拟人的某些思维过程和智能行为（如学习、推理、思考、规划等）的学科，主要包括计算机实现智能的原理、制造类似于人脑智能的计算机，使计算机能实现更高层次的应用。整个过程涉及计算机科学、心理学、哲学和语言学等学科。

人工智能与其他的高新科技一样，其探索的过程都经历了挫折与挣扎、繁荣与低谷。

直到 2016 年，谷歌公司研发的 AlphaGo 战胜世界围棋冠军李世石的事件发生，人工智能才像刚刚浮出水面一样，引起了全人类对于人工智能的兴趣。一时间，仿佛人们茶余饭后的谈资都围绕人工智能这一领域展开，可以说人工智能迎来了历史上最大的一次繁荣期。

深度神经网络的产生和发展造就了人工智能的新一轮大潮。随着互联网、物联网、传感器的高速发展，使得目前可用的数据的规模空前提高；摩尔定律、云计算和 GPU 的繁荣也使得计算机的计算能力得到了空前提高；同时，深度神经网络和机器学习也产生了很多优秀的算法，提高了算法的智慧。

然而，没有了数据，也就没有了人工智能。而物联网的价值，则在于提供海量数据。在消费品领域，物联网常常被定义为智能音箱或者智能冰箱等实际产品。但着眼于工业，物联网的工业化应用显然要比消费性产品更具规模，也更为复杂。

通过将物联网传感器技术整合至工业流程中，工业物联网能够收集生产线和供应链中实时产生的数据，再结合人工智能进行数据分析和决策，这将给工业领域带来巨大的影响。

据统计，到 2021 年，全球物联网设备所创造的数据总量将达到每年 847 ZB，远高于 2016 年全年产生的数据量（218 ZB）。普华永道数字化供应链战略负责人 Jens Wunderlin 表示："物联网最基本的特点在于提供一种连接技术，确保我们能够从任何对象当中实时获取特定数据。但接下来的问题是——我们该如何处理这些数据，以及如何在业务场景中落地，从而推动企业自身的运营。而解决办法就是，将人工智能技术引入工业，由它来处理工业物联网生成的大量数据。人工智能与物联网的融合（AIoT），将加速智能化进程，充分发挥物联网的价值"。

智能物联网（AIoT）是指 AI 与 IoT 的互补融合，因此，在组成上，几乎涵盖两种技术的核心"精华"。如果我们追本溯源，将 AIoT 的组成元素进行分类，可分为数据、连接、用户、流程、可视化五大类。

（1）数据。

数据是 AIoT 非常核心且基础的部分。对于 IoT 来讲，几十亿台设备的物联网所产生的数据量远超人力能及，而数据又是物联网的主要产出。

正如前文所讲的那样，数据规模正变得越来越"庞大"。据 IDC 预测，物联网设备产生的数据从 2013 年的 0.1 ZB 增长到 2020 年的 4.4 ZB。

AI 与 IoT 的融合正是以数据为依托的。对于 AI 来讲，数据是其发展的养料，源源不断的庞大数据量为其感知、处理和进步奠定了基础。

（2）连接。

连接的价值毋庸置疑，无论是设备联网，或 AI 的接入，所有的一切都需要连接。没有连接，AIoT 的所有功能都将成为美好的愿景。在 2018 年，国内的物联网连接呈现"大象狂奔"的态势。知名市场研究公司 Counterpoint 曾发布报告显示，截至 2018 年年中，中国的三大运营商物联网连接数已占据全球蜂窝物联网 60%以上份额，预计到 2025 年，依然保持在 60%以上。

（3）用户。

所有一切新兴技术，最终服务的对象都是人。因此，用户的直观体验至关重要。在智能家居等 C 端领域，用户更加在乎的是设备"懂我"，期望智能产品能够满足自己"饭来张口、衣来伸手"的"懒人"生活；在工业等 B 端领域，企业客户更加需要搭载 AIoT 的智能产品来降低成本，提高效率等。因此，满足用户的需求是 AIoT 的重点方向，需要针对不同群体需求达到真正智能。

（4）流程。

AI 与 IoT 的融合，是建立在 IoT 广泛连接物联设备的基础之上的。为什么 IoT 之后仍需要 AI 助力？因为连接不是目的，智能才是方向。目前的物联网设备大都还处于应用的初级阶段，通过 AIoT 的帮助，对于个人用户来讲，物联网设备将更加好用、智能、速度更快；对于工厂企业来讲，节省了成本，提高了效率。

（5）可视化。

物联网设备所产生的大量数据，包含着机器设备和个人用户的关键信息。对于企业来讲，能够真正将这些信息利用起来，并成为可视化的、可量化的资源显得尤为重要。在 AIoT 时代，将数据等信息可视化地表现出来，不仅能够将数据与业务紧密联系，也能帮助企业及时发现市场趋势，为更多的应用开发提供智能化辅助。

总体来说，人工智能虽然核心在于算法，但它是根据大量的历史数据和实时数据来对未来进行预测的。所以大量的数据对于人工智能的重要性也就不言而喻了，它可以处理和从中学习的数据越多，其预测的准确率也会越高。人工智能需要的是持续的数据流入，而物联网的海量节点和应用产生的数据也是来源之一。另外，对于物联网应用来说，人工智能的实时分析能帮助企业提升营运业绩，并通过数据分析和数据挖掘等手段，发现新的应用业务场景。

从这个层面上来说，物联网是目标，人工智能是实现方式，实现物联网离不开人工智能的发展。人工智能侧重计算、处理、分析、规划问题，而物联网侧重解决方案的落地、传输和控制，两者相辅相成。

7.5 物联网+大数据

大数据时代已经来临。传感器、RFID 等的大量应用，计算机、摄像机等设备和智能手机、平板电脑、可穿戴设备等移动终端的迅速普及，促使全球数字信息总量的急剧增长。物联网是大数据的重要来源，随着物联网在各行各业的推广应用，物联网上每秒钟都会产生海量数据。

数据是资源、财富。大数据分析已成为商业的关键元素，基于数据的分析、监控、信息服务日趋普遍。在各行各业中，数据驱动的企业越来越多，他们需要实时吸收数据，并对之进行分析，形成正确的判断和决策。大数据正成为 IT 行业全新的制高点，而基于应用和服务的物联网将推动大数据的广泛运用。

由于物联网数据具有非结构化、碎片化、时空域等特性，需要新型的数据存储和处理技术。而大数据技术可支持物联网上海量数据的更深应用。物联网帮助收集来自感知层、传输层、平台层、应用层的众多数据，然后将这些海量数据传送到云计算平台进行分析加工。物联网产生的大数据处理过程可以归结为数据采集、数据存储和数据分析三个基本步骤。数据采集和存储是基本功能，而大数据时代真正的价值蕴含在数据分析中。物联网数据分析的挑战还在于将新的物联网数据和已有的数据库进行整合。

物联网的发展离不开大数据，依靠大数据可以提供足够有利的资源。同时，大数据也推动了物联网的发展。新时代的发展对技术提出了更高的要求，这是一种智慧化的新形态，其外在表现就是物联网，而其内涵就表现为大数据。未来，大数据和物联网会给人类带来更多可能。物联网和大数据具有改变许多领域活动的潜力，不仅是商业活动，还关系到我们的日常生活。下面列举几个方面。

（1）生产制造

生产制造商开始使用大数据和分析，并与物联网相结合以做出更优决策，20 年前，我们对此只能想象。例如，在汽车内连接传感器，并结合大数据分析来预测，当一辆汽车有可能出故障之前不仅会通知司机，而且可以支持汽车制造商调查潜在的缺陷，并改进未来的车型。大数据在制造业中成功部署的好处包括以下几点。

① 提高生产效率。采用传感器和数据能够提高生产效率，减少损失和浪费，并提高员工的工作效率。

② 新的收入流。通过制造智能产品，可以产生更多收入的机会。这方面的一个很好的

例子是芬兰通力公司，研发创造了"智能"起重机。

③ 节省运营成本。使用生产车间的传感器，现场管理人员能够通过预测性维护，减少停机时间。

④ 保持更强的竞争力。采用大数据分析使运营机构更为精简，提高效率，并在市场中取得竞争优势。

（2）城市管理。

新的物联网应用利用连接，与大数据分析一起被用于所谓的"智慧城市"，以改善城市流动性，减少交通拥堵等问题。结合实时数据，并连接汽车强大的分析平台，使城市规划者和当地政府可以了解他们的居民和游客习惯，得出全新的见解和可操作的信息。大数据的有效利用，提高了目前的交通网络的利用率，减少了需要额外的和昂贵的基础设施项目的需求。

除了交通道路分析，大数据还支持政府预测未来项目的影响，以及它们如何影响当地的生态系统，从而帮助政府做出明智的决定。例如，一个规划部门正在考虑在城市内构建一个大型建筑，他们可以利用大数据让规划者进行调研，并做出预测。

（3）医疗健康管理。

将来会有许多人在医疗健康管理上从物联网上受益，无论是患者和供应商。虽然物联网已被引入到许多行业，出于人们对数据的隐私和安全的关注，医疗健康管理行业仍然落后于其他行业。尽管如此，在一些情况下，医院已经开始使用物联网和大数据分析。新的技术和数据跟踪可以帮助医疗保健专业人员与病人互动，减少病人对医生提供现场服务的需要。

目前，在英格兰和威尔士，花费在糖尿病的预算上，每小时费用超过 150 万英镑，或者每分钟费用为 25 000 英镑。总体来说，每年花在治疗糖尿病及其并发症的治疗费用大约为 140 亿英镑，而发生并发症则代表需要付出更高的医疗成本。因此，医疗行业将启用大数据分析，以尽早检测糖尿病，并开展针对性治疗。

物联网与大数据的融合发展从应用需求和技术发展的角度看，都将是必然趋势。但两者在融合应用的过程中也存在一些需要解决的问题。

（1）标准。

为了物联网的高效工作，应该有一个被设备和应用程序遵循的预定义框架，以通过无线或有线网络安全地交换数据。OneM2M 是发布主要技术巨头设定首选标准的组织。该公司的专业人士认为，不同行业之间应该具有互操作性，以便通用平台能够连接智能电表、汽车、手表、起搏器等。

（2）安全和隐私。

在记录人体生命体征的生物传感器等一些敏感应用中的安全性应该受到保护，以防止侵犯隐私。国家基础设施相关数据对于国家安全至关重要，应该采取适当的保护措施防范黑客。智能家居锁系统、工业安全传感器等都可以防范非法侵入的用户。物联网具有优势，因为它可以通过互联网进行操作，但也正由于这个原因，物联网风险很大。互联网可能被入侵者破坏，并且设备可能被错误地使用。

（3）网络和数据中心基础设施。

因为数据洪流，网络和数据中心基础设施会受到威胁。

（4）分析工具。

物联网管理非常复杂，构建洞察分析并非易事。各种平台使用不同的语言，专业人员必须接受培训以应对不同平台的不同情况。

（5）技能。

物联网和大数据是多学科的，专业人士需要两个领域的专业知识。由于这些专业相对较新，因此，需要对老派技术工作者进行培训，使其熟悉新技术。

大数据和物联网互为补充，以发挥各自的优势。技术世界已经意识到它们的重要性，大数据+物联网产业将达到数十亿美元，研究人员和 IT 公司开始逐渐认识到其背后的价值。

7.6 物联网+区块链

从 2015 年以来，作为比特币底层技术的区块链技术，开始成为继物联网、云计算、大数据和人工智能之后，人们争相研究和应用的热点，并被 Gartner 列为未来 10 大技术发展趋势之一。目前，关于区块链并没有统一的定义。不同的机构基于各自的视角给出的定义各不相同，不一而足，但共性的认识是区块链是基于多种计算机技术组合应用形成的分布式公共账本。这个分布式公共账本使用区块记录交易信息，区块间彼此链接，形成区块链。区块链本身并不是一种创新的技术，而是一种创新思想的体现。它利用众多已有的计算机网络技术和密码学算法构建了一种创造新型信任机制的基础架构。

区块链凭借主体对等、公开透明、安全通信、难以篡改和多方共识等特性，对物联网将产生重要的影响：多中心、弱中心化的特质将降低中心化架构的高额运维成本，信息加密、安全通信的特质将有助于保护隐私，身份权限管理和多方共识有助于识别非法节点，及时阻止恶意节点的接入和作恶，依托链式的结构有助于构建可证可溯的电子证据存证，分布式架构和主体对等的特点有助于打破物联网现存的多个信息孤岛桎梏，促进信息的横向流动和多方协作。因此，区块链+物联网将会在如下四个方面大有可为。

1. 数据的存证与溯源

传统的供应链运输需要经过多个主体，例如发货人、承运人、货代、船代、堆场、船公司、陆运（集卡）公司等业务角色。这些主体之间的信息化系统很多是彼此独立、互不相通的。一方面，存在数据做伪造假的问题，另一方面，因为数据的不互通，出现状况的时候，应急处置没法及时响应。在这个应用场景中，在供应链上的各个主体部署区块链节点，通过实时（例如，船舶靠岸时）和离线（例如，船舶运行在远海）等方式，将传感器收集的数据写入区块链，成为无法篡改的电子证据，可以提升各方主体造假的成本，进一步厘清各方的责任边界，同时还能通过区块链链式结构，追本溯源，及时了解物流的最新进展，根据实时搜集的数据，采取必要的反应措施（例如，冷链运输中，超过 0℃ 的货舱会被立即检查，以确认故障原因），增强多方协作的可能。

2. 共享经济

共享经济可以认为是平台经济的一种衍生。一方面，平台具有依赖性和兴趣导向性，摩拜和 OFO 做单车共享，但并没有做摩托车的共享。另一方面，平台也会收取相应的手续费，例如滴滴打车司机要将打车费用的 20% 上交，作为平台提成。初创公司 Slock.it 和 OpenBazaar 等提出希望构建一个普适的共享平台，依托去中心化的区块链技术，让供需双方点对点地进行交易，加速各类闲置商品的直接共享，节省第三方的平台费用。

首先，依托区块链网关，构建整个区块链网络。资产拥有者基于智能合约，通过设置租金、押金和相关规则，完成各类锁与资产的绑定。最终用户通过 App，支付给资产所有者相应的租金和押金，获得打开锁的控制权限（密钥），进而获取资产的使用权。在使用结束后，归还物品，并拿回押金。这里有一个优势是，精准计费，可以按照智能合约上的计费标准，实时精准地付费，而不是像目前共享单车的粗犷式收费（按半小时、一小时收费）。

3. 能源交易

美国纽约的初创公司 LO3 Energy 和 ConsenSys 合作，由 LO3 Energy 负责能源相关的控制，ConsenSys 提供区块链底层技术，在纽约布鲁克林区实现了一个点对点交易、自动化执行、无第三方中介的能源交易平台，实现了 10 个住户之间的能源交易和共享。主要实现方式是，在每家住户门口安装智能电表，智能电表安装区块链软件，构成一个区块链网络。用户通过手机 App 在自家智能电表区块链节点上发布智能合约。基于合约规则，通过西门子提供的电网设备控制相应的链路连接，实现能源交易和能源供给。

4．电动汽车充电桩

在电动汽车充电的应用场景中，主要面临的是多家充电公司支付协议复杂、支付方式不统一、充电桩相对稀缺、充电费用计量不精准等行业痛点，由德国莱茵公司和 Slock.it 合作，推出的基于区块链的电动汽车点对点充电项目，通过在各个充电桩里安装树莓派等简易型 Linux 系统装置，基于区块链将多家充电桩的所属公司和拥有充电桩的个人进行串联，使用适配各家接口的 Smart Plug 对电动汽车进行充电。使用流程为：（以 Innogy 的软件举例）在智能手机上安装 Share&Charge App。在 App 上注册电动汽车，并对数字钱包进行充值。需要充电时，从 App 中找到附近可用的充电站，按照智能合约中的价格付款给充电站主人。App 将与充电桩中的区块链节点进行通信，后者执行电动车充电的指令。

5．无人机安全通信与群体智能

针对未来无人机和机器人的快速发展，机器与机器之间的通信必须要从两个方面考量：一方面，每个无人机都内置了硬件密钥。私钥衍生的身份 ID 增强了身份鉴权，基于数字签名的通信确保安全交互，阻止伪造信息的扩散和非法设备的接入；另一方面，基于区块链的共识机制，未来区块链与人工智能的结合点——群体智能，充满了想象空间，MIT 实验室已经在这个交叉领域展开了深入研究。

物联网+区块链的融合也面临着一些较大的挑战和难题，主要体现在以下四个方面。

第一，在资源消耗方面，IoT 设备普遍存在计算能力低、联网能力弱、电池续航短等问题。比特币的工作量证明机制（PoW）对资源消耗太大，显然不适用于部署在物联网节点中，可能部署在物联网网关等服务器里。其次，以太坊等区块链 2.0 技术也是 PoW+PoS，正逐步切换到 PoS。分布式架构需要共识机制来确保数据的最终一致性，然而，相对中心化架构来说，对资源的消耗是不容忽视的。

第二，在数据膨胀方面，区块链是只能附加、不能删除的一种数据存储技术。随着区块链的不断增长，IoT 设备是否有足够存储空间？例如，比特币运行至今，需要 100 GB 的物理存储空间。

第三，在性能瓶颈方面，传统比特币的交易是 7 笔/秒，再加上共识确认，需要约 1 个小时才写入区块链，这种时延引起的反馈时延、报警时延，在时延敏感的工业物联网上难以被接受。

第四，在分区容忍方面，工业物联网强调节点"一直在线"，但是，普通的物联网节点失效、频繁加入/退出网络是司空见惯的事情，容易产生消耗大量网络带宽的网络震荡，甚至出现"网络割裂"的现象。

针对上述问题，区块链和物联网两个方面都有专家、学者提出了相应的改进建议和思路，以加速物联网+区块链的应用落地。2018 年 7 月，经过为期一个月各成员国的投票，ISO/IEC JTC1（国际标准组织/国际电工委员会第一联合技术委员会）正式通过了由中国主导提交的关于成立物联网与区块链融合研究组的提案。这标志着中国在新一代信息技术融合创新发展上赢得了"话语权"，对于中国相关产业引领全球发展，以及推动实体和数字经济融合发展都具有重要的意义。

参考文献

[1] 祖圣泽. 5G 背景下的物联网发展趋势[J]. 电子工程专辑，2019（5）.

[2] 韦丽红. 基于 5G 的物联网前景展望[J]. 计算机产品与流通，2017（12）.

[3] 汪洋. 5G 通信技术推动物联网产业链发展. 中国房地产业·中旬，2018（7）.

[4] 李海威. 基于云计算的物联网数据网关的建设研究[J]. 计算机技术与发展，2018，28（1）：188-190.

[5] 胡亚伟[1]，张菁[1]. 云计算与物联网在智慧城市构建中的运用[J]. 信息系统工程，2018（10）：135-135.

[6] 成铖. 关于云计算和物联网在"互联网+"时代应用的研究[J]. 信息安全通信保密，2016（06）.

[7] 宁利立. 智慧城市构建中云计算及物联网的运用研究[J]. 智能建筑与智慧城市，2018（1）：20-21.

[8] 刘明玉. 云计算在物联网中的应用探讨[J]. 湖北水利水电职业技术学院学报，2018（1）：15-18.

[9] 云晴. 从海外案例看边缘计算 云计算与物联网的场景化创新之旅[J]. 通信世界（12）：41-42.

[10] 黄忠义. 区块链在边缘计算与物联网安全领域应用[J]. 网络空间安全，9（08）：29-34.

[11] 丁承君，刘强，冯玉伯，等．基于物联网和边缘计算的高校机房在线监测[J]．计算机工程与应用，54（21）：262-269．

[12] 罗兵，李华嵩，李敬民．人工智能原理及应用[M]．北京：机械工业出版社，2011

[13] 邹蕾，张先锋．人工智能及其发展应用[J]．信息网络安全，2012（2）：11-13．

[14] 崔鹏．人工智能在物联网发展中的应用前景[J]．数码世界，2019（3）．

[15] 万邦睿，黄应红．人工智能在物联网发展中的应用前景分析[J]．中国新通信，2014（24）：73-73．

[16] 王伟．消防物联网大数据中心的架构设计及应用[J]．消防技术与产品信息，2017（8）：31-34．

[17] 邓多林．大数据在物联网产业中的应用研究[J]．中国新通信，2017，19（22）．

[18] 梁孔科，李芳莹．大数据与物联网技术在智慧城市中的应用研究[J]．数码世界，2019（3）．

[19] 林炯明，覃铂强，王浩，等．区块链与物联网技术在溯源系统的应用[J]．电脑知识与技术，2019（16）．

[20] 张佳妮，何德彪，李莉．基于区块链的物联网密钥协商协议[J]．中兴通讯技术，24（06）：27-31．

[21] 宋骊平，宋文斌，程轩，等．基于区块链的物联网身份认证系统及其方法[D]．西安：西安电子科技大学，2019．

[22] 黄泽源，孔勇平，张会炎．基于区块链的物联网安全技术研究[J]．移动通信，42（12）：12-17．

[23] 汪垚．浅析区块链技术在解决物联网安全问题上的应用[J]．科技资讯，2019（12）：6-7．

读者调查表

尊敬的读者：

　　自电子工业出版社工业技术分社开展读者调查活动以来，收到来自全国各地众多读者的积极反馈，他们除了褒奖我们所出版图书的优点外，也很客观地指出需要改进的地方。读者对我们工作的支持与关爱，将促进我们为您提供更优秀的图书。您可以填写下表寄给我们（北京市丰台区金家村 288#华信大厦电子工业出版社工业技术分社　邮编：100036），也可以给我们电话，反馈您的建议。我们将从中评出热心读者若干名，赠送我们出版的图书。谢谢您对我们工作的支持！

姓名：＿＿＿＿＿＿　　性别：□男　□女　　年龄：＿＿＿＿＿＿　　职业：＿＿＿＿＿＿＿

电话（手机）：＿＿＿＿＿＿＿＿＿　　　E-mail：＿＿＿＿＿＿＿＿＿＿＿＿＿＿＿

传真：＿＿＿＿＿＿＿　通信地址：＿＿＿＿＿＿＿＿＿＿＿＿＿　邮编：＿＿＿＿＿＿＿

1．影响您购买同类图书因素（可多选）：

□封面封底　　□价格　　　　□内容提要、前言和目录　　□书评广告　□出版社名声

□作者名声　　□正文内容　　□其他＿＿＿＿＿＿＿＿＿＿＿＿＿＿＿＿＿＿＿＿＿

2．您对本图书的满意度：

从技术角度	□很满意	□比较满意	□一般	□较不满意	□不满意
从文字角度	□很满意	□比较满意	□一般	□较不满意	□不满意
从排版、封面设计角度	□很满意	□比较满意	□一般	□较不满意	□不满意

3．您选购了我们哪些图书？主要用途？＿＿＿＿＿＿＿＿＿＿＿＿＿＿＿＿＿＿＿＿＿＿

4．您最喜欢我们出版的哪本图书？请说明理由。

＿＿

5．目前教学您使用的是哪本教材？（请说明书名、作者、出版年、定价、出版社），有何优缺点？

＿＿

6．您的相关专业领域中所涉及的新专业、新技术包括：

＿＿

7．您感兴趣或希望增加的图书选题有：

＿＿

8．您所教课程主要参考书？请说明书名、作者、出版年、定价、出版社。

＿＿

邮寄地址：北京市丰台区金家村 288#华信大厦电子工业出版社工业技术分社

邮编：100036　　电话：18614084788　　E-mail：lzhmails@phei.com.cn

微信 ID：lzhairs/ 18614084788　　联系人：刘志红

电子工业出版社编著书籍推荐表

姓名		性别		出生年月		职称/职务	
单位							
专业				E-mail			
通信地址							
联系电话				研究方向及教学科目			

个人简历（毕业院校、专业、从事过的以及正在从事的项目、发表过的论文）

您近期的写作计划：

您推荐的国外原版图书：

您认为目前市场上最缺乏的图书及类型：

邮寄地址：北京市丰台区金家村 288#华信大厦电子工业出版社工业技术分社
邮编：100036　电话：18614084788　E-mail：lzhmails@phei.com.cn
微信 ID：lzhairs/18614084788　联系人：刘志红

反侵权盗版声明

    电子工业出版社依法对本作品享有专有出版权。任何未经权利人书面许可，复制、销售或通过信息网络传播本作品的行为；歪曲、篡改、剽窃本作品的行为，均违反《中华人民共和国著作权法》，其行为人应承担相应的民事责任和行政责任，构成犯罪的，将被依法追究刑事责任。

    为了维护市场秩序，保护权利人的合法权益，我社将依法查处和打击侵权盗版的单位和个人。欢迎社会各界人士积极举报侵权盗版行为，本社将奖励举报有功人员，并保证举报人的信息不被泄露。

举报电话：（010）88254396；（010）88258888

传　　真：（010）88254397

E-mail：　dbqq@phei.com.cn

通信地址：北京市万寿路 173 信箱

          电子工业出版社总编办公室

邮　　编：100036